Anne Liewert

Die meteorologische Medizin des Corpus Hippocraticum

Untersuchungen zur antiken Literatur und Geschichte

Band 119

Anne Liewert

Die meteorologische Medizin des Corpus Hippocraticum

DE GRUYTER

ISBN 978-3-11-041699-2
e-ISBN (PDF) 978-3-11-041738-8
e-ISBN (EPUB) 978-3-11-041749-4
ISSN 1862-1112

Library of Congress Cataloging-in-Publication Data
A CIP catalog record for this book has been applied for at the Library of Congress.

Bibliografische Information der Deutschen Nationalbibliothek
Die Deutsche Nationalbibliothek verzeichnet diese Publikation in der Deutschen Nationalbibliografie; detaillierte bibliografische Daten sind im Internet über http://dnb.dnb.de abrufbar.

Druck und Bindung: Hubert & Co. GmbH & Co. KG, Göttingen
∞ Gedruckt auf säurefreiem Papier
Printed in Germany

www.degruyter.com

Vorwort

Das vorliegende Buch ist die überarbeitete Fassung meiner Dissertation, die ich im Januar 2013 an der Christian-Albrechts-Universität zu Kiel eingereicht habe.

Mein besonderer Dank gilt meinem Doktorvater, Prof. Dr. Lutz Käppel, der die Dissertation von den ersten Überlegungen bis zu ihrem Abschluss begleitet hat. Seine wertvollen Anregungen und seine Faszination für das Thema waren mir stets eine großartige Hilfe und förderten meine Arbeit in vielerlei Hinsicht. Sehr herzlich danke ich auch Prof. Dr. Josef Wiesehöfer für die Übernahme des Zweitgutachtens und vor allem für seine konstruktiven Ideen und wichtigen Impulse in Kolloquien und persönlichen Gesprächen.

Einen außerordentlichen Dank schulde ich zudem Prof. Dr. Gotthard Strohmaier, der so großzügig war, mir seine Übersetzung des Galenkommentars zu *De aere aquis locis* schon vor der baldigen Erscheinung im *Corpus Medicorum Graecorum* zur Verfügung zu stellen. Dieser Text stellte für meine Forschung eine sehr wesentliche Bereicherung dar.

Für die Aufnahme meiner Arbeit in die Reihe „Untersuchungen zur antiken Literatur und Geschichte" möchte ich darüber hinaus den Herausgebern danken, allen voran Prof. Dr. Heinz-Günther Nesselrath, der mir durch seine gründliche und kritische Lektüre sehr bedeutsame Anstöße für die Überarbeitung des Buches gegeben und die Veröffentlichung ermöglicht hat.

Dem Verlag De Gruyter, vertreten durch Katharina Legutke und Florian Ruppenstein, danke ich für die kompetente Unterstützung bei der Drucklegung.

Einen ganz besonderen Dank möchte ich außerdem meinen Freunden und Geschwistern aussprechen, die mich in der langen Zeit der Erstellung der Arbeit außerordentlich gestärkt und ermutigt haben. Stellvertretend möchte ich Dr. Sonja Plischke nennen, die immer ein offenes Ohr für mich hatte und mich sowohl fachlich kompetent als auch emotional unterstützt hat, Lara König, die die erste Fassung des Buches Korrektur gelesen und mir sehr wertvolle Rückmeldungen gegeben hat, sowie Dr. Olav Schaefer, dem ich für seinen Zuspruch und die unermüdliche Beantwortung meiner zahllosen medizinischen Fragen danke. Äußerst dankbar bin ich zudem Kolja Sprenger für seine enorme Unterstützung in der mühsamen Zeit der Druckvorbereitung.

Mein abschließender und herzlichster Dank gilt meinen Eltern, Ursula und Lutz Liewert, die mit ihrem großen Vertrauen stets hinter mir gestanden und an mich geglaubt haben. Ohne ihre uneingeschränkte Unterstützung wären mein Studium und diese Arbeit nicht möglich gewesen.

München, im Dezember 2014 Anne Liewert

Inhalt

1 Einleitung

Die Sammlung der hippokratischen Schriften, die die Entstehung der wissenschaftlichen Medizin in Europa markiert und zugleich in umfangreichen und eingehenden Betrachtungen der unterschiedlichsten Lehrgebiete die große Breite dieser jungen Disziplin umreißt, birgt in sich auch einen kurzen Traktat, der neben dem Eid sicherlich zu den bekanntesten und am meisten geschätzten[1] Werken des Corpus Hippocraticum zählt: περὶ ἀέρων, ὑδάτων, τόπων,[2] „die Schrift über die Umwelt", wie sie seit Pohlenz' Vorschlag im Deutschen genannt wird,[3] enthält die früheste geschlossene Abhandlung der Wissenschaftsgeschichte über medizinische Klimatologie. Der Verfasser untersucht die Ursachen der Krankheitsentstehung anhand von Umwelteinflüssen aus der natürlichen Umgebung seiner Patienten und stellt die Erkenntnisse in generalisierter Form als Lehrschrift für Wanderärzte zur Verfügung.[4] Er entwickelt auf diese Weise mittels einzelner Faktoren, denen er besondere Wirkungsmächtigkeit beimisst, eine komplexe Theorie, die von zahlreichen Autoren, weit über die Antike hinaus, rezipiert wurde.[5] Zugleich bindet das Werk auch Darstellungen einzelner Völker ein, deren Besonderheiten sich der Autor mit großem Eifer und Sorgsamkeit zuwendet, um sie anschließend in das Gesamtkonzept seiner Theorie einzubinden.

Es ist aufgrund dessen nicht verwunderlich, dass die Umweltschrift über einen langen Zeitraum in mehreren Disziplinen überaus große Beachtung fand und diverse Aspekte des Inhalts, des Entstehungshintergrundes, der Form und der Sprache kontrovers diskutiert wurden.[6] In den letzten Jahrzehnten ist es jedoch sehr ruhig um dieses eindrucksvolle Werk geworden; die wenigen Unter-

---

1 Zur hohen Wertschätzung, die die Schrift seit jeher erfahren hat, vgl. z.B. Ilberg (1893) 422, der in Erwägung zieht, dass sie „vielleicht die interessanteste der ganzen Hippokratischen Sammlung" ist, Fuchs (1902) 234, der sie eine „Perle der alten Litteratur" nennt, oder Jacobj (1930), der seine Übersetzung „Das goldene Buch des Hippokrates" betitelt.

2 Dies ist die älteste Form des Titels, die auf uns gekommen ist. Andere Textzeugnisse bieten jedoch zahlreiche Varianten, vgl. daher die Diskussion im Abschnitt 2.3 „Der Titel der Schrift" auf den Seiten 36f.

3 Nach Pohlenz (1938) 2.

4 In den Reiseberichten der Epidemien zeigt sich, dass zahlreiche hippokratische Mediziner in der Zeit der frühesten Schriften als Wanderärzte tätig waren, vgl. Jouanna/Magdelaine (1999) 270.

5 Vgl. zur Rezeption Miller (1962) 129–140, Sargent II (1982) *passim*, Zimmermann (2003) 187–198 und Siraisi (2009) 233–263.

6 Vgl. dazu den Abschnitt 2.2.1 „Die Forschungsgeschichte" auf den Seiten 27–30.

suchungen griffen meist nur einzelne Gesichtspunkte heraus oder fassten das vielschichtige Konzept in wenigen Sätzen zusammen. So ist die Erschließung des derzeitigen Stands der Forschung erschwert, da bei kaum einer Schwierigkeit des Textes, deren in der ersten Hälfte des 20. Jahrhunderts so zahlreiche aufgezeigt wurden, bislang eine *communis opinio* erreicht wurde.

Zusätzlich ist überdies eine Tendenz der jüngeren Forschung zu verzeichnen, die der vermeintlichen Zielsetzung des Traktats eine Ausrichtung verleiht, die früheren Bearbeitern eher nebensächlich erschien: Die ethnographischen Betrachtungen des Verfassers in der zweiten Hälfte der Schrift, anhand deren er die Kontinente Asien und Europa einander vergleichend gegenüberstellt, geben bisweilen Anlass dazu, das gesamte Werk der ethnographischen Literatur zuzuordnen und geopolitische Leitgedanken anzulegen. Der medizinhistorische Gehalt des Textes tritt dabei in den Hintergrund und wird nahezu auf die Kernaussage reduziert, dass die Umwelt die menschliche Natur beeinflusse.[7]

Es ist demzufolge ein Hauptanliegen dieser Untersuchung, die Schrift „Über die Umwelt“ in ihrer Gesamtanlage zu beleuchten und somit zu einem neuen Textverständnis zu gelangen. Diesbezüglich wird es eine große Bereicherung sein, dass ich mich in der glücklichen Lage befinde, die deutsche Übersetzung des Galenkommentars zu *De aere aquis locis* vorliegen zu haben, die die Anmerkungen des bedeutenden Nachfolgers und Exegeten des Hippokrates erstmals in Gänze zugänglich macht.[8]

Von besonderer Bedeutung wird hinsichtlich der Interpretation des Textes der medizinisch-theoretische Hintergrund sein, da stets zu berücksichtigen ist, dass die Umweltschrift gemeinsam mit den übrigen Werken des C.H. überliefert

---

7 Diese Entwicklung führte sogar dazu, dass Schneider und Lilienfeld (2008) 6 empfehlen: „When reading *On Airs, Waters, and Places*, the reader should note the ethnocentric rather than scientific nature of the work."

8 Der griechische Text des drei Bücher umfassenden Kommentars, den Galen selbst in den Erläuterungen zu den *Aphorismen* erwähnt, ist bis auf wenige Zitate bei Oreibasios verloren. Dass eine arabische Übersetzung aus dem neunten Jahrhundert vollständig erhalten ist, wurde erst durch die Entdeckung von Sezgin (1970) 36f. 123f. bekannt; zuvor waren lediglich eine unvollständige und zudem kryptische hebräische Fassung sowie eine lateinische Übersetzung erhalten, die jedoch beide die arabische Übersetzung durch Ḥubaiš ibn al-Ḥasan zur Grundlage haben und sich somit auf einer späteren Ebene befinden. Strohmaiers Übersetzung stellt den Kommentar der modernen Hippokrates-Forschung erstmalig zur Verfügung. Vgl. zu den verschiedenen Fassungen des Textes Bergsträsser (1925) 43,99; Diller (1958) 31–33; Ullmann (1977) 353–365; Wasserstein (1982) 2–8; Strohmaier (1991) 33; Jouanna (1996a) 133–148; Strohmaier (1997) 209–216.

wurde und auch in deren geistigen Umfeld entstanden ist.[9] Diese Zeugnisse vermögen die grundlegenden Prinzipien jeglicher hippokratischer Lehre zu erhellen, darüber hinaus leisten sie jedoch noch einen weit größeren Beitrag: Es zeigt sich bei der Lektüre der Schriften der Sammlung, dass eine Vielzahl ebenfalls Nachweise über die „meteorologische Medizin" liefert und die detaillierten Aussagen von *De aere aquis locis* sogar ergänzt und komplettiert.[10] Es werden aus diesem Grund in der Analyse der Umweltfaktoren und ihrer Einwirkung auf den Menschen stets die zusätzlichen Belege hinzugezogen werden, um gemäß einem zweiten Ziel dieser Untersuchung eine bestmögliche Rekonstruktion der gesamten Theorie zu erzielen.[11] Bezüglich der Terminologie ist darauf hinzuweisen, dass sehr bewusst der Begriff der "meteorologischen Medizin" verwendet wird, der in der Hippokrates-Forschung seit langem[12] als Fachterminus für diesen Ansatz verwendet wird und zudem im Gegensatz zu Begrifflichkeiten wie

---

9 Bedauerlicherweise wurde die Analyse der Umweltschrift bei Harig (1959), der deutlich herausstellt, dass die Theorie ihrer Grundauffassung nach von medizinischer Natur ist, in der weiteren Forschung kaum berücksichtigt. Ebenso unterstreicht dies Desautels (1982) 132, Anm. 48: „Pour nous, nous ne cessons de prendre pour acquis que le médecin fait oeuvre médicale et non géographique. Cependant, à partir des thèmes géographiques que sa curiosité professionalle explore nous cherchons à retrouver sa vision de la terre."

10 So wird die allgemeine Forderung, dass ein Arzt auf die Umwelt zu achten habe, beispielsweise gestellt in: Aph. 1,2. 17; Vict. 1,2; 3,67,2; Dieb.Judic. 1; Hum. 1. 17–19; Mul. 111; Nat.Hom. 9,1. 4; Nat.Mul. 1; Morb. IV 50–52; Lex 3; Epid. 1,3,10; 2,3,2; 3,3,16; 4,1,46; 6,6,14; 6,8,9. 13. Eine Auswirkung von Ortsveränderungen auf den Gesundheitszustand räumen Aph. 2,45 und Oct. 11 ein, Morb. IV 34,2 bewertet die Lage eines Gebiets anhand der wirkenden Umweltfaktoren und Aff. 18 setzt den menschlichen Körper in Analogie zu seiner natürlichen Umgebung. Die große Menge an Textzeugnissen, die differenziertere Aussagen zur meteorologischen Medizin treffen, wird im Rahmen der Analyse der Faktoren aufgeführt und ausgewertet werden.
Schon Dittmer (1940) 15 wies darauf hin, dass sich die Bezüge zur Natur nicht allein in der Umweltschrift finden lassen, einen vagen Ansatz weist auch Thomson (1948) 107 vor: „There are some remarks of similar tenor in the books *On Regimen*, about the nature of various districts and winds: southern peoples are drier and hotter like their climate, and so on." Einen Vergleich einzelner hippokratischer Schriften stellt diesbezüglich auch Gemelli Marciano (2010) 179–198 an.

11 Ansätze zur Analyse der Faktoren finden sich bei Sargent II (1982) 46 62. 477–486, Desautels (1982), López Férez (1989) und Lenfant (1996), jedoch erfassen diese überwiegend sehr knappen Zusammenstellungen mitnichten die Komplexität der gesamten Theorie oder legen den Fokus auf andere Aspekte der Schriftensammlung. So zielt Desautels, der sich als einziger in einer ausführlichen Untersuchung dem Thema widmet, vornehmlich darauf, die geographischen Vorstellungen der Umweltschrift zu ergründen, und behandelt die Faktoren nur am Rande.

12 Vgl. Deichgräber (1933) 12f. 16, Nestle (1938), von Brunn (1946) und ders. (1947), López Férez (1989), Licciardi (1990) 324, López Férez (1992) sowie Ángel y Espinós (2003).

„Umweltdeterminismus“[13], „Klimatheorie“[14] oder „Milieutheorie“[15] explizit den medizinischen Bezug herausstellt, der den Menschen im Gefüge der universalen Natur betrachtet.[16]

Bei einer solchen Zusammenfügung des gesamten C.H. ist jedoch stets die Heterogenität der Schriftensammlung kritisch zu bedenken. Trotz der zunehmenden Loslösung der neuen Hippokrates-Forschung von der ehemals strikten Unterscheidung zweier „Ärzteschulen“ von Kos und Knidos,[17] bleibt dennoch bestehen, dass die Texte des Corpus über einen weiten Zeitraum von mehreren Jahrhunderten hinweg entstanden sind und teilweise starke Divergenzen der Lehre aufweisen, die zu der Debatte über die zwei Schulen stets erheblich beigetragen haben. Auch wenn eine Zusammenschau der Gesamtheit der Schriften nicht unzulässig ist[18] und beispielsweise bei den internationalen Hippokrates-Colloquien regelmäßig vollzogen wird, ist aus den oben genannten Gründen bezüglich jedes Werks sein spezifischer Hintergrund und seine Geisteshaltung einzubeziehen. Darüber hinaus werden auch etwaige Unterschiede einzelner Schriften hinsichtlich der meteorologischen Medizin auf Vereinbarkeit mit dem Konzept der Umweltschrift geprüft.

---

13 Diesen Begriff wendet z.B. Thommen (2011) 13f. auf die Lehre des Traktats an, ebenso Fausti (2012) 201: „il cosiddetto determinismo ambientale“.

14 Diese Bezeichnung findet sich wiederholt in retrospektiven Betrachtungen, die ihren eigentlichen Fokus auf entsprechende Theorien der frühen Neuzeit, insb. bei Bodin und Montesquieu, legen, vgl. z.B. Hard (1988) 183, Pinna (1988) 3 und Fink (2004) 45–107. Daneben ist der Terminus auch in der Herodot-Forschung gängig.

15 Vgl. Rausch (2013) 92–99. Zugute halten lässt sich diesem Begriff, dass er neben der natürlichen Umgebung auch ein soziales Milieu berücksichtigt, dem in *De aere aquis locis* durch den Nomos Bedeutung beigemessen wird. Der medizinische Kontext wird jedoch vernachlässigt.

16 Es ist oftmals versucht worden, dieses Konzept in dem berühmten Zitat aus Plat. Phaidr. 270c1–5 wiederzufinden, nach dem der „Asklepiade Hippokrates“ lehrt, dass man die Natur des menschlichen Körpers nicht ohne „die Natur des Ganzen“ verstehen könne, vgl. die mit der „Hippokratischen Frage“ verknüpften Diskussionen bei Edelstein (1931) 130f., Deichgräber (1933) 151, Joly (1956) 204–210 und ders. (1961) 69–92, Lloyd (1975) 173–175, Herter (1976) 22–42, Jouanna (1977) 15–28, Mansfeld (1980) 341–362, Lichtenthaeler (1984) 313–317 und ders. (1993) 370f. Zur hippokratischen Frage gibt Lloyd (1991) 194–223 außerdem umfangreiche Literaturhinweise.

17 Vgl. die intensive Forschungsdiskussion um die Existenz und Bedeutung der zwei „Schulen“ sowie um eine mögliche Zuschreibung hippokratischer Schriften bei z.B. Smith (1973), Grensemann (1975), Lonie (1978), Thivel (1981), Kollesch (1989), Byl (2002) und Jouanna (^{2}2009).

18 Vgl. diesbezüglich die Untersuchung zur „Kompatibilität“ verschiedener hippokratischer Theorien bei Langholf (1980) oder auch die Diskussion zur Einheit von *De aere aquis locis* und *De morbis I* auf der Ebene der kosmologischen Theorie bei Vincentelli (1990).

Aus der Berücksichtigung dieses umfangreichen Konvoluts ergibt sich ein drittes und letztes Bestreben der Untersuchung: Wie *De aere aquis locis* auf der literarischen Ebene soll auch die Theorie der meteorologischen Medizin auf der wissenschaftsgeschichtlichen Ebene nicht isoliert betrachtet, sondern in ihren Kontext eingeordnet werden. Aus der Fülle der Theorien der hippokratischen Lehren wird dabei von besonderem Interesse die prominente Humorallehre sein, die das Menschenbild der frühen Mediziner prägte. Diese lässt sich tatsächlich in einen direkten Zusammenhang mit dem Prinzip der Umwelteinflüsse stellen, die das Säfteverhältnis im menschlichen Körper unmittelbar bestimmen, auf diese Weise Konstitutionstypen erzeugen und entsprechende Krankheiten hervorrufen.

Es wird auf diesem Wege ein Gesamtbild davon entstehen, welche Auffassung die hippokratischen Ärzte und Verfasser von dem Einfluss der Natur auf den Menschen hatten und wie dieses Konzept in die Diagnostik und Therapie der Krankheiten eingebunden wurde.

2 Die Schrift *De aere aquis locis*

Da bei den bisherigen Analysen der meteorologischen Medizin des Corpus Hippocraticum stets der Traktat *De aere aquis locis* im Mittelpunkt stand und er außerdem als einzige Schrift der Schriftensammlung in seiner Gesamtheit für diese Untersuchung von Relevanz ist, wollen wir uns im Folgenden zunächst seinem Inhalt und Aufbau zuwenden.
Der Gedankengang des Werks ist maßgeblich durch einen Bruch zwischen dem elften und zwölften Kapitel gekennzeichnet; in 12,1 setzt der Verfasser neu ein und kündigt sein weiteres Vorgehen an (βούλομαι [...] λέξαι). Die zwei großen Hauptteile unterscheiden sich inhaltlich stark voneinander, obgleich sich beide mit dem Thema der Auswirkung der natürlichen Umwelt auf den Menschen befassen. Durch diese Besonderheit ist die Einheit der Schrift und auch die des Verfassers des Öfteren angezweifelt worden. Auch diese Fragen sowie die Zeit der Abfassung sind daher zu betrachten, um eine Grundlage für die Analyse des durch die Schrift dargebotenen Konzeptes zu schaffen.

2.1 Aufbau und Inhalt

Der Aufbau des Werkes kann wie folgt dargestellt werden:

1–2	Einleitung: Thema und Ziel	
3–6	Die Winde und die Sonne	
7–9	Die Gewässer	Umweltfaktoren
10–11	Die Jahreszeiten	
12–16	Die Beeinflussung Asiens durch φύσις und νόμος	Beispiele
17–24,7	Die Beeinflussung Europas durch φύσις und νόμος	
24,8–10	Die Natur eines Landes, bes. der Boden	Umweltfaktoren
24,11	Appell an den Leser	

Obgleich der Einschnitt zwischen dem elften und zwölften Kapitel dem Leser sehr stark und recht unvermittelt erscheint, manifestiert sich doch anhand der Gliederung, dass durch das Werkende eine Rahmenbildung vollzogen wird, durch die die Hauptteile miteinander verknüpft werden. Diese besondere Struktur wird durch die folgende Darstellung des Inhalts erkennbar.

2.1.1 Die Einleitung des Werkes (Kap. 1f.)

Im ersten Kapitel der Schrift nennt der Verfasser explizit das Thema und zählt die wichtigsten Aspekte auf, welche im weiteren Verlauf erörtert werden sollen. Durch diesen Beginn ist das Werk eindeutig als eine Lehrschrift gekennzeichnet, die Richtlinien enthält, an die sich ein guter Arzt zu halten hat.[1] Er soll diejenigen Faktoren eines Ortes betrachten, durch die ein dort lebender Patient beeinflusst werde. Im Einzelnen werden angeführt:

1. die Jahreszeiten (αἱ ὧραι τοῦ ἔτεος) und ihre Übergänge (μεταβολαί) (1,1)
2. die Winde (τὰ πνεύματα) (1,2+3) und der Sonnenlauf (1,3)
3. die Gewässer (τὰ ὕδατα) (1,2+4)
4. der Boden (ἡ γῆ) (1,5)
5. die Lebensweise der Bewohner (ἡ δίαιτα) (1,5)[2]

Das zweite Kapitel betrachtet die Vorteile, welche ein Arzt durch die Ermittlung der genannten Faktoren erhält: Sie erleichtert ihm die Diagnostik der endemischen Krankheiten, ihre Therapie und Prophylaxe.[3] Der Verfasser geht dabei insbesondere auf den Nutzen der Astronomie für die angewandte Medizin ein.

---

1 Maßgeblich ist die ärztliche τέχνη, die in der zweiten Hälfte des 5. Jahrhunderts entsteht und die Medizin als Kunst und als Wissenschaft zugleich begreift, vgl. diesbezüglich Joos (1957) und Jouanna (1996c) 28–31.

2 Beachtenswert ist die zweifache Ausführung zu den Aspekten 2 und 3. Nachdem der Verfasser in 1,2 bereits die Winde und die Gewässer als elementare Faktoren herausgestellt hat, greift er die Bedeutung der Winde in 1,3 erneut auf. Um die Absichtlichkeit der Repetition zu betonen, fügt er ὥστε ein, das hier einem konklusiven τοιγαροῦν gleichkommt (vgl. Kühner/Gerth II, 2, § 586, 3.). Im Folgenden erweitert er den Aspekt der Winde, nachdem er zuvor bereits Unterscheidungen in Hinsicht auf Wärme und Dimension vorgenommen hatte, um den damit verbundenen Aspekt der Lage zum Lauf der Sonne sowie um die Begründung der Relevanz beider Aspekte, deren enge Kohärenz bereits hier deutlich wird. In 1,4 fährt der Autor mit seiner Aufzählung fort, indem er erneut die Bedeutung des Trinkwassers erwähnt. Diese Angabe erweitert er nun auch durch eine Unterscheidung hinsichtlich der Temperatur und der Quelle. Bei den Faktoren 4 und 5 finden sich ebenfalls Differenzierungen in verschiedene Ausprägungsformen.

3 Aus diesem Grund zählt Edelstein (1931) 60 das Werk zu den prognostischen Büchern. Brain (1982) 49 sucht aus „ὥστε μὴ ἀπορεῖσθαι ἐν τῇ θεραπείῃ τῶν νούσων μηδὲ διαμαρτάνειν“ ein praktisches Ziel der Schrift abzuleiten, indem er ἀπορεῖσθαι als „(to) be without the appropriate resources for the treatment“ auffasst. Lloyd (1991) 216f. liest aus μάλιστ' ἂν εἰδείη περὶ ἑκάστου einen Ausschluss der individuellen Erhebung einer Anamnese heraus, der derart jedoch dem Traktat nicht zu entnehmen ist.

Aus diesen Einleitungskapiteln leitet Edelstein als Ziel der Schrift ab, es solle dem Wanderarzt[4] in einer ihm fremden Stadt die Möglichkeit gegeben werden, alle Voraussetzungen vor der Behandlung zu kennen, ohne ihre Einwohner zu befragen.[5] In *De aere aquis locis* werden jedoch keine Anweisungen zur Erhebung der Umweltfaktoren gegeben, so dass der Ausschluss der Befragung der Menschen eine zu weitgehende These ist.[6]

2.1.2 Die Behandlung der Faktoren (Kap. 3–11)

Die folgenden neun Kapitel widmet der Autor den einzelnen Naturaspekten der Disposition. Er leitet diese Betrachtung mit der Ankündigung ein, er wolle deutlich zeigen, wie (ὅκως) man zu forschen habe. Das modale Interrogativum lässt vermuten, dass im Anschluss dem Arzt Forschungsmethoden an die Hand gegeben werden, tatsächlich aber bieten die folgenden Ausführungen verschiedene Ausprägungen der genannten Faktoren und ihre jeweiligen Folgen auf die Natur und den Menschen.

Obgleich in der Einleitung der Faktor „Jahreszeiten" vorangestellt war, gewährt der Verfasser den Faktoren „Wind" und „Sonne" in der angeschlossenen Abhandlung die vorrangige Stellung, was bereits darauf hinweist, dass ihnen innerhalb des Geflechts der Umweltbedingungen eine große Bedeutung zukommt. In der detaillierten Beschreibung wird die Systematik von 1,3 beibehalten, wonach die Nord- oder Südausrichtung einer Stadt jeweils mit den entsprechenden Winden angegeben wird, die Ost- oder Westausrichtung dagegen

4 Dass sich die Schrift an einen umherziehenden Heiler wendet, geht aus der Anlage der Ratschläge klar hervor, vgl. Jouanna/Magdelaine (1999) 113. Wanderärzte bildeten wohl den ältesten Berufsstand der Mediziner, vgl. Kudlien (1967) 18.

5 Vgl. Edelstein (1931) 6–8.

6 Edelstein zieht zur Begründung dieser These die ἐρωτήματα ἰατρικά des Rufus von Ephesos heran. Dieser Arzt und Schriftsteller des 1./2. nachchristlichen Jahrhunderts scheint sich am Ende seines Werks tatsächlich auf *De aere aquis locis* zu beziehen und sieht sein Verfahren der Nachforschung konträr zu dem des Hippokrates, da dieser meine, seine Erkenntnisse μηδένα ἐρωτῶν τῶν ἐπιχωρίων, ἀλλὰ παρ' ἑαυτοῦ erlangen zu können (Rufus, Quaestiones 218). Es ist jedoch nicht einsichtig, weshalb sich Edelstein dieser Auffassung anschließt, da doch zumindest der heutige Textbestand der Einleitung der Umweltschrift nichts dergleichen hergibt. Der Verfasser selbst verwendet ἐνθυμεῖσθαι (1,1. 4. 6 und 2,1), διαφροντίζειν (1,5), ἐννοεῖσθαι (2,5), σκοπεῖν (3,1) und βασανίζειν (3,1), also ausschließlich Verben der Kognition, um die Ermittlung der Vorbedingungen durch den Arzt zu beschreiben, schließt aber eine Befragung von Einwohnern nicht ausdrücklich aus. Jeglicher Aussagen zur Methodik enthält er sich, vgl. dazu auch Deichgräber (1933) 114, Bourgey (1953) 213f. und Harig (1959) 17–20.

durch den Auf- bzw. Untergang der Sonne. Ebenfalls parallel zur Disposition beginnt der Verfasser zunächst mit den beiden Beispielen bezüglich der Winde, bevor er sich den Auswirkungen der Sonneneinstrahlung zuwendet.[7]

Die Kapitel 7–9 befassen sich mit den Auswirkungen der Gewässer.[8] Es findet sich hier zunächst die grobe Einteilung in Quellwasser (7), Regenwasser (8,1–7) und Schnee- bzw. Eiswasser (8,8–10), außerdem werden gemischte Wasser betrachtet und die durch sie verursachten Krankheiten (9). Des Weiteren wird das Quellwasser nach seinem Ursprung unterschieden. Bei diesen Darstellungen dient das Wasser als selbstständige Voraussetzung für Ausprägungen der Natur und der Menschen.[9]

Die Kapitel 10 und 11 befassen sich anschließend mit dem erstgenannten Aspekt der Disposition: den Wirkungen der Jahreszeiten sowie von deren Übergängen. Es wird jedoch nicht jede Jahreszeit, wie der Leser erwarten könnte, einzeln charakterisiert, sondern verschiedene Jahresverläufe einander gegenübergestellt und bewertet. Nach dem Beispiel eines gesunden Jahres (10,2) stellt der Verfasser so durch die Kombination von Auf- bzw. Untergängen von Himmelskörpern, Winden, Niederschlägen und Temperaturen mit den Jahreszeiten mehrere problematische Jahresverläufe mit positivem und negativem Ausgang dar (10,3–12). Von besonderer Bedeutung sind für ihn aber die μεταβολαὶ τῶν

7 Eine eingehendere Analyse des Modells der vier Städte und die Untersuchung der einzelnen Winde und Sonnenstände erfolgt in Abschnitt 4.1 „Die Faktoren „Wind“ und „Sonne““.

8 Die Bedeutung des Adjektivs λοιπῶν in 7,1 (περὶ δὲ τῶν λοιπῶν ὑδάτων βούλομαι διηγήσασθαι) lässt sich nicht unmittelbar erschließen und wurde daher stark diskutiert. Jouanna (1996a) 199, Anm. 4 schlägt jüngst eine Auffassung vor, die der in Kühner/Gerth II, 1, 275 A 1 am Beispiel ἄλλος beschriebenen Verwendung eines Adjektivs anstelle eines adverbialen Ausdrucks entspricht. Ergo könnte dann die Ergänzung λοιπῶν durch „außerdem“ oder „sonst“ ins Deutsche übertragen werden. M.E. ist jedoch durchaus die Grundbedeutung („übrig“) als Bezeichnung eines verbleibenden Teiles nach der Nennung weiterer in Erwägung zu ziehen. Zu gering wurde bislang beachtet, dass bereits in den Kapiteln zu den Winden Gewässer erwähnt werden, welche jeweils durch die Lage einer Stadt bezüglich der Himmelsrichtung bedingt sind (3,1; 4,2; 5,3; 6,2). Die „übrigen“ Gewässer nun sind diejenigen, die nicht in Abhängigkeit zum Faktor „Wind“ stehen. In diesem Sinne steht das λοιπῶν an dieser Stelle in paralleler Verwendungsweise zu demjenigen in 18,1.

9 Dabei kann Diller (1934) 17f. gegen Edelstein (1931) 25 darin zugestimmt werden, dass der Adressat dieser Passage notwendigerweise erneut der Arzt in einer unbekannten Stadt ist, nicht aber ein Laie. Dies ist durch die enge Anknüpfung in 7,1 sowie durch den parallelen Aufbau zu den Kapiteln 3–6 evident. Auch sind die Hinweise auf Wert und Verwendbarkeit der Wasser kein Indiz für einen Leser dieses Abschnitts, der keine Vorkenntnisse benötigt, sondern fügen sich in die übrigen Darstellungen ein, welche ebenfalls Wertungen enthalten (z.B. 5,2: ὑγιεινοτέρας, 6,1: νοσερωτάτην, 6,4: ἐπιτήδεια καὶ ἀνεπιτήδεια, 10,1: τὸ ἔτος, εἴτε νοσερὸν εἴτε ὑγιηρόν).

ὡρέων, da viele Krankheiten sich zu diesen Zeitpunkten veränderten. Abgesehen von den Sonnenwenden und Äquinoktien, also den Anfängen der astronomischen Jahreszeiten, werden außerdem drei Sterndaten genannt (11). Der Autor schafft durch die Behandlung dieses Aspekts erneut Verknüpfungen innerhalb seines Werkes, da er zum einen die μεταβολαί bereits in 3,4. 5 und 4,4 erwähnt[10] und zum anderen in 10,8 explizit hervorhebt, dass die geographische Lage einer Stadt und ihre Gewässer die Anfälligkeit der Bewohner für Veränderungen durch Wetterumschwünge erheblich verstärken oder verringern können.

Durch das Thema der Astronomie schließen sich die Abschnitte 10f. zusätzlich an das zweite Kapitel an, in welchem bereits deren außerordentlicher Nutzen aufgezeigt wird.[11]

2.1.3 Die Schilderung Asiens (Kap. 12–16)

Ohne die systematische Betrachtung auf die verbleibenden zwei Aspekte der Disposition (Boden und Lebensweise) auszudehnen, schließt der Verfasser in 12,1 die Analyse ausdrücklich ab und wendet sich einem Vergleich zwischen Asien und Europa zu. In diesem soll eine Gegenüberstellung der μορφή der entsprechenden Völker eine besondere Gewichtung erlangen.

Die Aufteilung der Erde in zwei Kontinente lässt sich der Schrift direkt entnehmen:[12] Zu dem größten Teil Asiens, welcher sich nach Osten erstreckt,

10 An diesen genannten Stellen gelten sie sogar als Auslöser der Krankheiten, nicht nur als deren Verstärker.

11 Diese Darstellung des Nutzens der Astronomie für den praktizierenden Arzt scheint als Rechtfertigung zu fungieren. Die Astronomie war derzeit als Wissenschaft keineswegs allgemein akzeptiert, wie sich deutlich an den Vorwürfen gegenüber Sokrates in den Wolken des Aristophanes und in Platon, Apologie 23d erkennen lässt. Vgl. dazu auch Wenskus (1990) 99f.

12 Die Unterteilung der οἰκουμένη in zwei Kontinente wird durch zahlreiche Autoren vorgenommen. Siehe dazu die Belegstellen bei Berger (1903) 78, Anm. 1. „C'est la division ionienne traditionelle, d' Hécatée à Ephore", nach Pédech (1976) 59. Zum Vergleich und der Entwicklung des zwei- und des dreigeteilten Weltbildes vgl. Schubert (2000) 202–206 und Nesselrath (2006) 240. Galen kommentiert zu Aer. 12,1: „Wie du wissen musst, haben verschiedene Leute die bewohnte Erde eingeteilt. Einige haben sie vierfach geteilt, erstens in die Gegend von Europa, zweitens die Gegend von Libyen, drittens die Gegend von Asien und viertens die Gegend von Ägypten, wie das Herodot getan hat. Andere haben sie dreifach geteilt, erstens in die Gegend von Europa, zweitens Asien und drittens Libyen, wie es Dionysios getan hat. Andere haben sie in zwei Teile geteilt, Europa und Asien, wie es Hippokrates getan hat. Ich sage, dass die erste große Einteilung der Erde, wie sie Hippokrates vorgenommen hat, diese beiden *Provinzen* sind, Asien und Europa" (Übers. Strohmaier IV 1,1).

kommt ein weit nach Süden reichendes Gebiet hinzu, in dem Ägypten und Libyen liegen.[13] Europa dagegen reicht bis zu den Rhipäen (19,2), dem sagenhaften Riesengebirge, welches hoch im Norden vermutet wurde,[14] und sicherlich auch weit in den Westen hinein; dortige Gebiete werden jedoch nicht explizit behandelt. Die Grenze zwischen den Kontinenten verläuft demnach etwa von Südwesten nach Nordosten durch das Mittelmeer, die Ägäis, das Schwarze Meer und das Asowsche Meer, wie der folgenden schematischen Karte zu entnehmen ist:[15]

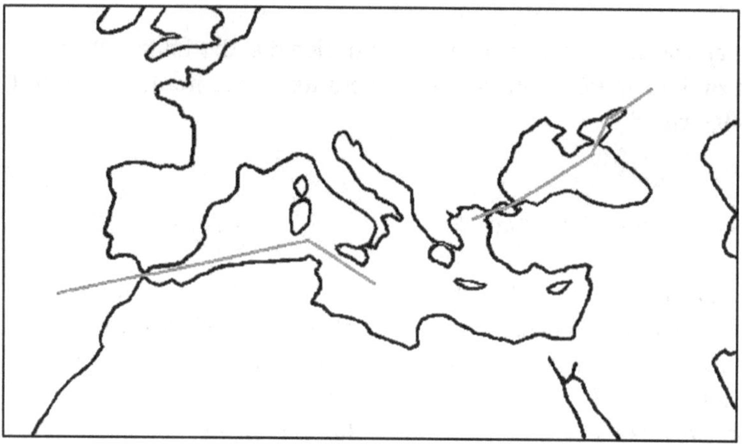

13 Desautels (1982) 67–70 fasst Ägypten und Libyen gemeinsam als dritten eigenständigen Kontinent. In seiner Argumentation erörtert er weitere Erwähnungen der Länder in anderen hippokratischen Schriften, um ihre Bekanntheit zu belegen, liefert jedoch keine fundierte Begründung, die es zuließe, diese Landmasse als Kontinent zu begreifen. Einem ähnlichen Irrtum unterliegt Kruske (2008) 52, und auch Romm (2010) 221 zieht eine derartige Interpretation in Erwägung.

14 Ausführlich gibt Beckers (1914) Belegstellen der griechischen Literatur zum Rhipäengebirge an und erörtert ihre mögliche Identifizierung mit einigen Gebirgszügen, insb. in der Nähe des russischen Tieflandes. Eine literarische Vorlage für das nördliche Riesengebirge könnte Hekataios gewesen sein, vgl. Capelle (1916) 6f.

15 Es handelt sich also nicht um eine klare Ost-West-Linie, wie bei Herodot, bei dem der Phasis die Grenze fortführt, vgl. dazu Bichler (2007) 69, sowie Ninck (1945) 39f. und Calame (1986) 94, nicht korrekt hingegen bei Kochanek (2004) 88. Eine Gegenüberstellung zweier derart abgegrenzter Kontinente, Asien und Europa, ist somit auch kein strenger Süd-Nord-Vergleich. Als Ost-West-Kontrast, wie es jüngst Rausch (2013) 93f. postuliert, lässt sie sich jedoch nur unter der Bedingung ansehen, dass der extreme Norden bzw. Süden in Gestalt von Skythien und Ägypten herausgelöst werden, wie es bereits Merz (1923) 44f. interpretiert. Tatsächlich aber umfasst gemäß der Aufteilung des Verfassers Europa auch den eiskalten Norden sowie Asien auch den heißen Süden.

12,2 enthält zunächst eine grobe Charakterisierung des asiatischen Kontinents und seiner Bewohner, die durch Komparative mit dem Bezugspunkt Europa gestaltet ist. Der folgende Paragraph gibt als Ursache der asiatischen Vorzüge die klimatischen Bedingungen an, womit sich auch die große ethnologische Abhandlung in das Gesamtkonzept der Schrift einfügt.

Mit 12,4 beginnt die Beschreibung der verschiedenen Regionen und Völker Asiens. Zunächst wird eine unbenannte Gegend als klimatisch besonders vorteilhaft geschildert (12,4–6), was sich sprachlich durch mehrfache Verwendung von Superlativen bezüglich des Klimas manifestiert. Beachtenswert zur Identifizierung dieser Region ist ein Vergleich mit Herodot 1,142, der auf ähnliche Weise Ionien beschreibt. Dem jeweiligen Gebiet wird in beiden Texten sowohl das θερμόν als auch das ψυχρόν abgesprochen, welche dagegen in den umliegenden Gebieten herrschten; auch sei das Land weder zu feucht noch zu trocken. Zusätzlich weitet *De aere aquis locis* die Schilderung detailliert aus, so wird beispielsweise die Region wie bereits die modellartige Stadt in Kapitel 5 mit dem Frühling verglichen. Demnach ist aufgrund der Parallelen zu vermuten, dass auch hier die ionische Landschaft beschrieben wird.[16]

Nach 12,6 (ἐγγίνεσθαι) bricht der Text ab und setzt im folgenden Vers wieder mit der Beschreibung einer Tierwelt (ἐν τοῖσι θηρίοισι) ein. Darauf schließt der Verfasser ab, dass es sich also derartig mit den Ägyptern und Libyern verhalte. Es scheint an dieser Stelle eine längere Passage verloren zu sein, von der

16 Dieser Vergleich wurde bereits bei Diller (1934) 69f., Pohlenz (1938) 13, Heinimann (1945) 13 und weiteren Interpreten gezogen. Eine andere Position vertritt Oesterle (1979) 326–337, der auf Grund eines Vergleichs von 12,6 und 16,5 ausschließt, dass Ionien gemeint sein könne. Stattdessen meint er in der Beschreibung des zwölften Kapitels Syrien zu erkennen und stützt diese These durch einen Bericht über eine Syrienreise des koischen Arztes, die in einer arabischen Handschrift des zehnten Jahrhunderts bezeugt ist. M.E. ist bereits der Ausgangspunkt seiner Argumentation in dem Vergleich der genannten Passagen abzulehnen. Die Charakterstärken, die gemäß 12,6 auf Grund der Natur des Landes seinen Bewohnern nicht zukämen, jedoch nach 16,5 gerade bei den Griechen in Asien, die unabhängig von der asiatischen Königsherrschaft leben, besonders ausgeprägt zu finden seien, unterliegen gerade dem φύσις νόμος Prinzip, nach dem die Natur eine Voraussetzung schafft, der Nomos hingegen z.B. durch das politische System die Menschen weiter formt. So spricht 16,5 nicht gegen eine Beschreibung Ioniens im zwölften Kapitel. Vgl. hierzu auch Jouanna (1996a) 296, Anm. 6. Schubert (2000) 214 zieht ebenfalls die Deutung der Landschaft als Ionien in Zweifel, argumentiert hingegen damit, dass der Autor sonst die Immigration griechischer Stämme nach Kleinasien hätte nennen müssen. Aufgrund der medizinischen Ausrichtung des Traktats ist eine solche Forderung jedoch haltlos, zudem deckt sich Schuberts alternative These hinsichtlich des Nildeltas keineswegs mit der Klimatologie der Schrift, wie sich im Folgenden zeigen wird.

uns lediglich noch das Thema bekannt ist.[17] Es lassen sich außerdem weitere textimmanente Mittel zur inhaltlichen Rekonstruktion des verlorenen Abschnitts finden, wenn spätere Passagen des Traktats zu dieser in Beziehung gesetzt werden. So trifft der Verfasser in 18,1 die Aussage, dass sich die Skythen untereinander ähnlich sehen, jedoch keine Ähnlichkeit zu anderen Völkern besteht; dies verhalte sich also ebenso wie bei den Ägyptern. In dem verlorenen Abschnitt müssen sich demnach bereits Ausführungen dieser Art befunden haben, auf die sich der Autor an dieser späteren Stelle bezieht. Darüber hinaus hebt der Autor die Hitze des Landes hervor (ὑπὸ τοῦ θερμοῦ εἰσι βεβιασμένοι).

In 19,1 wird die genannte Aussage mit einem erneuten Bezug auf Ägypten wiederholt und zusätzlich um die Information erweitert, dass die Skythen nur wenige Nachkommen hätten und ebenso im Land nur wenige Tiere lebten. In Bezug zu der Schlussbemerkung in 12,7, dass die Tierwelt von Libyen bzw. Ägypten πολύμορφος sei, wird deutlich, dass der Verfasser in diesem Aspekt einen Kontrast zwischen Skythien einerseits und Ägypten sowie Libyen andererseits aufstellt. Da in dieser Gegenüberstellung auch die Kinderarmut der Skythen erwähnt und im Folgenden ausgeführt wird, ist anzunehmen, dass der Verfasser in dem verlorenen Abschnitt dementsprechend den ägyptischen Kinderreichtum durch die Fruchtbarkeit der Ägypterinnen darstellte, welche u.a. später bei Aristoteles[18] bezeugt ist.[19]

17 Schon zu Galens Zeiten fehlt dieser Abschnitt, wie er selbst bemerkt: „So ist uns aus diesem Wortlaut deutlich, dass seine Ausführungen, die er zu den Bewohnern Libyens gemacht hat, ausgefallen und verschwunden sind. Am Ende dieser Ausführungen hat er diese Worte, bei denen wir jetzt gerade sind, erwähnt und gesagt, dass es dort eine reiche und vielgestaltige Tierwelt gibt“ (Übers. Strohmaier IV 1,7). Galen bezieht jedoch den Abschnitt über die Lust noch auf die vorangegangene Passage und erläutert: „Die Ausgeglichenheit der Mischung reizt die Lebewesen zu den Begierden und Lüsten“ (IV 1,6). Der Abschnitt scheint sich m.E. jedoch besser in die Fauna Ägyptens und Libyens einzufügen. Inkorrekt ist die Darstellung bei Barrett (2000) 10, der behauptet, Galen hätte die Passage noch gekannt.

18 Vgl. Arist. hist. anim. 7,584b7. 31 und de gen. anim. 4,4,770a35.

19 Backhaus (1976) 174f. stellt die Vermutung an, dass der Verfasser diesbezüglich eine Parallele von dem zügellosen Verhalten der Tiere zu dem der Menschen gezogen und durch dieses wiederum den Kinderreichtum begründet haben könnte. Er führt einige Stellen aus den Historien von Herodot an (4,172. 176. 180), die von Promiskuität unter libyschen Stämmen zeugen. Sicherlich mag der Verfasser von *De aere aquis locis* auch von derartigen Bräuchen und Verhaltensweisen gehört und daher eventuell das Verhalten von Mensch und Tier in diesen asiatischen Regionen als befremdlich dargestellt haben. M.E. aber kann dieser Aspekt nur von untergeordnetem Interesse gewesen sein, da er in seinem Werk, insbesondere in der Abhandlung über die Volksstämme, besondere Ausprägungen weitaus häufiger auf die Umwelt als auf Bräuche stützt. So erklärt er die Kinderarmut der Skythen in Kapitel 21 durch ihre Natur und körperliche Konstitution. Diese Erscheinungen aber begründet er zuvor (Kap. 19) durch die

Eine letzte Rekonstruktionshilfe zum Inhalt des verlorenen Abschnitts aus dem Text selbst findet sich in 20,2. Dort wird als eine von zwei Begründungen für die krummbeinigen und aufgedunsenen Gestalten der Skythen angeführt, dass sie nicht wie die ägyptischen Kinder gewickelt würden. Die μορφή der Ägypter wurde demnach vermutlich gegensätzlich zu der der Skythen auf sehr positive Weise beschrieben.

Aufgrund der mehrfachen Bezüge auf den verlorenen Textabschnitt in der sechs Kapitel umfassenden Skythenabhandlung ist anzunehmen, dass auch die Natur Ägyptens und Libyens sowie ihre Bewohner ähnlich umfangreich behandelt wurden.[20] Auch dass vielleicht aus den Reihen der ägyptischen und libyschen Stämme einzelne herausgegriffen wurden, bei denen die Sitten und Gebräuche ähnlich außergewöhnlich waren wie z. B. bei dem skythischen Volk der Sauromaten, bleibt nur eine Vermutung. Daher erscheint Backhaus' Annahme, dass griechische Leser den in diesem Werk beschriebenen Eigenschaften der barbarischen Ägypter und Libyer mit Abscheu begegnen mussten, stark überzogen.[21]

Der Paragraph 13,1 weist nach dem genannten Abschlusssatz der vorhergehenden Abhandlung die Lokalisierung der Völker auf, die im Folgenden charakterisiert werden sollen. Diese bewohnten das Gebiet von der rechten Seite des Sonnenaufgangs bis hin zur Maiotis, welche dem Asowschen Meer entspricht und die Grenze zwischen Asien und Europa darstelle. Der Überlieferung zufolge wird der Sonnenaufgang zudem als ein winterlicher bestimmt (χειμερινῶν). Diese Lesart bereitet Schwierigkeiten, da ja die Maiotis von Griechenland aus gesehen im Nordosten liegt, der Sonnenaufgang zur Zeit der Wintersonnenwende jedoch im Südosten betrachtet werden kann. Nun bietet eine mittelalterliche Konjektur von Gadaldinus θερινῶν, die von einigen Herausgebern und Interpreten aufgegriffen wurde, und jüngst auch im arabischen Galen-Kommentar vor-

---

skythische Landschaft, so dass die Kinderarmut aus seiner Perspektive letztlich durch Umweltfaktoren bedingt ist. Aus diesem Sachverhalt sowie aus der Konzeption der gesamten Schrift ist anzunehmen, dass der Verfasser, sofern er den Kinderreichtum der Ägypter erwähnt hat, diesen ebenfalls vornehmlich auf Faktoren der Landschaft zurückgeführt hat. Auch diese These muss aber aufgrund des Textverlustes spekulativ bleiben.
Borca (2003) 54–56 versucht ebenfalls eine Rekonstruktion des verlorenen Abschnitts mittels Hinzuziehung Texte anderer Autoren. Eine solche Methode vermag jedoch nicht den ursprünglichen Text wiederherzustellen.

20 Vgl. ebenso Sieberer (1995) 136, Anm. 204.

21 Vgl. Backhaus (1976) 175. M.E. erklärt sich Backhaus' Schlussfolgerung aus der Konzeption seiner Untersuchung, da er von Beginn an darauf abzielt, eine unausgesprochene Intention des Verfassers zu enthüllen, die darin bestehe, die Barbaren als minderwertig gegenüber den Griechen darzustellen.

geschlagen wird.[22] Demnach läge das Gebiet zwischen dem Nordosten und dem Nordwesten Asiens, etwa im Tiefland nördlich des Kaukasus, womit der südlichen Region mit Ägypten und Libyen nun die nördliche gegenübergestellt wäre. Bei dieser Deutung wird jedoch die Angabe der rechten Seite vernachlässigt. Wilamowitz geht ausdrücklich von einem Betrachter in Griechenland aus, der zur aufgehenden Sonne blickt,[23] demzufolge liegt aber die rechte Seite des Sonnenaufgangs etwas südlich des Nordostens und nicht in Richtung der Maiotis. Boll merkt bezüglich der Orientierung im Allgemeinen richtig an, dass keineswegs diese Blickrichtung vorausgesetzt werden muss, da von zahlreichen antiken Autoren der Norden als rechtsgelegen bezeichnet wird, wobei die Orientierung dann wohl an einer Landkarte oder einem Globus, nicht aber der freien Natur erfolgt.[24] Diller sieht in diesem Verständnis einen Widerspruch zu 12,3, da Asien dort als in der Mitte zwischen den Sonnenaufgängen befindlich beschrieben wird, und möchte sich mit einer weiteren Konjektur in ἰσημερινῶν behelfen, nimmt aber unter diesen Bedingungen Bolls Einwand an und sieht in der beschriebenen Region den Nordteil Asiens.[25]

M.E. ist Bolls Hinweis tatsächlich überaus bedeutsam, da aufgrund der nördlichen Lage der Maiotis eine südliche Richtung ausgehend von einem Sonnenaufgangspunkt in keinem Fall angenommen werden darf. Ferner erscheint aber die überlieferte Lesart überzeugender als jegliche Konjektur: Der winterliche Sonnenaufgangspunkt nach dem Weltbild des Verfassers kann etwa am Persischen Golf angesetzt werden. Die Gegend nach Norden hin bis zum Asowschen Meer ist zweifellos uneben, da sie abgesehen von Mesopotamien und dem Tiefland nördlich des Kaukasus von Gebirgen durchzogen ist. Darüber hinaus scheint die Erwähnung mehrerer Völker in 13,2 (τὰ ἔθνεα) doch ein Hinweis auf ein größeres Gebiet zu sein, was das benannte im Vergleich mit den übrigen beschriebenen asiatischen Regionen offensichtlich ist. Aus diesen Völkern greift der Autor im Folgenden einzelne heraus und charakterisiert sie, wie er in 14,1

22 Vgl. Galens Kommentar in Übers. Strohmaier IV 2,2 und neuzeitlich z.B. von Wilamowitz-Moellendorff (1901) 17, ed. Jones (1923a) und ed. Jouanna (1996a). Strohmaier (2006) 239 mit Anm. 39 schließt sich ebenfalls Galens Kommentierung an.

23 Vgl. von Wilamowitz-Moellendorff (1901) 17.

24 Nach Boll (1903) 383, Anm. 1, dazu auch 563, Addenda. Es werden mehrere Belegstellen angeführt. Vgl. bestätigend dazu Rehm (1916) 19, Anm. 1.

25 Vgl. Diller (1934) 74. Dagegen Pohlenz (1937) 71f. Pohlenz kehrt zur Lesart χειμερινῶν und sieht ἐν δεξιῇ als verderbt an.

programmatisch ankündigt. Diese bilden gemeinsam neben dem im zwölften Kapitel beschriebenen Ionien sowie Ägypten und Libyen das restliche Asien.[26]

13,3–5 bildet einen Einschub, in dem der Autor erläutert, dass ebenso wie Landschaften auch die μορφή der Menschen generell durch das Klima beeinflusst wird. 13,3 stellt dabei eine Entsprechung zu 12,2f dar. Dort wird die Landschaft Asiens aufgrund von gleichmäßigem Klima als ἡμερωτέρη bezeichnet, die fiktive Landschaft in 13,3 ist hingegen ἀγριωτάτη, was durch ein ungleichmäßiges Klima bedingt ist. Einen neuen Aspekt bedeutet aber der Vergleich der Gestalten von Landschaften[27] und Menschen in 13,4f.

Zu Beginn des 14. Kapitels wiederholt der Verfasser seine Aussage von 12,1, dass er nur besondere Volkstypen schildern möchte, diejenigen hingegen, die einander ähneln, übergeht er explizit.[28] Darüber hinaus spezifiziert er nun, dass er über diejenigen Völker sprechen wird, die durch φύσις oder νόμος eine besondere Stellung einnehmen. Einerseits kann die Nennung dieser zwei Aspekte als programmatisch für die Inhalte der folgenden zwei Kapitel aufgefasst werden: Das Volk der sogenannten Makrokephalen[29] (14) erhält seine physische Besonderheit insbesondere durch seine Bräuche, also den νόμος,[30] die Menschen am Phasis (15) hingegen sind in Gestalt und Charakter durch die äußere Umwelt, die φύσις, geprägt. Andererseits zeigt sich bereits innerhalb des 14. Kapitel eine beachtenswerte Verwendung des νόμος-φύσις-Begriffspaares: Es wird berichtet, dass die Menschen dieses Volks früher bewusst die Köpfe ihrer Neugeborenen in die Länge formten, da sie die längliche Form für vornehm hielten (14,2f.). Nach einiger Zeit wurde dieses Merkmal dann sogar von Natur ausgeprägt (14,4). Den Übergang von der ersten zu dieser zweiten Phase erklärt der Autor mit Hilfe der Pangenesislehre und erläutert sie an Beispielen.

---

26 Hierbei ist jedoch stets zu bedenken, dass ein Teil der Asienabhandlung nicht erhalten ist, in dem zusätzlich noch weitere Völkergruppen beschrieben sein könnten. Von unserem Textbestand ausgehend ist jedoch anzunehmen, dass der Verfasser keine weite Ausdehnung Asiens nach Osten hin annimmt. Möglicherweise sieht er das Kaspische Meer bereits als Erdgrenze an.

27 Für die Landschaften wird sowohl der Begriff χώρα als auch γῆ wie in 1,5 verwendet.

28 Sassi (2001) 105 nimmt aufgrund derartiger Aussagen an, dass der Verfasser durch sein Interesse an Unterschiedlichkeit („an interest in difference“) zur Abfassung des Textes bewogen wurde.

29 Zur historischen Lokalisierung der Makrokephalen siehe z.B. Herrmann (1928) 815, Nickel (1978) 237f., Desautels (1982) 141 und Jouanna (1996a) 304f. Der hippokratische Autor jedenfalls ordnet sie dem Bereich des asiatischen Kontinents zu, welchen er zu Beginn des 13. Kapitels umreißt. Galen glaubt nicht an die Existenz dieses Volks und bezeichnet den Abschnitt daher als „leeres Geschwätz“ (Übers. Strohmaier IV 3,5).

30 Backhaus (1976) 175 fasst dies als Inkohärenz auf, da das Klima in diesem Kapitel nicht einmal thematisiert wird, womit es eine Sonderstellung innerhalb des Traktats einnimmt.

Zu der aktuellen Situation der Makrokephalen seiner Zeit sind die Angaben des Verfassers nicht eindeutig. Zwei verschiedene Aussagen scheinen sich auf die Gegenwart zu beziehen: νῦν δὲ καὶ ἡ φύσις ξυμβάλλεται τῷ νόμῳ (14,2) und νῦν δ' ὁμοίως οὐκέτι γίνονται (sc. οἱ μακροκέφαλοι) ἢ πρότερον (14,5). Offensichtlich ist aber die erstgenannte Bemerkung zeitlich weiter gefasst und schließt die zweite Phase (der Ausprägung des Merkmals durch die φύσις) in diejenige ein, die in 14,5 geschildert wird. In dieser dritten existieren also weniger Makrokephale, da sich der besondere Brauch nach der Vermischung mit anderen Völkern nun nicht mehr durchsetze (ὁ γὰρ νόμος οὐκέτι ἰσχύει διὰ τὴν ὁμιλίαν τῶν ἀνθρώπων)[31].

Die antithetische Gegenüberstellung der Begriffe φύσις und νόμος, für die sich hier das älteste Textzeugnis der griechischen Literatur findet, wird später noch näher zu betrachten sein. Für die Analyse des Konzepts der Umwelteinflüsse hat der Bericht über die Makrokephalen nur geringen Wert, bedeutsam ist jedoch der Umstand, dass die μορφή des Menschen in den Augen des Verfassers auch durch Bräuche dauerhaft verändert werden kann.[32] Darüber hinaus zieht die Schrift in Betracht, dass ein früherer Brauch zur Natur werden kann, wenn er über lange Zeit ausgeübt wird.[33]

Das 15. Kapitel wendet sich anschließend wieder der natürlichen Umwelt zu und stellt die Anwohner des Phasis[34] vor. Der Verfasser der Schrift folgt mit der Struktur des Kapitels wieder dem Grundschema der Kapitel 12 und 13: Zunächst schildert er das Klima des Landes, die Lebensweise der Menschen, die Gewässer und die Vegetation der Region (15,1), bevor er anschließend aus diesen ausdrücklich als προφάσιες bezeichneten Aspekten die Gestalten, Konstitutionen

---

31 Nickel (1978) 239 interpretiert den zitierten Satz dahingehend, dass zunächst der Brauch weniger praktiziert worden sei, woraufhin das Merkmal verschwand. Meinem Verständnis nach muss aus der Aussage allerdings folgende zeitliche Entwicklung abgeleitet werden: Nach der Phase des Zusammenwirkens von φύσις und νόμος wurde durch den Kontakt mit den anderen Völkern der φύσις-Faktor geschwächt, da ja kein anderes Volk, wie der Autor bereits in 14,2 betont, ähnliche Köpfe wie die Makrokephalen hat. Daraufhin hätte nur noch der νόμος den Ausschlag geben können, was er selbstverständlich wie in der ersten Phase bei einzelnen Individuen vermochte; aufgrund der weiteren ständigen Vermischung mit anderen Völkern aber konnte sich das Merkmal allein durch den νόμος nicht in der φύσις etablieren. Offensichtlich wird gemäß der Ansicht des Verfassers eine dauerhafte Vererbung nur erreicht, wenn beide Elternteile Überträger des Merkmals sind. Zu den Lesarten ὁμιλίαν vs. ἀμέλειαν vgl. Strohmaier (2006) 242f.

32 Vgl. zu dieser Entwicklungstheorie die Analyse bei Pigeaud (1983) 42–49.

33 Es könnten sich hier demokriteische Einflüsse zeigen, vgl. Müller (2003) 194.

34 Der Fluss Phasis, heute als Rioni bezeichnet, fließt vom Südwestabhang des Kaukasus zum Schwarzen Meer bei Poti (damals vielleicht ebenfalls „Phasis“, vgl. Lordkipanidze (2000)).

und Charaktere der Menschen ableitet (15,2). Abschließend äußert er sich über die Winde des Gebiets (15,3). Äußerst systematisch werden hier folglich die verschiedenen Faktoren des Einleitungskapitels behandelt.

Die Region wird als eine warme Sumpflandschaft dargestellt, in der viel Niederschlag fällt und Nebel aufkommt. Die Temperaturen sind recht konstant, der kalte Nordwind erreicht die Gegend kaum, es wehen meist feuchte Winde sowie der heiße κέγχρων. Die Früchte, welche dort wachsen, sind unreif und wässrig. Die Phasianer schildert der Autor als groß, beleibt und träge mit gelblicher Haut und tiefer Stimme.

Im 16. Kapitel wird schließlich die Abhandlung über die einzelnen Völker der Asiaten abgeschlossen. Es werden allerdings noch einige generelle Aussagen hinzugefügt, in denen sie erneut mit den Europäern verglichen werden. Der Verfasser bezeichnet die Bewohner Asiens darin als mutlos, feige, unkriegerisch und sanft, was er auf das beständige Klima (16,1f.)[35] sowie auf die Königsherrschaft (16,3–5)[36] zurückführt, die in den meisten Gebieten Asiens die vorherrschende Regierungsform ist.

Die gesamte Asien-Abhandlung schließt durch eine differenzierte Aussage mit Rückbezug auf die vorangegangenen Ausführungen, gemäß der die verschiedenen asiatischen Völker unterschiedlich tapfer sind (16,5).

---

35 Mit dieser Aussage knüpft der Autor unmittelbar an seine Bemerkung in Kapitel 12,6 an, welche sich dort jedoch nur auf Ionien, nicht auf den gesamten Kontinent, bezog. In 16,2 erklärt er, dass es eben die in Asien kaum ausgeprägten μεταβολαί sind, die imstande sind, die γνώμη und das σῶμα eines Menschen in Unruhe zu versetzen, wodurch dieser wiederum temperamentvoller und mutiger werden kann (16,2).

36 Aus der Monarchie resultiere, dass die Untertanen unkriegerisches Verhalten an den Tag legten, um den Kriegsdienst zu vermeiden, welcher ihnen selbst nur Gefahren, Entbehrungen und wirtschaftliche Einbußen bringe, den Königen aber Ruhm. Als Gegenbeispiel werden all die Asiaten angeführt, welche nicht unter Königsherrschaft leben. Der Verfasser unterscheidet diesbezüglich Ἕλληνες und βάρβαροι, trifft aber eine sie alle umfassende Aussage: Diese Menschen seien nämlich kriegerisch, da sowohl die Strafen als auch die Belohnungen unmittelbar sie selbst beträfen. Backhaus (1976) 178 hat diesbezüglich die berechtigte Frage gestellt, welche der barbarischen Völker Asiens denn zu Lebzeiten des Hippokrates nicht unter der Herrschaft des persischen Großkönigs gestanden hätten, und versteht die Unterscheidung in Griechen und Barbaren an dieser Stelle als formales Element, da ausschließlich die Bewohner der ionischen Städte gemeint seien, unter denen nur wenige Nichtgriechen waren. Bei dieser Auslegung des Ausdrucks ist allerdings zu bedenken, dass die Echtheit sowie die Datierung des Traktats weiterhin umstritten sind. Vgl. diesbezüglich das Kapitel 2.4 „Die Datierung und „Echtheit“ der Schrift“. Galen bezieht die Aussage auf Pisidien und Mysien (Übers. Strohmaier IV 4,3).

2.1.4 Die Schilderung Europas (Kap. 17–24)

Das erste Kapitel der Ausführungen zu den europäischen Regionen und Völkern (17) ist verhältnismäßig kurz. Es enthält zudem keine allgemeinen Aussagen über die Europäer oder den Kontinent, wie man es nach der Struktur der Darstellung Asiens erwarten könnte. Der Verfasser begnügt sich für eine generelle Charakteristik offenbar mit den Bemerkungen, die er bereits in den Kapiteln 12 und 16 in Gegenüberstellung zu Asien tätigte.

In diesem 17. Kapitel beschäftigt sich der Autor nun mit den Sauromaten, die als ein ἔθνος Σκυθικόν bezeichnet werden (17,1). Somit wird bereits an dieser Stelle die berühmte Skythenabhandlung eingeleitet, die bis in das 22. Kapitel reicht.[37]

Die Darstellung der Sauromaten beschränkt sich auf die Frauen dieses Volkes. Als ein erstes besonderes Charakteristikum führt der Autor an, dass sie, solange sie Jungfrauen sind, reiten, schießen und kämpfen würden (17,2). Sie haben demnach mit Jagd und Krieg Funktionen inne, die üblicherweise Männern zukommen.[38] Eine weitere Besonderheit betrifft ihre μορφή: Die Mütter, so berichtet der Autor, versengten ihren Töchtern bereits im Kindesalter die rechte Brust. Auf diese Weise komme die Kraft, die sonst in die Brust strömte, der rech-

---

37 Auch Herodot zählt die Sauromaten zu den Skythen (Hdt. 4,110–117). Weder bei ihm noch in der übrigen Literatur bis Polybios findet sich jedoch die Zuordnung dieses Volks zu Europa. (Vgl. Backhaus (1976) 178.) Allerdings fasst der Verfasser der Umweltschrift offensichtlich alle skythischen Völker als Europäer auf. Diese Zuordnung ist ohnehin eine Frage der Grenzziehung zwischen den Kontinenten, da auch Herodot die Sauromaten weit im Norden lokalisiert (116). Alle nördlichen Gebiete aber werden in der Umweltschrift dem asiatischen Kontinent abgesprochen. Vgl. Aer. 12,3 über Asien: κεῖται [...] τοῦ [...] ψυχροῦ πορρωτέρω.
Vgl. weiterführend zum Menschenbild der Skythen Rolle (1980) 54–71.

38 Diese Beschreibung der Frauen erinnert stark an den Amazonenmythos, insbesondere an die Selbstbeschreibung der Amazonen in Herodot 4,114. In deren Zusammenhang (4,110–117) wird sogar eine Abstammung der Sauromaten von den Amazonen aufgezeigt, siehe vergleichend Bichler (2000) 53 und Rausch (2013) 80–92.
Nach der Tötung von drei Männern (bei Hdt. 4,117 nur eines Mannes) hätten die Sauromatinnen gemäß *De aere aquis locis* die Möglichkeit einer Heirat, woraufhin sie nicht mehr ritten. Eine Ausnahme bilde die Notwendigkeit eines gemeinsamen Feldzugs. Zu dieser Stelle merkt Triebel-Schubert (1990) 91 an, dass nicht deutlich sei, ob den Frauen dann eine Beteiligung am Kriegsgeschehen oder lediglich die Tätigkeit des Reitens gestattet würde. Auch Wenskus (1999) 178f. stellt fest, die Frauen hätten eine derartige Regel nach ihrem Ermessen auslegen können, um gemeinsam mit ihren Männern jagen oder ins Feld ziehen zu können. Es scheint die ἀνάγκη στρατείης allerdings eindeutig auf Kampfeshandlungen hinzuweisen. Im Gegenzug enthielten sich aber offensichtlich die Sauromatinnen den Beschreibungen des Traktats zufolge in Friedenszeiten nicht nur der Waffen sondern auch des Reitens.

ten Schulter und dem rechten Arm zugute (17,3).[39] Der Autor gibt durch diese physiologische Erklärung sowohl den Zweck des beschriebenen Brauches als auch den Grund für die Kampfeskraft dieser Frauen an.[40]

Die Beschreibung der Sauromaten, welche an dieser Stelle endet, ähnelt in zwei Aspekten der der Makrokephalen (14): Zum einen wird eine absichtliche körperliche Verunstaltung beschrieben, zum anderen haben weder die Umwelt noch das Klima auf die beschriebenen Gestalten Einfluss. Die Vererbung, welcher im 14. Kapitel große Bedeutung beigemessen wird, findet im 17. jedoch keine Erwähnung.

Ab 18,1 wendet sich der Verfasser den übrigen (λοιπῶν) Skythen zu, womit demnach erneut verdeutlicht wird, dass er bereits die Sauromaten als skythisches Volk ansah. Zunächst führt er den bereits erwähnten Vergleich mit den Ägyptern an, demzufolge beide Völker anderen nicht ähnlich sähen. Während es in Ägypten allerdings heiß sei, herrsche im Land der Skythen die Kälte vor. Es folgt eine Landschaftsbeschreibung, welche die Region als kahl, eben, wiesen- und wasserreich schildert (18,2). Die Skythen sind demzufolge Nomaden, die auf Wagen lebten, welche der Autor detailliert beschreibt (18,3).[41] Die Aussage des Autors, dass die Wagen den Frauen als Wohnraum dienen, während die Männer reiten (18,4), betont erneut die Sonderstellung der Sauromaten innerhalb der Völkergruppe der Skythen.[42] Am Ende des Kapitels wird die Ernährung

39 Da die Nährstoffe aus aufgenommenen Speisen gemäß der hippokratischen Physiologie im gesamten Körper verteilt werden, ist der Schluss, dass die Kraft anderen Körperteilen zukommt, sobald eines nicht länger versorgt werden muss, folgerichtig, vgl. Harig (1959) 80.

40 Auch der Brauch des Entfernens der rechten Brust findet sich oftmals im Amazonenmythos, wobei als Begründung meist die zu erlangende freie Beweglichkeit des rechten Armes angeführt wird. Zu verschiedenen Darstellungen der Verstümmelung der Brust bei anderen Autoren siehe Jouanna (1996a) 321.

41 Zu den hörnerlosen Rindern vgl. Harig (1959) 81f. mit Vergleichen zu ähnlichen Beschreibungen bei Herodot und Tacitus. Harig schlussfolgert, „daß die Worte unserer Schrift die allgemeine Ansicht der antiken Wissenschaft wiedergeben."

42 Trotz dieser Unterschiede überträgt Triebel-Schubert (1990) 91 offenbar aus diesem Abschnitt das Nomadentum auch auf die Sauromaten. M.E. muss die durch den Autor vorgenommene Trennung zwischen diesem Volk und den „übrigen" Skythen streng aufgefasst werden, so dass generelle Aussagen über das skythische Volk in diesem Abschnitt, der von den verbliebenen Volksgruppen handelt, nicht ohne Weiteres auf die Sauromaten bezogen werden dürfen, auch wenn sie nicht ausdrücklich davon ausgenommen werden. Ein Beleg für diese These kann in 20,1 gefunden werden, wo aus der Gruppe der Skythen die Nomaden als gesondert zu betrachtende Gruppe herausgegriffen werden. Wenskus (1999) 179 sieht hier einen Widerspruch zu 18,2. Es scheint eben diese Diskrepanz jedoch in Zusammenhang mit der Ausnahme der Sauromaten zu stehen. Die Angabe von 18,2, die Skythen seien Nomaden, befindet sich im Abschnitt über die Skythen ohne die außergewöhnliche Volksgruppe. So bezieht der Verfasser

der Menschen und Tiere beschrieben (18,4). Ohnehin konzentriert sich die Beschreibung der Skythen besonders stark auf die δίαιτα, die umfassend durch das Nomadentum geprägt ist.[43]

Als Themen des folgenden Kapitels gibt der Verfasser im ersten Satz das Klima der Region und die Gestalt der Skythen an. Zunächst ist demnach das sehr gleichmäßige, kalte Klima bestimmt durch die Lage des Landes, da sich dieses weit im Norden[44] am Fuße des unbewohnbaren Rhipäengebirges befindet, von dem der kalte Nordwind herabweht (19,2). Die skythischen Ebenen sind hochgelegen und meist von Nebel bedeckt. Es leben nur wenige Tiere dort, die außerdem von kleinem Wuchs sind (19,1).

Die Skythen sind in Bezug auf ihre Gestalt einander ähnlich, wofür der Autor sechs Gründe anführt (19,4): 1. die Beständigkeit des Klimas, 2. die einseitige Ernährung, 3. die fehlende Anpassung der Kleidung an die Jahreszeiten, 4. die schwere Luft, 5. das Trinkwasser aus geschmolzenem Schnee und Eis und 6. ihre Faulheit, die wiederum selbst durch das beständige Klima hervorgerufen wird. Die Körper der Skythen sind beleibt, feucht und schlaff (19,5) und das Volk kinderarm.

All diese genannten deskriptiven Darlegungen bilden im Fortgang der umfassenden Abhandlung Grundlagen für ursächliche Nachweise der Besonderheiten der Skythen. Zunächst führt der Verfasser zu Beginn des 20. Kapitels einen Beweis für die feuchte Konstitution der skythischen Nomaden an, indem er ihre Feuchtigkeit absondernden Brandzeichen beschreibt.[45] Anschließend wird die Beschreibung der Gestalt der Skythen ausgeweitet (20,2): Diese sind außerdem auch krummbeinig und aufgedunsen, für welchen Umstand zwei Begründungen angeführt werden, die in den νόμοι des Wickelns und der sitzenden Lebensweise bestehen. Schließlich bezeichnet der Verfasser die Hautfarbe der Skythen als rot, was auf die Kälte und die mangelnde Sonnenbestrahlung zurückgeführt wird (20,3).

---

seine Aussage über das Nomadentum meiner Auffassung zufolge ebenfalls nur auf einen eingeschränkten Kreis, so dass die Begrenzung in 20,1 eine Präzisierung darstellt.

43 Eine intensive Auseinandersetzung des skythischen Nomadismus bei Herodot und Hippokrates bringt Schubert (2007).

44 Zur Lesart ὑπὸ τῶν ἄρκτων vgl. Desautels (1971) 291.

45 Interessanterweise führt der Verfasser dies als einen Beweis für die Feuchtigkeit der Skythen an, nicht aber als einen Brauch, der aus der besonderen Konstitution des Volkes folgte. Sicherlich stellt er auch die Entstehung aufgrund der Konstitution nicht in Frage, zieht es aber vor, durch die Erwähnung des Zusammenhangs dem Leser vornehmlich die Möglichkeit zu geben, die Lehren zu überprüfen.

Die letzten zwei Kapitel (21 und 22) der Skythen-Abhandlung befassen sich mit ihrer niedrigen Geburtenrate, die bereits in 19,1 erwähnt wurde. Zunächst leitet der Verfasser sie von ihrer beschriebenen φύσις ab und trifft eine Unterscheidung hinsichtlich der Geschlechter: Die Männer haben demnach einen geringen Geschlechtstrieb, bedingt durch ihre Feuchtigkeit, Schlaffheit und Kälte, sowie die schlagenden Bewegungen bei der Reiterei.[46] Die Frauen können außerdem durch ihre entsprechende Natur den männlichen Samen nicht aufnehmen. Einen Beweis bilden gemäß dem Verfasser zudem die Sklavinnen, deren Körper durch Arbeit straff und trocken sind und die schon bald nach einem Geschlechtsakt ein Kind erwarten (21,3). Dieses Argument gibt Aufschluss über die grundlegendste Ursache der Kinderlosigkeit seitens der Frauen:[47] Durch ihre δίαιτα[48], die von Trägheit geprägt ist, werden ihre Körper fett und feucht, so dass sie den männlichen Samen nicht empfangen können.[49]

---

46 Galen erachtet die Kälte der Körper als die bedeutendste Ursache der geringen Fruchtbarkeit und vermutet eine Korruptel, vgl. Übers. Strohmaier IV 5,19. Es ist ohnehin bemerkenswert, dass der Verfasser für die geringe Nachkommenzahl auch nach körperlichen Ursachen seitens der Männer sucht, vgl. Byl (1990) 310–312.

47 Die Ursachen der Konstitution der Frauen, die der Autor in 21,2 anführte, waren ausnahmslos physiologischer Natur. Für die Beschaffenheit der Körper, die bereits in den Kapiteln 19 und 20 als dick, feucht, schlaff, krummbeinig und aufgedunsen beschrieben wurden, wurden bislang drei natürliche Gründe angeführt (die Beständigkeit des Klimas, die schwere Luft und das Trinkwasser), außerdem fünf weitere, die sich aus Bräuchen und der Art der Lebensführung resultieren (einseitige Ernährung, fehlende Anpassung der Kleidung an die Jahreszeiten, Faulheit [aufgrund des beständigen Klimas], die Art des Wickelns und die sitzende Lebensweise). Selbstverständlich sind die Sklavinnen von allen Umweltfaktoren ebenso betroffen wie die freien Skythinnen. Des Weiteren lässt sich annehmen, dass auch die Ernährung der Sklavinnen nicht ausgewogener ist als die ihrer Herrinnen, ebenso verfügen sie nicht über eine größere Auswahl an Kleidern. Die Faulheit ist nicht als eigenständiger Faktor zu werten, da sie zum einen gemäß 19,4 aus dem beständigen Klima resultiere und zum anderen nur eine geistige Haltung darstellt, die in ihrer Ausführung dem letzten Faktor, der sitzenden Lebensweise, gleichzusetzen ist. Es bleiben daher als mögliche Ursachen für die Kinderlosigkeit eben diese Lebensweise sowie die Art des Wickelns. Über die Weise, wie skythische Sklavinnen gewickelt werden, trifft der Verfasser keine Aussage. Er scheint aber seine Ausführungen zur Wickeltechnik in 20,2, auch wenn sie auf die Reitkunst abzielt, die die Sklavinnen mit Sicherheit nicht betraf, auf das gesamte Volk zu beziehen. Zumindest führt er sie auch nicht als Argument zur guten Empfänglichkeit der Sklavinnen in 21,3 an. So gibt tatsächlich nur die sitzende Lebensweise der freien skythischen Frauen im Gegensatz zum Fleiß der Sklavinnen den Ausschlag in Hinblick auf die Kinderlosigkeit.

48 Margreth (1993) 57 fasst die sitzende Lebensweise als einen νόμος auf, um erneut eine Gegenüberstellung zur φύσις ziehen zu können. Jedoch erscheint der Gegensatz an dieser Stelle zu erzwungen, daher ist der Begriff der δίαιτα vorzuziehen, zumal der Verfasser von *De*

Im 22. Kapitel findet sich eine interessante Kette von Kausalitäten, in der das Reiten die Grundlage bildet. Sie evoziert schließlich die Herausbildung von Ἀναριεῖς genannten eunuchenähnlichen[50] Männern im Skythenvolk.[51] Sowohl sie selbst als auch nicht betroffene Skythen interpretieren dieses Leiden als ein göttliches, so dass sie ihnen mit Verehrung begegnen, damit ihnen nicht dasselbe widerfahre (22,2). Der Verfasser selbst bekennt an dieser Stelle aber mit Nachdruck, dass für ihn alle Leiden gleichermaßen göttlich sind (22,3).[52] Der Umstand, dass diese Krankheit die Oberschicht betrifft, da die ärmeren Menschen nicht reiten (22,8), dient dem Autor als Begründung seiner Auffassung, dass das Leiden nicht göttlicher ist als andere. Wenn es göttlicher wäre, so argumentiert er, würde es allen Menschen im selben Maße zuteilwerden oder sogar den ärmeren häufiger, da sie den Göttern weniger Opfer bringen und zu-

aere aquis locis ihn selbst in 1,5 zum ἀταλαίπωρον in Beziehung setzt, was gemäß 19,4 und 21,2 den Skythen anhaftet.

49 Es wird hier also schon ein medizinischer Zusammenhang zwischen Adipositas und einer verringerten Fertilität erkannt, vgl. Harig (1959) 86f.

50 Zur Unterscheidung von εὐνοῦχος und εὐνουχίας siehe Margreth (1993) 57f. Einen umfassenden Vergleich der Darstellungen der Enarer bei Herodot und der Umweltschrift stellen Lieber (1996) 451–476, Chiasson (2001) 33–73 und Schubert (2010) 135–140 an. Zu diesem „unmännlichen" Männerbild und möglichen Erklärungen vgl. auch Rausch (2013) 42f.

51 Durch die Sitzhaltung beim Reiten, erläutert der Autor, würden die Männer zunächst von κέδματα befallen und erlahmen (22,4). Die Bedeutung des Wortes κέδματα ist nicht eindeutig zu bestimmen, sogar Galen rätselt, was es bedeuten mag, deutet es jedoch als Erkrankung aufgrund herabfließenden Schleims, vgl. Übers. Strohmaier IV 5,23. Margreth (1993) 62–65 führt verschiedene Möglichkeiten auf und versteht es schließlich als „rheumatische Beschwerden" am Hüftgelenk, die einer Ischialgie ähnlich sind. Die schwer erkrankten Männer versuchen sich zu heilen, indem sie hinter beiden Ohren eine Ader aufschneiden. Aus dieser fließt viel Blut heraus, so dass sie schwach und müde werden, woraufhin einige von ihnen genesen (22,5). Die Heilung scheint jedoch nur auf die κέδματα bezogen zu sein, denn alle leiden als Folge der durchtrennten Adern an Impotenz (22,6). Dieser Vorstellung liegt erneut die Pangenesis-Lehre zugrunde. Da nämlich gemäß dieser Auffassung die Samen aus allen Körperteilen zu den Genitalien strömen, war Impotenz als Folge des Aufschneidens der Adern hinter den Ohren denkbar, vgl. dazu auch Galens kritischen Kommentar in Übers. Strohmaier IV 5,24. Der Verfasser von *De aere aquis locis* stellt hier jedoch lediglich seine eigenen Gedanken dar, was er durch dreimalige Ausdrücke von μοὶ δοκεῖν (22,4. 6 *bis*) betont. Die scheinbar geheilten Männer betrachten die erlittene Impotenz als göttliche Strafe für das Vergehen des Aderlasses. Ausführlich gibt Harig (1959) 89–94 eine medizinische Erklärung für die geschilderten Symptome und ihre Ursachen. Die logische Argumentation des Verfassers analysiert außerdem Ballabriga (1986).

52 Zu dieser Positionierung gegen die Vergöttlichung der Krankheit vgl. Ducatillon (1977) 151–157.

dem von den Reichen Geld fordern (22,9f.).[53] Seiner Meinung nach geschieht alles κατὰ φύσιν (22,11); die naturgebundene Ursächlichkeit sieht er außerdem im proportionalen Aufkommen der Krankheit zur Tätigkeit des Reitens (22,12f.).

Im Folgenden werden die übrigen europäischen Gebiete sowie deren Bewohner beschrieben.[54] Der Verfasser verzichtet jedoch auf weitere eingehende Darstellungen einzelner Völker, sondern beschränkt sich auf generelle Aussagen. Das Klima Europas schildert er als uneinheitlich, da in Hinsicht auf Temperatur, Feuchtigkeit und Winde jeweils beide Extreme auftreten. Es kommt vielfach zu μεταβολαί (23,1). Dieser Aussage lässt sich entnehmen, dass er das uneinheitliche Klima nicht auf die Unterschiede zwischen verschiedenen Regionen bezieht, sondern dass innerhalb einer Region die Umweltfaktoren unterschiedlich ausfallen und sich schnell verändern. Aus diesen Schwankungen resultiert nun, dass sich der Samen eines einzelnen Menschen ebenfalls verändert, so dass er verschiedenartige Kinder zeugt, so dass europäische Städte in Hinblick auf ihre Bewohner vielfältiger als asiatische sind (23,2).[55] Durch die starken klimatischen Veränderungen sind die Europäer zudem wild, unversöhnlich, mutig und zornig (23,3f.); von dieser Charakterisierung ausgehend schafft der Autor nun eine Parallele zum 16. Kapitel:[56] Ebenso, wie das europäische Klima das Kriegerische in den Menschen hervorruft, bewirkt dies das politische System, da die Menschen dort nicht wie die Asiaten unter der Königsherrschaft leben (23,4).[57]

---

53 Triebel-Schubert (1990) 94 meint in dieser Aussage Zweifel des Verfassers am Anthropomorphismus in der Religion zu erkennen, der im 5. Jahrhundert weit verbreitet war. Die Basis dieser Theorie ist jedoch zu schmal, um definitive Reminiszenzen erkennen zu können.

54 Der Galens Kommentar zugrundeliegende Text unterscheidet sich in diesem Abschnitt erheblich von V. Jenem Text zufolge ist das in 23 beschriebene Gebiet neben Skythien nur ein weiterer Teil Europas, der im Folgenden jedoch generalisiert als „Europa" bezeichnet wird. Dieses zeichnet sich neben dem wechselhaften Klima auch durch eine ungleichmäßige Landschaft aus: „Dies war ein erster Unterschied des Landes der Bewohner Europas. Sein zweiter Unterschied besteht darin, dass ein Teil hoch gelegen ist, steil aufragt und der Unterschied seiner Jahreszeiten sehr groß ist und dass ein Teil eingesunken und tiefliegend und der Unterschied seiner Jahreszeiten sehr gering ist" (Übers. Strohmaier IV 6,1). Es fehlt außerdem der Abschnitt über den Einfluss des politischen Systems. Es könnte sich jedoch auch um eine bewusste Kürzung handeln, vgl. Strohmaier (2006) 237.

55 Von Brunn (1947) 17 leitet aus dieser Aussage Folgen für die Konstitutionslehre ab: „Die Konstitution ist angeboren und hängt von der – witterungsbedingten – Beschaffenheit des Samens im Zeitpunkt der Zeugung ab."

56 Die Wiederholung stellt der Verfasser selbst durch einen ausdrücklichen Bezug heraus: εἴρηται δέ μοι καὶ πρότερον.

57 Vgl. Raaflaub (1985) 260, der Demokratie und Freiheit nahezu gleichsetzt.

Das letzte Kapitel des Traktats widmet sich weiteren voneinander verschiedenen φῦλα innerhalb Europas. Die Unterschiede in Bezug auf Größe, Gestalt und Tapferkeit seien die zuvor erwähnten. Die fehlende Deutlichkeit dieser Aussage scheint dem Autor selbst zu missfallen und so beginnt er es σαφέστερον darzustellen (24,1): Es folgen Beschreibungen vier unterschiedlicher Landschaftsformen und ihrer Bewohner in Gestalt und Charakter (24,2–6). Abgeschlossen werden diese Schilderungen mit der Bemerkung, dies seien die größten Unterschiede der φύσις. Zur Interpretation der beschriebenen Typen ist die Ankündigung einer Beschreibung der φῦλα im ersten Paragraphen des Kapitels erneut beachtenswert. Bei den vier Darstellungen scheint es sich zwar zunächst um abstrakte Beispiele zur Verdeutlichung der Einflussnahme der Natur auf den Menschen zu handeln, durch die Themenangabe des Autors ist jedoch eher anzunehmen, dass sich die Paragraphen 2–6 auf verschiedene europäische Volksstämme beziehen und deren Lokalisierungen mittels der Landschaftsbeschreibungen vorgenommen werden. Denkbar ist, dass es sich um griechische Poleis handelt, genaue Identifikationen sind allerdings noch umstritten.[58]

Neben der φύσις sind die χώρη, in der man aufwächst, sowie die Gewässer des Landes weitere Faktoren (24,7). Bezüglich der χώρη erläutert der Verfasser, dass die Menschen ihrer Natur ähneln, und fügt zwei Beschreibungen an, in denen er gegensätzliche Umweltbedingungen und analog gegensätzliche Menschentypen darstellt (24,8f.). Die hier geschilderten Unterscheidungen betreffen demzufolge φύσις und ἰδέα. Von diesen einander entgegengesetzten Konstituti-

58 Schon Galen weist darauf hin, dass man Landschaften, wie sie in 24,6 gezeichnet werden, „im Lande Attika und auf einigen Inseln der Kykladen" findet (Übers. Strohmaier IV 8,2). Von Wilamowitz-Moellendorff (1901) 20 vermutet, dass in 23,3f. Spartaner und Böotier beschrieben werden sowie in 23,6 die Athener. Auch Jacoby (1911) 523 interpretiert die Völkertypen als verschiedene griechische Stämme, die er jedoch nicht näher bestimmt. Heiberg (1920) 457f. sieht hier eine eindeutige Beschreibung der Arkadier, Böotier, Spartaner, Eleer und Athener. Auch Jacobj (1928) 60 meint, in ihnen die Böotier, Spartaner und Athener zu erkennen. Edelstein (1931) 54f. bekräftigt, dass der Verfasser bestimmte Volksstämme im Blick hatte, stellt jedoch keine Mutmaßungen über die Identitäten der Völker und Landschaften an. Diller (1934) 38 erhebt dagegen den Einwand, dass der Verfasser, sofern er bestimmte Völker beschrieb, diese sicherlich wie im bisherigen Verlauf der Schrift mit Namen benannt hätte. Diesbezüglich lässt sich allerdings anführen, dass bereits in Kapitel 12 eine Region beschrieben wurde, die sich, ohne dass sie mit Namen benannt wurde, mit ziemlicher Sicherheit als Ionien identifizieren lässt, sowie eine weitere in Kapitel 13, in der verschiedene Völker beheimatet sind. So erscheint es durchaus plausibel und sogar wahrscheinlich, dass zu Ende der Abhandlung über Europa nun Griechenland beschrieben wird. Pohlenz (1938) 24, Anm. 3 weist ferner auf die Verbindung von κοίλη (24,3) zu Thessalien bei Herodot 7,129, ebenso zu Sparta in der Odyssee 4,1 hin. Auch Backhaus (1976) 184f. sieht in dem Abschnitt die Beschreibung griechischer Städte, legt sich allerdings ebenfalls nicht auf eine exakte Bestimmung fest.

onstypen kann das medizinisch korrekte Handeln ausgehen (24,10). Dieser letzte Satz des Traktats schafft einen Rückbezug zu seiner Einleitung und bildet auf diese Weise einen Rahmen. Der Autor richtet darin einen deutlichen Appell an den Leser, dass er die vorangegangenen Beschreibungen zu berücksichtigen habe, um Fehler in seinen medizinischen Behandlungen zu vermeiden.[59]

2.2 Die Einheit der Schrift und des Verfassers

2.2.1 Die Forschungsgeschichte

Ausgehend von dem oben beschriebenen besonderen Aufbau des Traktats ist es kaum verwunderlich, dass seine Einheit oftmals in Frage gestellt wurde; ein chronologischer Überblick zeigt den stark kontroversen Charakter der Debatte:

Bereits Fredrich, der mit seinen umfassenden „hippokratischen Untersuchungen" eine hervorragende Grundlage für die gesamte Hippokrates-Forschung des 20. Jahrhunderts gelegt hat, und Wilamowitz postulieren zwei selbstständige Schriften (1–11 und 12–24), wenngleich sie jedoch für beide denselben Verfasser annehmen.[60] Wilamowitz vermutet darüber hinaus mehrere spätere Zusätze und Interpolationen im zweiten Teil (13,3–5; 15,3; 16,5; 24,7–10). Jacoby hingegen beurteilt die Annahme von zwei selbstständigen Schriften als ungerechtfertigt, betrachtet allerdings das gesamte 24. Kapitel und zahlreiche weitere Abschnitte als voraristotelische Interpolationen und streicht sie.[61] Gossen schließt sich den Beurteilungen von Wilamowitz an, stellt aber gleichzeitig erneut die Verfassereinheit der beiden Hauptteile besonders heraus.[62] Insbesondere gegen Jacobys Analyse wendet sich Trüdinger, der eine Einheit des Verfassers zu beweisen sucht.[63] Er nimmt nur kurze Passagen von dieser aus, unterscheidet im Übrigen aber weiterhin zwei eigenständige Schriften und das zusätzliche zweigeteilte Schlusskapitel. Merz verteidigt wie Jacoby wieder die Schrifteinheit (jedoch einschließlich des 24. Kapitels) und sieht den Traktat als

59 Darüber hinaus zeigt sich hier die typische Katalogstruktur der antiken Medizin, vgl. Smith (1983) 281f.
60 Vgl. Fredrich (1899) 5, Anm. 2, 32, Anm. 2 und von Wilamowitz-Moellendorff (1901) 17.
61 Vgl. Jacoby (1911) 518–567. Abgesehen von dem 24. Kapitel sieht er Zusätze besonders in 2,3; 8,10f.; 14,5; 15,1. 3; 18,1–3; 20,1f.; 21,3 und einigen weiteren Abschnitten. Ihm pflichtet Rehm (1916) 19, Anm. 2 bei.
62 Vgl. Gossen (1912) 1815f.
63 Vgl. Trüdinger (1918) 170–173. Auch Hirschberg (1922) 46f. betrachtet das Werk als eine Zusammenfügung zweier Abhandlungen eines Verfassers.

eine Kompilation, deren Vorlage auf Hippokrates selbst zurückgehen könnte.[64] Jones empfindet das Werk als zweigeteilt, äußerst sich aber nicht zu der Frage nach der Eigenständigkeit der beiden Teile.[65] Aly beschreibt die zwei Abschnitte des Werkes als allgemeine und spezielle Abhandlung, die sich inhaltlich entsprächen sowie zudem durch Vor- und Rückgriffe kompositorisch verbunden seien.[66] Zusätzlich erkennt er eine Verbindung zwischen der Einleitung und dem Schlusssatz. Jacobj kehrt wiederum zur Zweiteilung der Schrift zurück,[67] ebenso wie Edelstein, der zusätzlich weitere Zusätze[68] zu erkennen meint und zudem in Betracht zieht, dass der ethnographische Abschnitt von einem Nichtmediziner verfasst sein könnte.[69] Durch diese These wird erstmals die Einheit des Verfassers der zwei Hauptteile in Frage gestellt. Mewaldt und Deichgräber widerlegen jeweils Edelsteins „Zerstückelung der Schrift"[70] und argumentieren erneut anhand inhaltlicher Übereinstimmungen für die Schrifteinheit.[71] Diller hingegen vertritt eine ähnliche Position wie Edelstein und schreibt den Traktat mit Bestimmtheit zwei unterschiedlichen Verfassern, einem Wanderarzt und einem Aitiologen, zu.[72] Palm knüpft jedoch wieder an Mewaldt und Deichgräber an[73] und auch Gelzer zeigt durch Prüfung der Umsetzung der in der Einleitung angekündigten Aspekte erneut die Werkeinheit auf.[74] Pohlenz spricht sich jedoch wieder für zwei Schriften eines Verfassers aus, deren zweite erst später entstanden und angefügt worden sei.[75] Zeugswetter, Nestle und Dittmer sehen die bei-

64 Vgl. Merz (1923) 74.
65 Vgl. Jones (1923a) 66.
66 Vgl. Aly (1929) 52–60.
67 Vgl. Jacobj (1930) 20.
68 Er streicht z.B. die Kapitel 7–9, die den Faktor „Gewässer" abhandeln, womit der erste Teil der Schrift nur noch die Jahreszeiten und Winde sowie deren Bedeutung für die übrigen Naturelemente und den Menschen umfasse. Den größten Anstoß nimmt Edelstein an der vermeintlich diätetischen Ausrichtung der strittigen Passage und an dem Umstand, dass die Gewässer bereits in den Kapiteln 3–6 als Konsequenzen eines anderen Faktors auftreten, nicht aber als selbstständige Vorbedingungen der Krankheiten. Vgl. dagegen Pohlenz (1937) 75–81 und Zeugswetter (1939) 13–21.
69 Vgl. Edelstein (1931) 57–59.
70 So Mewaldt (1932) 255.
71 Vgl. Mewaldt (1932) 254–257 und Deichgräber (1933) 112–127.
72 Vgl. Diller (1934) 89–114.
73 Vgl. Palm (1937) 304–307.
74 Vgl. Gelzer (1937) 96–99.
75 Vgl. Pohlenz (1938) 3–30. Im Anschluss an diese Analyse revidiert Diller (1942) 73f. seine eigene These der strikten Unterscheidung der Teile 1–11 und 12–24 dahingehend, dass er nun in den Abschnitten 5–9 und 12–24 spätere Zusätze durch einen Schüler des Autors der übrigen Partien zu erkennen meint.

den Schriftteile hingegen durch eine geistige Einheit verbunden[76] und Heinimann schließt sich insbesondere Gelzers Analyse an.[77] Harig vermisst jedoch im zweiten Teil medizinische Darlegungen und leitet einen zweiten Verfasser ab.[78] Joly erkennt in dem Traktat wiederum ein einheitliches Werk,[79] Glacken und Oesterle stimmen allerdings erneut für zwei verschiedene Schriften.[80] Grensemann argumentiert mit Blick auf die Disposition für die Einheit der Schrift, stellt jedoch das Ende des 24. Kapitels um.[81] Staszak spricht sich wie Jouanna wieder für eine vollständige Werkseinheit aus,[82] letzterer kritisiert besonders Grensemanns Vorschlag und begründet die Zusammengehörigkeit kurz anhand der einheitlichen Ausrichtung, der Methodik und des Stils.[83] Bruun wendet sich gegen Dillers These, die zwei Werkteile würden von zwei unterschiedlichen Verfassern stammen, lässt allerdings die Unabhängigkeit der beiden Teile unangetastet.[84] Für Borca steht hingegen die Werkeinheit außer Zweifel.[85]

Nach dieser Übersicht erscheint es zunächst etwas gewagt, dass Schubert und Leschhorn kürzlich vermerken, dass heute „weder die Einheit des Werkes noch die Identität des Autors infrage gestellt" würden.[86] Sie stützen diese Aussage nur auf die Untersuchungen durch Grensemann und Jouanna, übersehen hingegen aber z.B. die Analyse durch Bruun. Ohnehin lassen mehrere Beiträge der mehr als 100 Jahre umfassenden Kontroverse fundierte Kenntnisse der Forschungsliteratur vermissen. So entgehen auch Grensemann, der sein Augenmerk insbesondere auf die Beziehung zwischen dem Anfangs- und Schlusskapitel legt, z.B. die Untersuchungen von Merz, Palm und Gelzer, in denen sich bemerkenswert viele Übereinstimmungen mit seinen eigenen Thesen finden ließen. Und auch Bruun berücksichtigt nach Diller, gegen dessen Auffassung

---

76 Vgl. Zeugswetter (1939) 5–59, Nestle (1940) 217–222 und Dittmer (1940) 14–17.

77 Vgl. Heinimann (1945) 170–172.

78 Vgl. Harig (1959) 102f.

79 Vgl. Joly (1966) 183.

80 Vgl. Glacken (1967) 82–88 und Oesterle (1979) 328. Oesterle nimmt jedoch wie Pohlenz die Verfassereinheit an.

81 Vgl. Grensemann (1979) 423–441.

82 Vgl. Staszak (1995) 128–130.

83 Vgl. Jouanna (1996a) 19–21. Für die Einheit spricht sich auch Desautels (1982) 33, Anm. 9 aus, der sie jedoch nur knapp begründet.

84 Vgl. Bruun (1997) 133–141.

85 Vgl. Borca (2003) 41–45.

86 Vgl. Schubert/Leschhorn (2006) 382. Bezüglich der Einheit des Verfassers vermerkte dies bereits Jouanna (1996a) 81. Für die Schrifteinheit spricht sich auch Romm (2010) 222, Anm. 24 aus.

sie sich im Wesentlichen wendet, lediglich die Arbeiten durch Pohlenz und Heinimann.

So erscheint es erforderlich zu sein, sich im Folgenden kurz den bislang angeführten Argumenten zuzuwenden und diese zu prüfen. Dabei wollen wir uns jedoch auf wenige grundlegende und zugleich mehrfach wiederkehrende Fragen konzentrieren. Diese betreffen 1. die Einheit des Verfassers, 2. die der zwei Hauptteile und 3. die Bedeutung des 24. Kapitels. Für die Betrachtung weiterer vermuteter Zusätze und Interpolationen muss auf die Editionsphilologie verwiesen werden; sie ist an den meisten Stellen jüngst durch Jouanna durchgeführt worden.

2.2.2 Die Einheit des Verfassers

Die Einheit des Verfassers zunächst scheint – so weit ist Schubert und Leschhorn wohl zuzustimmen – inzwischen nicht mehr in Frage zu stehen, da sie m.W. seit Harigs Beitrag 1959 nicht mehr angezweifelt wurde. Massive Einwände erhob zuvor jedoch schon Diller, der die oftmals angeführte ähnliche klimatologische Ausrichtung der beiden Werkteile sowie eine einzelne sachliche Übereinstimmung, die er bezüglich der Ostlage (Kapitel 5 und 12) einräumt, nicht als hinreichende Argumente für die Verfassereinheit anerkennt.[87] Sein wichtigstes Gegenargument stützt sich auf die seit Wilamowitz mehrfach vertretene gemeinsame Verfasserschaft von *De morbo sacro* und *De aere aquis locis 1–11*, in denen er eine einheitliche Klimatologie erkennt, die sich jedoch nicht in Aer. 12–24 wiederfinden lasse.[88] Er vermisst für einige Beschreibungen der Völker im ethnographischen Teil von Aer. entsprechende Erklärungen im theoretischen Abschnitt[89] bzw. zeigt sogar diesbezügliche Widersprüche[90] auf. Zusätzlich beweist er anhand einiger Beispiele von physischen Erscheinungsformen, die in beiden Werkteilen einer bestimmten Umwelt zugeordnet werden, dass

87 Vgl. Diller (1934) 89–94 und ders. (1942) 73f.

88 Vgl. Diller (1934) 94–103 und ders. (1942) 70f.

89 Hierunter fallen z.B. die aufgedunsenen Körper der Menschen am Phasis (Aer. 15,2), vgl. Diller (1934) 103f.

90 In diesem Zusammenhang nennt Diller (1934) 104 die Skythen, die dem Nordwind ausgesetzt sind, aber trotz Aer. 4,2 als dick und schlaff beschrieben werden (19,5), sowie Menschen, die in einem Gebiet mit warmen Winden leben, aber entgegen 3,2 mehr Galle als Schleim in sich haben (24,3).

diese dennoch auf unterschiedliche Ursachen gestützt werden.[91] Weiterhin kenne Aer. 12–24 nicht die besondere psychologische Bedeutung des Gehirns, die Morb.Sacr. 14–17 herausstellt.[92] Einzelne Übereinstimmungen zwischen *De morbo sacro* und *De aere aquis locis 12–24* insbesondere in der Vererbungslehre erklärt Diller als direkte Zitate oder als Wiedergabe allgemein bekannter Aphorismen.[93] Zusätzlich sucht er im Abschnitt Aer. 12–24 bezüglich der aitiologischen Ausrichtung mit Blick auf die φύσις demokriteische Einflüsse nachzuweisen, obgleich dieser auf dem meteorologischen Gebiet damit eine Sonderstellung einnähme.[94] Diller gelangt durch seine Analysen zu dem Schluss, dass der Verfasser der späteren Zusätze ein Schüler des ersten ist.[95]

Für die meisten der durch Diller angeführten Unstimmigkeiten innerhalb der Komposition des Traktats finden Palm, Pohlenz und Zeugswetter kurzerhand plausible Erklärungen und weisen zudem an Hand des Stils und der geistigen Haltung die Verfassereinheit nach.[96] Ferner führt Pohlenz an, dass in beiden Teilen dieselben Umweltfaktoren – einmal in der theoretischen Beschreibung, einmal anhand von tatsächlichen Gegebenheiten – als wirkungsmächtig angesehen werden und ebenfalls in beiden nur das Zweiersche-

91 Diese Auffälligkeit findet Diller (1934) 103–107 bzgl. der schlechten Gesichtsfarbe auf Grund der Sonne (6,3) bzw. der allgemeinen Lebensbedingungen am Phasis (15,2), bzgl. Unfruchtbarkeit der Frauen auf Grund von hartem, kalten Wasser (4,4) bzw. Fettleibigkeit und feuchter Konstitution (21,2) und bzgl. des guten Charakters und Verstandes auf Grund der Morgensonne (5,3) bzw. des ausgeglichenen Klimas (12,3). Allerdings korrigiert Diller (1942) 71–74 später seine eigene Position und sieht dann die Kapitel 5–6 ebenfalls als späteren Zusatz, so dass nun nicht mehr alle genannten Beispiele gewertet werden können.

92 Vgl. z.B. Aer. 24 und Diller (1934) 105f.

93 Vgl. Diller (1934) 107f.

94 Vgl. Diller (1934) 43–46. 54–68. 109–114.

95 Vgl. Diller (1942) 74.

96 Palm (1937) 305f. weist in Bezug auf die Skythen darauf hin, dass sie nicht allein durch den Nordwind, sondern durch diverse Faktoren beeinflusst werden, und nennt weitere Übereinstimmung in der Klimatologie. Pohlenz (1938) 26–29 setzt die Schrift(en) vor Demokrit an und begründet dadurch die genannten Übereinstimmungen der Lehre, die für den Nordwind untypische Konstitution der Skythen erklärt er durch die besondere Beschaffenheit des entsprechenden Windes nach der Region sowie die Natur der Phasianer durch das herrschende Klima. Weiterhin führt er zu der verschiedenartigen Motivik der beiden Teile Bemerkungen zu den entsprechenden Faktoren in andersartiger Ausprägung oder Kombination an, sodass ein identisches klimatologisches Konzept ersichtlich wird. Zeugswetter (1939) 54–58 verweist wie Palm hinsichtlich der Konstitution der Skythen auf entsprechende Grundlagen des theoretischen Abschnitts und erläutert zusätzlich die Bedeutsamkeit des Faktors „Lebensweise". Darüber hinaus zeigt er auf, dass die fehlende Erwähnung des Gehirns keinen Widerspruch zu *De morbo sacro* bildet.

ma der Säfte (Schleim und Galle) Anwendung findet. Er sieht in der Verbindung der Lage eines Gebietes mit ihrem Volkstypus in *De diaeta* 2,37 einen Hinweis darauf, dass der Verfasser dieses Textes bereits beide in der Umweltschrift vereinigte Schriften kannte.[97] Auch Heinimann weist auf den einheitlichen archaischen Stil hin und zudem auf die gemeinsame Überlieferung der Teile.[98] Die genannten Argumente greift auch Jouanna auf und nennt außerdem die übereinstimmende Bedeutung der μεταβολαί sowie die persönlichen Anredeformen.[99] Auch Bruun, in deren Augen die thematische Ausrichtung zu sehr divergiert und die deshalb weiterhin zwei eigenständige Schriften annimmt, lässt sich von Dillers These zweier Verfasser nicht überzeugen.[100] So übernimmt aus den Reihen der Interpreten nach Diller allein Harig die Theorie, jedoch konnten sich seine Argumente, die nicht auf Widersprüchen, sondern allein auf fehlender medizinischer Beweisführung im zweiten Teil fußen,[101] nicht durchsetzen. Im Übrigen zieht die Forschung die Verfasserfrage auf Grund des starken Einspruchs schlichtweg nicht mehr in Betracht, sondern konzentriert sich auf die Frage nach der Einheit der Schrift, die bei einer positiven Beantwortung ohnehin den Erweis der einheitlichen Verfasserschaft impliziert.

2.2.3 Die Einheit der Schrift

Der Bruch zwischen den zwei Werkteilen wurde stets zwischen dem elften und zwölften Kapitel gesehen. Der Satz Περὶ μὲν τούτων οὕτως ἔχει. gilt dabei als Abschlussformel des ersten und Βούλομαι δὲ περὶ τῆς Ἀσίης καὶ τῆς Εὐρώπης λέξαι... als Eingangsformel des zweiten Teils.[102] Derartige Formeln finden sich in *De aere aquis locis* jedoch, wie Jacoby und Merz richtig anmerken, ebenfalls an manchen Übergängen der einzelnen Abschnitte wie 6,4–7,1 und 9,6–10,1.[103] Allerdings sind diese neuen Themen bereits in der Disposition des Werkes angekündigt, der ethnologische Vergleich jedoch nicht.[104] Dem großen thematischen Unterschied einer theoretischen Abhandlung von Umweltfaktoren einer-

---

97 Vgl. Pohlenz (1938) 44, Anm. 2.

98 Vgl. Heinimann (1945) 171f. und Beispiele 201–204.

99 Vgl. Jouanna (1996a) 19f.

100 Vgl. Bruun (1997) 133–141. Sie argumentiert zudem ebenfalls gegen die von Diller angeführten Widersprüche.

101 Vgl. Harig (1959) 102f.

102 Vgl. z.B. von Wilamowitz-Moellendorff (1901) 17.

103 Vgl. Jacoby (1911) 564, Anm. 1 und Merz (1923) 44.

104 Vgl. Pohlenz (1938) 13.

seits und ethnographischen Beschreibungen der zwei Kontinente andererseits, den die meisten Verfechter der Theorie von zwei selbstständigen Schriften als Hauptargument anzuführen pflegen, wird von Vertretern der gegensätzlichen Position stets entgegengehalten, dass die klimatologische Theorie sowie weitere wissenschaftliche Lehren sich dennoch entsprächen, und die beiden Partien durch zahlreiche Bezüge miteinander verknüpft seien.[105] Einzelne Themen, die stärker in einem der beiden Teile zum Ausdruck kommen, seien auch in dem jeweils anderen zu finden.[106] Obgleich der Umgang mit dem klimatologischen Stoff in Aer. 12–24 eine Ausweitung zeigt, aus welchem Grund Pohlenz diesen Teil zeitlich später ansetzt, rechtfertigt der Stil des Traktats diese Trennung nicht.[107] Die Kapitel 12–24 werden bei Annahme einer zusammengehörigen Schrift zum einen als Exemplifizierung des theoretischen Konzeptes der Kapitel 1–11 aufgefasst,[108] zum anderen erfolgt hier die Darlegung des Umweltfaktors „Boden",[109] der bereits in der Disposition angekündigt, in der ersten Werkhälfte jedoch nicht erläutert wird.

In einem jüngeren Beitrag, der die Zusammensetzung des Traktats aus zwei Schriften postuliert, konzentriert sich Bruun auf den Erweis der Verfassereinheit, hält aber auf Grund mangelnder Kenntnis der durch andere Interpreten angeführten Argumente für eine zusätzliche Werkseinheit an dessen Zweiteilung fest.[110] West äußert sich zu der Frage der Einheit nur am Rande, betrachtet die Schrift aber als Kompilation aus mindestens zwei eigenständigen Werken.[111]

So lässt sich feststellen, dass zwar entgegen der Aussage durch Schubert und Leschhorn[112] die Schrifteinheit durchaus auch in jüngerer Zeit in Zweifel gezogen wurde, dennoch aber eine fundierte Darlegung der Zweiteilung seit Pohlenz' Analyse nicht mehr erfolgt ist. Andererseits wurden zahlreiche bedeutsame Hinweise erbracht, die die Unität des Werkes aufzeigen.

---

105 Vgl. hierzu Aly (1929) 58, Mewaldt (1932) 256f., Deichgräber (1933) 123–125, Palm (1937) 304–307, Gelzer (1937) 98, Zeugswetter (1939) 7–11, Grensemann (1979) 436f., Jouanna (1996a) 19–21.

106 Vgl. auch hierzu Mewaldt (1932) 256f., Palm (1937) 304–307. Dies räumt auch Diller (1934) 106 ein.

107 Vgl. Heinimann (1945) 172, Jouanna (1996a) 20. Zur Sprache des Traktats siehe auch Rüst (1952).

108 Vgl. Aly (1929) 56–58, Palm (1937) 307, Heinimann (1945) 24f., Grensemann (1979) 438.

109 Vgl. Merz (1923) 48–51, Palm (1937) 306, Gelzer (1937) 98f., Grensemann (1979) 425–434, Jouanna (1996a) 43f.

110 Vgl. Bruun (1997) 133–141.

111 Vgl. West (1999) 15 Anm. 4.

112 Siehe dazu oben Seite 29.

So behandeln auch wir den Traktat *De aere aquis locis* mit Gewissheit als einheitliches Werk. Es ist zwar einzuräumen, dass der Einschnitt und thematische Wechsel zu Beginn des zwölften Kapitels sehr unvermittelt eintritt, die starke Verbindung des folgenden Inhalts mit der ersten Hälfte des Traktats manifestiert jedoch deren Zusammengehörigkeit. Die ethnologische Beschreibung der Kontinente fungiert dabei als lebensnahes Beispiel für die theoretisch-abstrakte Erörterung des Zusammenhangs „Umwelt und Mensch“ in den ersten Kapiteln. Der zuvor nicht behandelte Umweltfaktor „Boden“ wird in den meisten Darstellungen der Völker kaum stärker als die übrigen Aspekte berücksichtigt, im 24. Kapitel erfährt er jedoch eine besondere Bearbeitung.

2.2.4 Das 24. Kapitel

Auch Aer. 24 ist vielfach umstritten: Verschiedene Positionen sprechen sich für die Streichung des ganzen Kapitels oder einzelner Teile aus, andere stellen einzelne Abschnitte um, weitere sehen jedoch die überlieferte Form als ursprünglich an.

Es lassen sich zunächst verschiedene Einschnitte innerhalb des Kapitels feststellen, so dass es sich in mehrere Einheiten gliedert: 1 Einleitung, 2–6 Beschreibung von vier φῦλα, 7 Überleitung, 8–9 Gegenüberstellung der größten Gegensätze, 10 Abschluss.

Wie bereits aus der oben präsentierten Gliederung des Gesamtwerks ersichtlich ist,[113] schließt der Abschnitt 24,1–7 unmittelbar an die große Einheit 17–23 an, die die Völker Europas beschreibt. Dabei zeigt 24,1 Parallelen zu 14,1, da beide Stellen eine Beschreibung von Volksstämmen ankündigen, die sich stark voneinander unterscheiden. Diese wird im Folgenden an Hand asiatischer bzw. europäischer Völker durchgeführt. Die Schilderung griechischer Stämme in 24,2–6 wird durch eine erneute Betonung der großen Unterschiedlichkeit, die durch die Faktoren „Jahreszeiten“, „Land“ und „Wasser“ bewirkt werde, abgeschlossen. Diese Aussage schafft zugleich den Übergang zu der generalisierten Unterschiedlichkeit der Menschen in Abhängigkeit von ihrer Umwelt (24,8f.), welche durch die in 24,7 aufgestellte Analogie eingeleitet wird, nach der die Bewohner in ihrer äußerlichen Erscheinung und in ihrem Verhalten ihrem Land entsprechen. Die letzte Aussage knüpft schließlich an den Anfang des gesamten Traktats an, indem sie erneut den praktischen Gewinn für den medizinischen Leser herausstellt.

---

113 Siehe oben S. 7.

Ein derartig strukturierter Gedankengang kann m.E. als schlüssig gelten und zeigt, wie das 24. Kapitel in seinen intratextuellen Zusammenhang eingebettet ist. Die Kritik und Zweifel von Wilamowitz[114], Jacoby[115] und Trüdinger[116] können seit den Erwiderungen durch Merz[117] und Edelstein[118] als widerlegt gelten. Grensemann weist zudem auf wichtige inhaltliche Entsprechungen von 24,2–6 zu einzelnen Beschreibungen im restlichen Teil des Traktats hin.[119]

Außerdem aber schließt sich Grensemann wieder der durch Wilamowitz vorgeschlagenen Athetese der zweiten Kapitelhälfte an, wenngleich er in anderer Weise argumentiert:[120] Seiner Auffassung nach dürfe dieser Abschnitt 24b nicht in einem Kontext auftreten, in welchem der Faktor „Land" bereits behandelt wurde, da er ja erst in 24,7 angekündigt werde. Aus diesem Grund stellt Grensemann die letzten vier Paragraphen hinter das elfte Kapitel, also vor den gesamten Vergleich zwischen Asien und Europa. Diese Argumentation ist jedoch unhaltbar, da ja in 24,7 das Land und die Gewässer als gleichrangige Faktoren genannt werden. Da nun die Gewässer bereits in den Kapiteln 7–9 umfassend behandelt werden, muss entweder 24b vor Kapitel 7 gestellt oder 24,7 nicht als Ankündigung aufgefasst werden. Es besteht jedoch keine Notwendigkeit, hier eine Ankündigung zu sehen, vielmehr fungieren die zwei Landschaftstypen in 24,8f. als allgemeine Beispiele, nachdem zuvor konkrete europäische Regionen beschrieben wurden.

Selbstverständlich ist Grensemann allerdings darin zuzustimmen, dass sich aus dem 24. Kapitel einige Informationen zum bisher nur am Rande behandel-

---

114 Vgl. von Wilamowitz-Moellendorff (1901) 19. Dieser sieht 24,6b als an dieser Stelle unpassend an und 7–10 als Doppelfassung zu 2–6. Er streicht deshalb den gesamten Abschnitt.

115 Vgl. Jacoby (1911) 522–526. Er kritisiert besonders den Umstand, dass die Beschreibung der griechischen Stämme nicht der Absicht des Verfassers entspreche, nur eigenartige Völker zu behandeln. Dennoch zeige Aristot. pol. 7, 1327b16–36 seiner Ansicht nach Kenntnis des gesamten 24. Kapitels, weshalb dies bereits zu dessen Zeit hinzugefügt gewesen sei.

116 Vgl. Trüdinger (1918) 171–173. Er vermisst insbesondere die Winde in der Gegenüberstellung 24,8f.

117 Vgl. Merz (1923) 48–51. Er macht bereits auf die Ausarbeitung des Faktors „ Boden" aufmerksam.

118 Vgl. Edelstein (1931) 53–56. Dieser spricht sich deutlich gegen den Vorwurf einer Doppelfassung in 24,2–6 und 24,8–9 aus, indem er herausstellt, dass der erste Abschnitt Lokalisierungen verschiedener Stämme enthalte, der zweite jedoch die Auswirkungen des Faktors „Boden". Auch wenn durch diese Beschreibung die Schilderungen der Umweltbedingungen in 8f. etwas eng gefasst sind, ist die grundsätzliche Erkenntnis offensichtlich korrekt und weiterführend.

119 Vgl. Grensemann (1979) 437f. Diese betreffen insbesondere die Schilderungen in 7,2; 15 und 18f.

120 Vgl. Grensemann (1979) 434f.

ten Umweltfaktor „Boden" entnehmen lassen, was ja auch schon insbesondere Merz, Palm, Gelzer und Zeugswetter zuvor festgestellt hatten.

So lässt sich, nachdem schon die Einheit des Verfassers und der Hauptteile der Schrift bestätigt werden konnte, auch die überlieferte Fassung des letzten Kapitels annehmen, so dass das kompositorische Ganze des Traktats vervollständigt ist.

2.3 Der Titel der Schrift

Bezüglich des konventionellen Titels des Traktats „περὶ ἀέρων, ὑδάτων, τόπων", in welcher Form ihn die älteste und wichtigste Handschrift *Vaticanus graecus 276* überliefert, bieten andere Textzeugen zahlreiche Varianten (durch Umstellung der bezeichneten Glieder) und Ergänzungen (durch weitere Begriffe wie καιρῶν, ἀστέρων, ὡρῶν).[121] Ausführlich wägt Diller die unterschiedlichen Fassungen ab und prüft sie hinsichtlich ihrer Datierung.[122]

Nun ist jüngst in dem durch Sezgin entdeckten Galen-Kommentar dessen umfassende Betrachtung zu den Titeln der Schrift bekannt geworden, aus der Ullmann beim zweiten Internationalen Hippokrates-Kolloquium bereits einen Ausschnitt präsentierte.[123] Auch Galen kennt demnach bereits verschiedene Varianten, die er zum Teil sogar ihren Urhebern zuzuordnen vermag.[124] Ihm ist jedoch kein Titel bekannt, den Hippokrates selbst dem Buch verlieh, und so zieht er in Erwägung, dass der Verfasser sein Werk ohne Titel veröffentlichte.

Galen kommt schließlich dennoch zu einem Urteil über eine Bezeichnung, die seiner Ansicht nach dem Inhalt der Schrift gerecht würde:[125] Er fasst als zentrales Thema „die Prognose und die Kunde der „landschaftlichen" Krankheiten", die ihm zufolge Hippokrates von den „allgemeinen" Krankheiten abgrenzt, und folgert:

> „[...] so wäre es passend und ebenfalls notwendig gewesen, dass als Titel dieses Buches geschrieben würde „Über die landschaftlichen Krankheiten", und nicht „Über die Winde" und nicht „Über die Lage der Städte" und nicht „das Wasser" und nicht „die Luft". Denn ich bin der Meinung, dass Hippokrates diesem Buch den Titel „Die landschaftlichen

121 Vgl. die Lesarten in der neusten Edition bei Jouanna (1996a) 186, Anm. 1.

122 Vgl. Diller (1932) 175–185.

123 Vgl. Ullmann (1977) 362–364.

124 Die folgenden Inhalte sind Strohmaiers Übersetzung des galenischen Kommentars entnommen. Die Betrachtungen zum Titel des Traktats finden sich im Proömium. Zusätzlich greift Galen auch in der Einleitung des vierten Buchs das Problem erneut auf.

125 Auf diesen überaus wertvollen Abschnitt geht Ullmann nicht mehr ein.

> Krankheiten“ gegeben hat, wie er es bei den „fremden Krankheiten“ getan hat, und dass diejenigen, die diesem Buch einen Titel gaben, nicht verstanden haben, was Hippokrates mit den „landschaftlichen Krankheiten“ meinte, und auch nicht begriffen haben, wozu er diese Elemente erwähnte.“

Eine Rückübersetzung ins Griechische führt dementsprechend zu „περὶ τῶν ἐπιχωρίων νοσημάτων“. Und tatsächlich führt der Verfasser des Traktats die νοσήματα ἐπιχώρια als zentralen Begriff bereits im zweiten Kapitel ein, indem er ihre Diagnostik als Zielsetzung der Erhebung aller Umweltfaktoren vorbringt (2,1). Gemeint sind endemische Krankheiten, an denen stets ja nur ein Anteil der Bevölkerung eines begrenzten Gebiets erkrankt. Zusätzliche Erwähnung finden sie in 3,3. 5 und 4,4, im Rest der Abhandlung jedoch nicht.

Zutreffend ist auch Galens Feststellung, dass die endemischen Krankheiten gegenüber den „allgemeinen“ abgegrenzt werden, die alle Menschen ergreifen, also pandemisch oder zumindest epidemisch sind.[126] Die Kontrastierung zeigt sich in 2,2; in 3,4f. und 4,4 jedoch treten diese „allgemeinen“ Krankheiten (νοσήματα πάγκοινα) den Angaben zufolge aufgrund der jahreszeitlichen Veränderungen auf und fallen somit definitiv auch in den thematischen Rahmen des Traktats. Sofern also ein epidemiologischer Werktitel gewählt werden sollte, wäre in präziserer Formulierung „Über die landschaftlichen und allgemeinen Krankheiten“, also „περὶ τῶν ἐπιχωρίων καὶ παγκοίνων νοσημάτων“ vorzuschlagen.

Galen beendigt seine Ausführungen zu dieser Frage jedoch mit folgender weisen Feststellung, der ich hier folgen möchte, um nach Abschluss der formalen Betrachtung der Schrift gleich zu dem eigentlichen Kern der Untersuchung zu gelangen:

> „Ich sage hier, was ihr mich oft habt sagen hören, dass es kein schlimmer Fehler ist, wenn der Titel des Buches unrichtig ist, weil wir uns um die Erkenntnis der Gesundheit und der Krankheit kümmern sollen und um die Beseitigung des Schadens, wenn er den Körper befallen hat, und zweitens darum, ihn in seinen besten Zustand zurückzuversetzen, nicht um die Übereinstimmung mit der Richtigkeit des Titels.“

2.4 Die Datierung und „Echtheit“ der Schrift

Die Datierung des Traktats soll nun die formale Analyse desselben abschließen. Seine zeitliche Einordnung ermöglicht, sofern sie denn erreicht werden kann, zugleich eine Feststellung des Zeitpunktes der schriftlichen Fixierung der mete-

126 Zum Begriff der „Epidemie“ in *De aere aquis locis* vgl. Robert (1983) 98f.

orologischen Medizin. Dieser bedeutende wissenschaftsgeschichtliche Aspekt soll daher auch in der Analyse der Umweltfaktoren bei der Hinzunahme der weiteren hippokratischen Schriften berücksichtigt werden.

Bezüglich der Frage nach der Entstehung der Umweltschrift wurde stets ein anderer Traktat hinzugezogen, da er einige inhaltliche und stilistische Übereinstimmungen aufweist: Die Schrift über die Epilepsie *De morbo sacro*.

2.4.1 Das Verhältnis zu *De morbo sacro*

Als entscheidende Argumente für eine gemeinsame Autorenschaft der Schriften *De aere aquis locis* und *De morbo sacro* werden mehrere inhaltliche Entsprechungen angeführt:

1. Eine „Göttlichkeit" wird allen Krankheiten abgesprochen (Aer. 22,9–11; Morb.Sacr. 2).[127]
2. Die Pangenesis-Lehre wird der Vererbung zu Grunde gelegt (Aer. 14,4; Morb.Sacr. 2,5).
3. Die μεταβολαί des Wetters sind von großer Bedeutung für die Krankheitsentstehung (Aer. 10f.; Morb.Sacr. 10. 13).
4. Die zwei Schriften weisen einen einheitlichen Stil auf.[128]

Hinzu kommen zahlreiche weitere Übereinstimmungen im Inhalt[129] und Wortlaut[130] sowie in der Argumentationsstruktur[131].

Bereits Edelstein merkt jedoch an, dass die Theorie eines identischen Verfassers dennoch auf eine sehr schwache Argumentationsgrundlage gestellt ist

127 Zumindest gelten Krankheiten als durch die Natur bedingt, die ihrerseits durchaus als „göttlich" angesehen werden kann, vgl. dazu Chiasson (2001) 49f.

128 Diese Argumente führte erstmals von Wilamowitz-Moellendorff (1901) 16, Anm. 2 an; zustimmend und ergänzend äußerten sich insbesondere Regenbogen (1914) 23–31, Willerding (1914) 8–11, Deichgräber (1933) 112–127 und ders. (1971) 109, Anm. 15, Diller (1934) 94–114 (zur ersten Hälfte von Aer.), Pohlenz (1938) 35, Wurz (1953) 125–152, Joly (1966) 211f. und Grensemann (1968b) 7–18.

129 Dazu zählen z.B. die Auswirkungen der Winde, die wichtige Rolle des Gehirns für den Phlegmafluss, das Auftreten von rechtsseitigen Lähmungen, die Kontraktion des Gehirns unter Einwirkung von Kälte und die Ausdehnung bei Wärme und die Prinzipien von Verunreinigung und Klärung der Luft durch atmosphärische Einflüsse. Weitere Übereinstimmungen listet Zeugswetter (1939) 37–48 auf.

130 Vgl. z.B. die vergleichende Auflistung bei Heinimann (1945) 193.

131 Vgl. dazu die Beispiele bei Diller (1934) 94f.

und sieht sie daher als unsicher an.[132] Ausführlich sucht Heinimann die Theorie zu widerlegen.[133] Zwar sind auch seiner Ansicht nach Übereinstimmungen zwischen den Schriften nicht zu leugnen, diese seien jedoch zu einem großen Teil dem allgemeinen medizinischen Wissen der Zeit geschuldet. Den wenigen auffälligen Gemeinsamkeiten stellt Heinimann einige Widersprüche gegenüber: So übten im klimatischen System von Morb.Sacr. nur die Winde Einfluss auf den Charakter, wobei diese sogar allein durch ihre Temperatur gekennzeichnet seien, wohingegen Aer. ein weitaus differenzierteres Gebilde von Faktoren darstelle. Außerdem bestehe ein Unterschied im Zusammenhang der heiligen Krankheit und der menschlichen Konstitution sowie der Jahreszeiten, in der pathogenetischen Bedeutung des Gehirns, seiner Katharsis und in der Veränderung der Blutgefäße mit fortschreitendem Lebensalter. Die Verschiedenheit von Ton und Haltung der beiden Schriften schließen für Heinimann schließlich eine Identität der zwei Verfasser aus.

Das zeitliche Verhältnis der Abfassung der Traktate bestimmt Heinimann mittels einer Gegenüberstellung derjenigen Stellen mit den größten Übereinstimmungen sowie mittels eines Vergleichs des Stils. Hiernach datiert er *De aere aquis locis* kurz vor 430 und *De morbo sacro* 10–20 Jahre später. Aer. 22 jedoch setzt seiner Ansicht nach Morb.Sacr. voraus und wurde – so vermutet Heinimann – durch eine weitere Person der Schrift später hinzugefügt.

Bourgey pflichtet Heinimanns Erläuterungen bei und argumentiert in ähnlicher, wenn auch knapperer Weise.[134] Er stellt zudem heraus, dass die zwei Schriften unterschiedliche religiöse Haltungen aufwiesen. Auf speziell diesen Aspekt stützt sich zunächst Nörenberg[135] und dann vor allem Ducatillon, die trotz der „Verwandtschaft und Untrennbarkeit" der Traktate auf diese Weise zu belegen versucht, dass sie von zwei verschiedenen Autoren in zwei verschiedenen Epochen verfasst wurden.[136] Auch Nörenberg und Ducatillon sehen die Umweltschrift als die ältere der beiden Schriften an.

Gegen diese Argumente wiederum wendet sich zunächst Pohlenz, der speziell Heinimanns Darlegung betrachtet.[137] Er legt dar, dass durch eine andere Auffassung sogar gerade die durch Heinimann als widersprüchlich angeführten

132 Vgl. Edelstein (1931) 181, Anm. 1; ähnlich auch bei Joly (1956) 195–199.

133 Vgl. Heinimann (1945) 181–206.

134 Vgl. Bourgey (1953) 76, Anm. 2.

135 Vgl. Nörenberg (1968) 78–80.

136 Vgl. Ducatillon (1977) 197–226. Die hervorgehobenen Ausdrücke klingen an eine ihrer Aussagen an (207f.): „nous pouvons affirmer, avec tous les critiques de notre temps, que la *Maladie Sacrée* et *Airs Eaux Lieux* sont deux œuvres apparentées et inséparables."

137 Vgl. Pohlenz (1953) 419–423.

Passagen miteinander in Einklang gebracht werden könnten und somit eine gemeinsame Autorenschaft erwiesen sei. Vornehmlich gegen Ducatillons Sichtweise spricht sich van der Eijk aus,[138] wenn er zunächst herausstellt, dass die Traktate so große Ähnlichkeiten aufweisen, dass es schon sehr schwerwiegender Argumente bedürfe, um eine Zusammengehörigkeit auszuschließen. Diese findet er bei Ducatillon nicht und widerlegt zudem die These, es ließen sich in den Schriften starke Diskrepanzen in der Religiosität aufzeigen.[139] Pohlenz wie van der Eijk setzen *De morbo sacro* zeitlich vor dem Traktat über die Umwelt an.[140]

So lässt sich zu diesen Fragen vorerst abschließend feststellen, dass es tatsächlich weiterhin[141] als Mehrheitsmeinung gelten kann, dass die Traktate *De aere aquis locis* und *De morbo sacro* von einem identischen Autor stammen. Dennoch sind vornehmlich durch die Analysen Heinimanns und Ducatillons Zweifel an dieser These gesät worden, so dass sie nicht erwiesen ist. Umstritten ist bislang auch die zeitliche Reihenfolge der Schriften.[142]

2.4.2 Die „Echtheit" der Schrift

Die Zuschreibung der Schrift zur historischen Figur Hippokrates von Kos, die bis zur Anzweiflung durch Wilamowitz[143] als vollkommen unstrittig galt und auch mehrfach seither postuliert wurde,[144] steht inzwischen stark in Frage. Vor dem Hintergrund der ungelösten „hippokratischen Frage", die die Autorenschaft aller Schriften des Corpus in Augenschein nimmt, erscheint es derzeit angemessener, wie Jouanna festzuhalten, dass weder eine positive noch eine negative Beantwortung dieser Frage bezüglich der Schrift Aer. möglich ist.[145] Ihre zeitliche Einordnung ist aber dennoch unverzichtbar.

---

138 Vgl. van der Eijk (1991) 168–176. Die gemeinsame Autorenschaft bestätigt auch Hankinson (1998) 1–34 erneut.

139 Eine Unterschiedlichkeit bezüglich des φύσις-Konzeptes zieht er allerdings in Betracht, diese müsse jedoch noch eine weitere Untersuchung erfahren.

140 Für diese Auffassung sprach sich schon Wellmann (1929a) 310 aus.

141 Denn so benannte es bereits Pohlenz (1953) 419.

142 Eine Zusammenstellung der diesbezüglichen Diskussion findet sich bei Jouanna (1996a) 73, Anm. 115.

143 Vgl. von Wilamowitz-Moellendorff (1901) 23 und ders. (1902) I,2,199.

144 Vgl. z.B. Rochester (1912) 35, Pohlenz (1938) 79, Dittmer (1940) 76, Hartmann (1956) 94, Grmek (1963) 1074, Oesterle (1979) 327, Desautels (1982) 19–27, Lichtenthaeler (1984) 313–317 und ders. (1993) 370f.

145 Vgl. Jouanna (1996a) 81.

2.4.3 Die Datierung der Schrift

Einen ersten Anhaltspunkt zur groben Datierung bietet der archaische Stil des Traktats, aufgrund dessen sogar die große Mehrheit der Kritiker der Echtheitsthese ihn dennoch im 5. Jahrhundert ansetzte.[146] Als weitere Kriterien zur Eingrenzung dienen einige inhaltliche Besonderheiten in der Schrift selbst:

So geben die Rechtfertigung des Nutzens der Astronomie in 2,3 und die negative Konnotation des Wortes μετεωρολόγος[147] Hinweise auf das kritische gesellschaftliche Bild dieser Wissenschaft, das sich beispielsweise in den Wolken des Aristophanes (423) deutlich widerspiegelt und zu den Asebieprozessen gegen Anaxagoras (430) und auch Sokrates (399) führte.[148]

Allerdings dürfte die auffällig häufige Verwendung von εἰκός, dem bedeutenden Terminus der frühen attischen Rhetorik, wohl eine allzu frühe Datierung ins „perikleische Zeitalter“, wie Wilamowitz sie vorschlug,[149] unwahrscheinlich machen.[150] Ebenso sprechen die deutlichen Anknüpfungen an Diogenes von Apollonia dagegen, die insbesondere in 22,3 in der Beschreibung der Göttlichkeit der Natur zu beobachten sind.[151]

Umstritten sind etwaige Bezüge auf Demokrit, welche auf einen deutlich späteren *terminus post quem* hinweisen könnten. Diller betrachtet die aitiologische Konzeption der Schrift und ihren φύσις-Begriff als Hinweis auf die nachdemokriteische Zeit, da erst durch den Naturphilosophen die Voraussetzungen für eine derartige theoretische Auseinandersetzung geschaffen worden

---

146 Vgl. z.B. von Wilamowitz-Moellendorff (1901) 23, ders. (1902) I,2,200 und Gossen (1912) 1815. Zum archaischen Stil vgl. die Analyse bei Heinimann (1945) 171f. und Beispiele 201–204. Zur Sprache des Traktats siehe auch Rüst (1952) und López Férez (1991).

147 Zum verächtlichen Beiklang des Wortes vgl. Rehm (1941) 136.

148 Siehe hierzu die Erläuterungen bei Jouanna (1996a) 26–29, außerdem Aly (1929) 53. Von besonderem Interesse in diesem Zusammenhang ist auch der spöttische Ausdruck ἰατροτέχναι in Aristoph. Nub. 332, auf den auch Jouanna aufmerksam gemacht hat.

149 Vgl. von Wilamowitz-Moellendorff (1902) I,2,200.

150 Vgl. den Hinweis bei Aly (1929) 53, der dieses Argument allerdings übersteigert, wenn er annimmt, dieser Gebrauch sei erst etwa ab Gorgias zu belegen. Eine historische Entwicklung der Verwendungsweise ist jedoch freilich erkennbar, wie Hoffman (2008) jüngst aufzeigte. Er berücksichtigt die hippokratischen Schriften nicht.

151 Vgl. Diogenes von Apollonia, Fragment 9 (B5 DK) und die sich anschließenden Erläuterungen bei Laks (2008) 81–91. Zur Rezeption in der Umweltschrift vgl. Aly (1929) 53, Pohlenz (1938) 39f., Diller (1942) 81. Als Bezug zu Diogenes wurde auch wiederholt die erläuterte Regenbildung in Kapitel 8 angeführt, vgl. Willerding (1914) 14f., Regenbogen (1914) 25f., Nestle (1938) 35, Pohlenz (1938) 9, Heinimann (1945) 182, Anm. 46, 193f. und Theiler (1965) 11. Eine derartige Theorie findet sich allerdings auch bei anderen Naturphilosophen, vgl. die angegebenen Stellen bei Jouanna (1996a) 205, Anm. 1.

seien.[152] Ergo ist Diller der Ansicht, dass das Werk erst um 400 oder zehn Jahre zuvor abgefasst sein könne.[153] Scharfe Kritik an dieser Hypothese üben Palm und Pohlenz, die zu Recht herausstellen, dass bereits den frühen medizinischen und naturphilosophischen Schriften kausale Zusammenhänge zugrunde liegen.[154] Nestle räumt zwar den Bezug zu Demokrit ein, zieht jedoch auf Grund der Möglichkeit eines früheren Kontakts zwischen den beiden Autoren dennoch eine frühere Abfassungszeit in Betracht.[155] So ist das Verhältnis zu Demokrit bislang nicht vollständig geklärt, letztlich jedoch für die Datierung des Traktats nicht maßgeblich.

Hingegen wäre ein wörtliches Zitat aus Euripides' Hippolytos, sofern es sich bestätigen lässt, tatsächlich ein deutlicher Hinweis bezüglich der zeitlichen Einordnung. Dieses bezog Pohlenz als erster in die Argumentation ein und datiert Aer. folglich nach dem Aufführungsjahr 428.[156] Das Zitat finde sich demnach in 22,9 mit Bezug zu Eur. Hipp. 8. Ein inhaltlicher Anklang findet sich tatsächlich in χαίρουσιν οἱ θεοί, jedoch ist die weiterführende wörtliche Entsprechung erst durch die konjekturale Änderung von τιμωμένοισιν ἤδη, εἰ zu τιμώμενοι δὴ εἰ o.ä. gegeben, die allerdings auf Grund der Sinnhaftigkeit des überlieferten Textes abzulehnen ist.[157] Da wiederum allein die inhaltliche Ähnlichkeit zwischen den genannten Textpassagen keinen hinreichenden Beweis für eine Zitierung bildet, stellt sie auch keinen Anhaltspunkt bezüglich der Datierung des Traktats dar.

Ähnliche Schwierigkeiten zeigen sich bei dem Verhältnis der Schrift zu Herodot auf. Auch wenn auffallende inhaltliche Übereinstimmungen zu finden sind, ließ sich das Abhängigkeitsverhältnis dennoch bislang nicht näher bestimmen.[158] Heinimann und Althoff tendieren eher dazu, eine etwa gleichzeitige

---

152 Vgl. Diller (1934) 54–68. 111–114.

153 Den erstgenannten Ansatz (aus Diller (1934) 114) korrigiert Diller (1942) 80–83 selbst in einem späteren Beitrag.

154 Vgl. Palm (1937) 302f. und Pohlenz (1938) 26f.

155 Vgl. Nestle (1938) 36f.

156 Vgl. Pohlenz (1938) 45. Jouanna (1996a) 240, Anm. 4 wies allerdings zu Recht darauf hin, dass bereits Korais die Parallele bemerkte. Als ein wörtliches Zitat sehen die Stelle weiterhin Nestle (1940) 226, Anm. 119 und Diller (1942) 81.

157 Vgl. Jouanna (1996a) 240, Anm. 4.

158 Vgl. die Ansätze bei Jacoby (1912) 2680. 2717, der Hekataios als gemeinsame Quelle beider Autoren vermutet, bei Pohlenz (1938) 45, der annimmt, dass Herodots Werk dem medizinischen Autor vorlag, und bei Nestle (1938) 25–27 und (1940) 225f., der eine entgegengesetzte Abhängigkeit für wahrscheinlich hält.

Abfassung beider Werke anzunehmen,[159] Bichler sieht hingegen wie schon Nestle in der Umweltschrift eine Vorlage für Herodots Historien.[160]

So lässt sich nach der Prüfung der am häufigsten angeführten Argumente bezüglich der Datierung des Werkes abschließend festhalten, dass eine allzu enge Eingrenzung stets spekulativ bleibt. Das letzte Drittel des fünften Jahrhunderts ist jedoch sehr wahrscheinlich, auf Grund des Stils neigt man dazu, an den Beginn desselben zurückzugehen.

Der Traktat zählt demzufolge zu den ältesten Schriften des C.H. und ist zu Lebzeiten des Hippokrates von Kos entstanden, wenngleich seine Autorenschaft weiterhin nicht zu belegen ist.[161]

---

159 Vgl. Heinimann (1945) 172–180. 206 und Althoff (1993). Jouanna (1996a) 82 schließt sich insb. Heinimanns Argumentation an.

160 Vgl. Bichler (2000) 17, Anm. 11 und Nestle (1938) 26.

161 Müller (2006) 3 nennt sie sogar „die vermutlich älteste Schrift der hippokratischen Sammlung".

3 Die hippokratische Humorallehre

Der Einfluss der Umwelt auf den Menschen gemäß der meteorologischen Medizin lässt sich als Ursache-Wirkungs-Prinzip beschreiben. Bevor im Folgenden seitens der Ursache die einzelnen Umweltfaktoren, die bereits in der Analyse der Kapitel Aer. 3–11. 24 erkennbar waren, auf der Basis des gesamten Schriftencorpus analysiert werden, soll auf der Seite der Auswirkung auf den Menschen nun zunächst eine weitere Voraussetzung erläutert werden, die als physiologische Grundlage gelten kann: die Humorallehre.

Obgleich sich die Humorallehre in ihrer systematisierten Form erst bei Galen vollkommen entfaltet, ist sie dennoch bereits in vielen hippokratischen Schriften charakteristisch und daher bei der Betrachtung humanmedizinischer Konditionen zu berücksichtigen.[1] Grundlegend differenzieren lässt sich die Säftelehre in die Bereiche Physiologie und Pathologie, also in die Vorgänge des Organismus einerseits und die Funktionsstörungen sowie Krankheitsentwicklung andererseits.

Am weitesten bekannt ist in diesem Zusammenhang die erste „Viersäftelehre“, als welche stets *De natura hominis* 4 zitiert wird. Diese klassische Form, die von besonders großer Wirkungsmächtigkeit war,[2] soll deswegen als erstes betrachtet und anschließend in den Kontext weiterer Humoraltheorien der hippokratischen Schriften eingeordnet werden.[3]

3.1 Die Humorallehre gemäß *De natura hominis*

Die kurze mit großer Sicherheit von Polybos[4] verfasste Schrift *De natura hominis* gilt als programmatisch für die Darstellung der hippokratischen Säftelehre. Der Traktat gliedert sich in drei Abschnitte (1–8, 9–15, 16–24), deren letzter schon seit der Antike als unabhängiger Teil angesehen und 1849 durch Littré als selbstständige Schrift *De diaeta salubri* ediert wurde. Jouanna analysiert den

1 Deichgräber (1933) 13 stellt heraus, dass es auch in den *Epidemien*, „wie immer in der älteren Medizin, besonders auf die Säftelehre ankommt“. Ebenso postulieren auch Eleftheriadis (1991) 36–38 und van der Eijk (2008) 401f. einen Zusammenhang der äußeren und inneren Krankheitsursachen.

2 Vgl. z.B. Galens Kommentar zu *De natura hominis*, CMG V,9,1,8,19–9,11.

3 Zur Entstehung der Viersäftelehre ist die Analyse bei Vogel (1956) zu beachten. Jedoch sind seine Ergebnisse, die auffallend eine homogene, das Corpus vereinigende Humorallehre supponieren, durch die Betrachtungen von Schöner (1964) und Flashar (1966) entkräftet worden.

4 Vgl. Grensemann (1968a) *passim* und Jouanna (1975) 55–59.

Text hingegen wieder als einheitliche Komposition und bietet überzeugende Nachweise der Kohärenz.[5]

Von dieser Strukturfrage jedoch nicht betroffen ist der Abschnitt Nat.Hom. 1–8, in dem die Theoriedarlegung der Humoralphysiologie zu finden ist: Demnach enthält der menschliche Körper vier *humores* (χυμοί)[6], deren Verhältnis und Verteilung seinen gesundheitlichen Zustand bestimmen. Folglich ist eine gute Mischung der Säfte Grundlage für Gesundheit und eine unausgewogene Mischung oder die Absonderung eines Saftes für Krankheit.

Besonders hebt der Verfasser hervor, dass nicht einer dieser Säfte allein einen Grundstoff darstellt, aus dem die anderen gebildet werden. Mit diesem Ansatz wendet er sich explizit gegen die monistische Theorie einer einzigen ἀρχή, die seinerzeit von naturphilosophischer (1,2) und auch medizinischer (2,1f.) Seite prominent vertreten wurde. Eine deutliche Analogie zu der Lehre der vier Elemente lässt sich hingegen nicht verkennen, so dass auch empedokleische Einflüsse offenkundig werden.[7] Den verschiedenen Stoffen werden zudem Eigenschaften zugewiesen, die ohne äußere Einwirkung unverändert bleiben (3).

Die vier *humores* sind demnach Blut (αἷμα), Schleim (φλέγμα), gelbe Galle (χολὴ ξανθή) und schwarze Galle (χολὴ μέλαινα)[8] (4,1). Jeder Flüssigkeit wird eine Jahreszeit zugeordnet, in welcher sie verstärkt auftritt (7). In der Charakterisierung durch die klassischen Elementarqualitäten wird eine Analogie zwischen Jahreszeit und Körpersaft erkennbar:

Körpersaft	Jahreszeit	Eigenschaften
Schleim	Winter	kalt + feucht
Blut	Frühling	warm + feucht
gelbe Galle	Sommer	warm + trocken
schwarze Galle	Herbst	kalt + trocken

5 Vgl. Jouanna (1975) 19–38, dazu Wöhrle (1990) 87f. und erneut Jouanna (2002) 334. Eine detailliert belegte Verteidigung der Teilung des Werkes gibt Fredrich (1899) 13–32.

6 Die Lehre der Säfte wird nach dem griechischen Begriff selten auch als Chymologie bezeichnet, vgl. z.B. Harig (1959) 10–17.

7 Vgl. Fredrich (1899) 27–32, Jouanna (1961) 455–459 und ders. (1975) 43, Lonie (1981) 56f., Longrigg (1993) 90–93, van der Eijk (2008) 400–402, Primavesi (2009) 37–39.

8 Im Gegensatz zum Blut, Schleim und der hellen Gallenflüssigkeit existiert die „schwarze Galle" realiter im menschlichen Körper nicht. Es gibt mehrere Erklärungsansätze, die eine Identifizierung mit besonderen Formen anderer Körperflüssigkeiten versuchen, vgl. z.B. Flashar (1966) 23f. und Kudlien (1967) 77–88.

Die vier Säfte haben auch in der jeweils folgenden Jahreszeit noch Kraft, so z.B. das Blut im Sommer. In der Jahreszeit hingegen, deren Natur einem Saft am stärksten entgegengesetzt ist, ist dieser am geringsten im Körper vorhanden, z.B. das Blut im Herbst.

Der vorherrschende Körpersaft lässt sich, so der Verfasser, insbesondere an den Ausscheidungen erkennen. Die von den *humores* verursachten Krankheiten werden als bekannt vorausgesetzt,[9] so dass der Traktat sich in seiner Darstellung auf die Humoralphysiologie konzentriert und die -pathologie beiseitelässt.

Auffällig ist jedoch die von der Vierersystematik abweichende Anführung der Säfte in den Abschnitten 2,1; 5,2 und 6,1. 3, bezüglich deren Müri richtig anmerkt, dass sie ein ursprüngliches Dreisäfteschema (ohne die schwarze Galle) erkennen lassen.[10]

Die in *De natura hominis* dargestellte Humoralphysiologie kann allerdings nicht als gemeinsame Lehre des gesamten Corpus angesehen werden. Diesbezüglich ist eher eine diachrone Entwicklung anzunehmen, bei der der Theorie von Nat.Hom. 1–8 mehrere Vorformen vorausgehen.

Die Abfassung des Traktats setzt Jouanna auf Grund von intertextuellen Bezügen, dem philosophischen Hintergrund und theoriegeschichtlichen Vergleichen in dem Zeitraum 410–400 v.Chr. an.[11] Einen besonderen Anhaltspunkt sieht er dabei in der Einordnung zwischen die Epidemienbücher I+III und II+IV+VI, die sich seit Deichgräbers überzeugender Analyse mit großer Gewissheit datieren lassen.[12] Jouanna datiert somit die Schrift früher als Flashar[13], der sie als Werk des vierten Jahrhunderts ansieht.[14] Dessen Einordnung in die geschichtliche Entwicklung der hippokratischen Humorallehre bleibt dennoch von Bedeutung und soll im Folgenden anhand der einschlägigen Passagen nachvollzogen werden.

---

9 Dies lässt sich beispielsweise in der beiläufigen Erwähnung von τἄλλα νοσήματα φλεγματώδεα (Nat.Hom. 7,3) erkennen.

10 Vgl. Müri (1953) 27f. und auch Flashar (1966) 40.

11 Vgl. Jouanna (1975) 59–61 und ders. (1992) 551f.

12 Vgl. Deichgräber (1933) 16–17. 74–75 und Langholf (1990b) 77.

13 Vgl. Flashar (1966) 21–49.

14 Vgl. dazu erneut Jouanna (2002) 336.

3.2 Die Humorallehre in den übrigen Schriften des C.H.

3.2.1 Die Humorallehren vor *De natura hominis*

Vier Schriften, die gemeinhin in das fünfte Jahrhundert datiert werden, zieht Flashar in seiner Analyse heran, um die Vorstufen der Viersäftelehre zu ergründen: *De aere aquis locis*, *De morbo sacro* und *Epidemien I* und *III*.

In dem bereits ausführlich analysierten Traktat *De aere aquis locis* werden vornehmlich zwei Körpersäfte einander gegenübergestellt, die Einfluss auf die menschliche Physiologie und Pathologie ausüben:

Der Schleim, der auch hier bereits mit der Eigenschaft „feucht" (ὑγρός) verbunden wird, wird demnach im Kopf gebildet, von wo er in den Körper (3,2) und speziell die Lunge (10,6) herabfließt. Ein Kopf voller Schleim wird als „schwach" (ἀσθενής) bezeichnet (3,2), ein Bauch als „weich" (μαλακός) (7,12) und „kalt" (ψυχρός) (21,1), der gesamte Körper als „schlaff" (ἄτονος) (20,1). Das Sekret wird durch Wunden (4,3) oder die weiblichen Geschlechtsorgane (7,6) ausgeschieden, wobei es bei der zweiten Möglichkeit als „weiß" (λευκός) beschrieben wird. Männliche Schleimtypen (φλεγματώδεις)[15] haben aufgrund ihrer feuchten Natur einen niedrigen Sexualtrieb, Frauen eine geringe Fruchtbarkeit (21,1f.). Sie sind nur in geringem Maße von akuten Krankheiten betroffen (3,4), umso mehr jedoch von Fieber (10,3. 10), Durchfall, Hydropsie (10,9) und wässrigen Augenkrankheiten (3,4). Zudem kann der Sekretfluss in höherem Alter zu Lähmungen führen. Aufgrund dieser Risiken ist es nötig, dass die feuchten Körper der Schleimtypen trocknen (10,12), was durch das Trinken von hartem, salzigem Wasser (7,12), trockene Luft (10,9) oder Brandzeichen (20,1) erreicht wird.

Galletypen[16] haben dagegen trockene (ξηρός) (4,3) und warme (θερμός) (10,6) Körper. Das Produktionsorgan der Galle wird nicht eindeutig benannt,

15 Der Bezeichnung „Phlegmatiker" wie im Folgenden „Choleriker", „Sanguiniker" und „Melancholiker" ist in dieser Entwicklungsstufe der Humoralpathologie noch die neutrale Benennung „Schleimtyp" usw. vorzuziehen, da die Charakterisierung vornehmlich physische, kaum psychische Aspekte umfasst, vgl. auch Fredrich (1899) 49f. und Dittmer (1940) 47, Anm. 85. Dennoch wenden Klibansky/Panofsky/Saxl (1990) 51 die Benennungen auch schon für das C.H. an und bringen sie in Verbindung mit der später entwickelten Temperamentenlehre.

16 Durch „Galle" wird in den älteren Schriften stets die gelbe Galle bezeichnet. Vgl. Galens Kommentar zu *De aere aquis locis*: „Ihr wisst, dass die alten Ärzte und andere die gelbe Galle schlicht Galle nennen, das heißt unter Bezugnahme auf ihre Farbe. Das einfache Volk weiß, dass sie die gelbe meinen" (Übers. Strohmaier III 9).

mit diesem Sekret werden aber Flüsse im oberen Rumpfbereich verbunden. Ein Bauch voller Galle wird als „hart" (σκληρός) beschrieben, wodurch die Verdauung gestört wird, die Köpfe sind aber gesund, der Körper insgesamt straff (ἔντονος) (4,2). Galletypen (χολώδεις) sind auf Grund ihrer inneren Trockenheit immer hungrig und durstig (7,3) und neigen zur Erhitzung (7,12), wodurch wiederum Entzündungen entstehen (10,10), die insbesondere die Harnblase betreffen (9,4f.). Sie erleiden häufig akute Krankheiten (4,3), Rupturen (4,2) und trockene Augenkrankheiten (4,3), ihre Wunden entzünden sich jedoch nicht. Die Galletypen müssen ihre harten Körper lösen und schmelzen, indem sie z.B. süßes, klares Wasser trinken (7,12f.).

Neben dieser kontrastierenden Gegenüberstellung der zwei gegensätzlich beschriebenen *humores* wird an zwei Stellen außerdem das Blut erwähnt: Dieses vertrocknet, ebenso wie die Galle, in einer langen Phase der Trockenheit bis auf seine dicksten Bestandteile (10,12).[17] Außerdem wird der Aderlass erwähnt, der eingesetzt wird, um rheumatische Beschwerden zu heilen, jedoch nicht in allen Fällen Abhilfe schafft (22,5).

Da das Blut jedoch weder qualifiziert noch in die Krasis der Körpersäfte einbezogen wird, liegt der Umweltschrift offenbar eine Zweisäftelehre[18] zugrunde. Die Gegenüberstellung von Schleim und Galle gipfelt im letzten Kapitel des Traktats, in dem die Konstitutionstypen[19] verglichen werden, die einander am stärksten entgegengesetzt sind (24,8f.).

Die Erwähnung von Schwarzgalligkeit (μελαγχολία) in 10,12, die nach trockenem Sommer und Herbst auftritt, weist auf ein nicht näher bestimmtes Krankheitsbild,[20] jedoch nicht auf einen eigenständigen Körpersaft „Schwarze

17 Zu den Blutbestandteilen und Gerinnung vgl. Haak (2012) 296f.

18 Der Begriff der Zweisäftelehre wird von Vogel (1956) 9–12. 21. 57 stark kritisiert, der annimmt, dass dem gesamten hippokratischen Corpus eine Viersäftelehre zugrunde liegt und in einzelnen Schriften lediglich bestimmte Säfte hervorgehoben werden. Siehe dazu auch S. 45, Anm. 3. Klar erkennbar werden die Wurzeln der Viersäftelehre in der Schleim-Galle-Antithese schon bei Fredrich (1899) 33–50. Seiner Ansicht nach prägt dieses Grundprinzip sogar noch die gesamte koische Medizin, aus der die überaus schematische Lehre von *De natura hominis* wie ein Fremdkörper hervorsticht.

19 Müri (1953) 30, Anm. 11 macht auf die fehlende Präzision des gängigen Begriffs „Konstitutionstypen" aufmerksam, der für die durch einen Saft geprägten physischen Naturen im C.H. stets verwendet wird. Da der menschliche Körper noch nicht in seiner Gesamtheit als Organismus erfasst wird, befindet er den Ausdruck „Dispositionstypen" für adäquater.

20 Dies ist die erste Erwähnung der „Melancholie" in der Literaturgeschichte. Da an dieser Stelle keine Symptome der Krankheit erwähnt sind, ist die Übertragung dieses intensiv durch die Temperamentenlehre besetzten Begriffs in moderne Sprachen irreführend. Ein vager Ausdruck wie „Schwarzgalligkeit" ist daher vorzuziehen. Auch Müri (1953) 29 sieht die bezeichnete

Galle“ hin.[21] Ebenso ist der durch Dittmer an Aer. 7 entworfene „Milztyp“[22] keineswegs dem Galle- und Schleimtyp gleichzustellen, da er bei weitem nicht dasselbe Maß an Bedeutung für die entworfene Dispositionslehre erreicht und zudem nicht einem *humor* zugeordnet wird.

In der Schrift *De morbo sacro* bestimmen ebenfalls die zwei Säfte Schleim und Galle die menschliche Physiologie. Die Epilepsie, die als zentrales Thema behandelt wird, betrifft nur die Schleim-, nicht aber die Galletypen (2,6; 5,1). Ausführlich werden diesbezüglich die Abflüsse des Schleims beschrieben, die ihren Ursprung im Kopf haben und als Ursache für die Erkrankung gelten (5–7).[23] Auch in dieser Schrift wird wieder der „Milztyp“ erwähnt und zusätzlich der „Schwindsüchtige“[24] (2,4), doch wie schon bei *De aere aquis locis* sind in ihnen lediglich besondere Veranlagungen zu den bezeichneten Krankheiten zu fassen, auf eine Ebene mit den zwei Konstitutionen werden sie jedoch nicht gestellt.

Beachtenswert ist die Beschreibung der Auswirkungen der beiden Körpersäfte auf das Verhalten des Menschen im 15. Kapitel, bezüglich deren Flashar berechtigterweise konstatiert, dass hier bereits Vorstufen der Temperamente des Phlegmatikers und Cholerikers zu erkennen sind:[25] Demnach sind die durch den kalten Schleim Erkrankten eher ruhig, betrübt, angeekelt und vergesslich; die warme Galle veranlasst die Menschen hingegen, sich unangemessen zu verhalten, zu schreien und Angst zu empfinden. Alle diese Kennzeichen werden auf eine krankhaft erhöhte Konzentration der betreffenden Flüssigkeit im Gehirn zurückgeführt.

Eine nächtliche Erhitzung des Gehirns bewirkt das Blut, wenn Träume den Schlafenden erschrecken. Dem Blut wird an dieser und anderen Stellen des Traktats ebenfalls eine große Bedeutung beigemessen; dennoch scheint wie schon in der Umweltschrift seine Gleichstellung mit den zwei grundlegenden Körpersäften hin zu einer Dreisäftelehre nicht gerechtfertigt.[26]

Erkrankung als somatisch an. Eine ausführliche Darlegung des Krankheitsbildes μελαγχολία anhand anderer hippokratischer und galenischer Texte findet sich bei Jones (1909) 98–101.

21 Vgl. auch Bozzi (1982) 46.

22 Vgl. Dittmer (1940) 96f.

23 Die Flüsse aus dem Kopf werden noch umfassender in *De locis in homine* 9–15 dargestellt, wo jedoch nicht nach einzelnen Säften unterschieden wird. Vgl. auch *De glandulis* 11.

24 Vgl. Dittmer (1940) 98.

25 Vgl. Flashar (1966) 29.

26 Diese meinen z.B. Schöner (1964) 48. 50 und Golder (2007) 136 in beiden Schriften zu erkennen. Ebenso bezeichnet es Beckmann (1995) 291. Vgl. dagegen aber Nutton (2004) 79f.

Die *Epidemien I* und *III* (um 410), die schon seit der Antike als die ältesten Bücher des so bezeichneten Werks gelten[27], lassen sich mit dem durch *De aere aquis locis* und *De morbo sacro* gezeichneten Bild der Säftelehre in Einklang bringen.[28] Zusätzlich unterscheidet der Arzt hier die Galle in Ausscheidungen hinsichtlich verschiedener Färbungen, darunter auch schwarze, die jedoch nur eine von zahlreichen Erscheinungsformen ist.[29]

Obgleich also die schwarze Galle auch in diesen Büchern noch kein eigenständiger *humor* ist, wird dennoch in Epid. 3,3,14 neben dem Schleimtyp, dem „Schwindsüchtigen" und dem „Bittergalligen" auch der „melancholische und blutreiche Typ" erwähnt. Nun findet sich bei dieser Erwähnung der Schwarzgalligkeit im Gegensatz zu der in Aer. 10,12 nicht einmal ein Bezug zu der Körperflüssigkeit selbst, jedoch folgt wenige Abschnitte weiter (3,3,17,2) eine Krankheitsbeschreibung, der zufolge eine Patientin unter anderem gallige und schwarze Substanzen ausscheidet, unter Appetitlosigkeit, Unlust und Schlaflosigkeit leidet und hinsichtlich ihrer γνώμη „melancholisch" war. Somit ist in dieser Passage bereits die Verbindung zwischen schwarzer Galle und einem niedergeschlagenen Gemütszustand gezogen,[30] die Loslösung von der (gelben) Galle, die später in *De natura hominis* zu sehen ist, zeigt sich jedoch noch nicht.[31]

Demnach ist diesen älteren Schriften zu entnehmen, dass die ursprüngliche Form der hippokratischen Humorallehre in der Gegenüberstellung von Schleim und Galle bestand, so dass der Begriff „Zweisäftelehre" tatsächlich angemessen

27 Vgl. Deichgräber (1933) 8.

28 Vgl. Fredrich (1899) 43f. und Flashar (1966) 31–35.

29 Vgl. die Auflistung bei Müri (1953) 29, Anm. 10.

30 Deshalb urteilt Deichgräber (1933) 14 etwas überzogen: „Wir haben hier also eine Vorstufe der bekannten, vier Typen unterscheidenden Temperamentenlehre vor uns."

31 Nebenbei bemerkt stellt die Entwicklung der schwarzen Galle ausgehend von einer farblichen Erscheinungsform des Körpersaftes hin zu einem eigenständigen *humor* keinen Widerspruch zu ihren frühen unabhängigen Erwähnungen dar, den Sigurdarson (1997) 162, Anm. 39 postuliert. Er verweist auf die Untersuchungen durch Kudlien (1967) 77–88, der die literarischen Wurzeln der schwarzen Galle und Melancholie schon in der Ilias A 101–104 erkennt (dem zornigen Agamemnon werden die φρένες durch μένος schwarz umhüllt). Es kommen lediglich zwei Entwicklungslinien zum Vorschein, denen zufolge die Medizin erst später ihr physiologisches Konzept, das zunächst durch den Gegensatz der Säfte Schleim und Galle bestimmt war, durch Blut und den im geistigen Umfeld bereits etablierten schwarzen Saft ergänzte. Erst aus diesem Zusammenschluss konnten der rätselhafte Saft und der Geisteszustand der Melancholie ihre große Wirkungsmacht entfalten, wie sie bei Klibansky/Panofsky/Saxl (1990) nachgezeichnet ist. Vgl. auch Rütten (2010) 579–581.

ist.[32] Darüber hinaus lassen sich jedoch Ansätze erkennen, in denen auch das Blut als weiterer Körpersaft von großer physiologischer Bedeutung berücksichtigt wird.

Den *humores* Schleim und Galle werden darüber hinaus bereits Grundqualitäten (kalt und feucht, warm und trocken) zugeordnet, die später als kanonisch gelten.

3.2.2 Weitere Humorallehren neben *De natura hominis*

Etwa zur selben Zeit wie *De natura hominis* dürfte eine Gruppe von weiteren Schriften entstanden sein, die in der Forschung der Humorallehre weniger beachtet wird, obgleich sich auch in ihr ein eindeutiger Beleg für die Vierzahl der Säfte findet: *De semine*, *De natura pueri* und *De morbis IV*.[33] Die für diesen Zusammenhang besonders bedeutungsvollen Stellen sind Genit. 3 und Morb. IV 32, die möglicherweise deshalb Nat.Hom. 4 nie an Prominenz gleichgekommen sind, weil die *humores* des menschlichen Körpers ihnen zufolge abweichend von der späteren Entwicklung der Humoralpathologie in Blut, Galle, Schleim

---

32 Vgl. Joly (1975) 107f.: „Cette fameuse *Zweisäftelehre* s'est accréditée depuis C. Fredrich et a rang aujourd'hui, en quelque sorte, de vérité établie." In der angeschlossenen Analyse bestätigt Joly die Vorherrschaft der zwei Körpersäfte bezüglich der älteren Koischen Schriften, weist jedoch für die Knidische Schule eine lange Tradition des Viererschemas nach. Vgl. auch die Erläuterungen zu der Schleim-Galle-Lehre in frühen griechischen Schriften bei Fredrich (1899) 33–45 und Lonie (1981) 59f. In der ägyptischen Medizin bestehen hingegen andere Zweierschemata, vgl. Westendorf (1992) 43: „Neben Wasser und Luft werden als Inhalt der Gefäße vereinzelt auch Schleim und Blut genannt, aber das ist schon keine Anatomie mehr, sondern der Übergang zur Pathologie. Die Grenzen sind hier eben noch fließend, bedingt durch die Herkunft aus Glossen zu pathologischen Lehrtexten. Unbestreitbar haben wir hier eine Säfte- und Pneumalehre vor uns, die Hippokrates und Galen vorwegnimmt oder vielleicht deren Vorbild gewesen ist."

33 Datierung nach Lonie (1981) 71 auf das späte 5. Jahrhundert. Ähnlich datiert Jouanna (1992) 540f. Lonie (1981) 54–62 betrachtet überdies das Verhältnis von *De morbis IV* zu *De natura hominis* und stellt heraus, dass beide Werke aus den geistigen Konzepten des 5. Jahrhunderts erwachsen sind und die Lehre aus *De morbis IV* als die etwas ältere Schrift Einfluss auf *De natura hominis* nahm. Giorgianni (2006) 50 „verzichtet" auf einen Datierungsversuch, einige frühere Interpreten setzen die Schriftengruppe jedoch erst zu Mitte des 4. Jahrhunderts an, vgl. z.B. Wellmann (1929b) 329.

und Wasser (ὕδωρ/ὕδρωψ) bestehen.[34] Präzise werden ihnen die Quellen (πηγαί) zugeordnet (Morb. IV 33,2):

Körpersaft	Quelle
Blut	Herz
Schleim	Kopf
Wasser	Milz
Galle	Gallenblase

Die Menge der Körpersäfte wird durch Nahrungs- und Flüssigkeitsaufnahme über den Magen reguliert. Der Verfasser widmet jedem *humor* anschließend ein Kapitel, in dem er die jeweiligen physiologischen Zusammenhänge der Resorption und Verteilung im Körper sowie die Relevanz des Quellorgans beschreibt (35: Schleim, 36: Galle, 37: Wasser, 38: Blut). Gemäß Kap. 39 melden die Quellen auch eine zu geringe Menge eines *humors* an den gesamten Körper und regen den Appetit an, damit exakt diejenige Nahrung vermehrt aufgenommen wird, die die Bildung dieses Saftes begünstigt. Der Galle kommt ein besonderer Stellenwert zu, da in der Gallenblase nur für sie Raum ist, während die anderen Quellen auch die übrigen Flüssigkeiten aufnehmen (40). Von den vier Abflüssen der Überschüsse, die in Kap. 41 benannt werden, lassen Mund und Nase nur den Schleim abfließen, die Säfte Galle, Wasser und Blut werden durch den After und die Harnröhre ausgeschieden.[35]

Hingegen postuliert *De morbis I* (Ende 5. Jh.)[36] eine Grundlage von hauptsächlich zwei Säften (2), erwähnt aber auch mehrfach die Bedeutung des Bluts (18. 20. 30. 33) und der schwarzen Galle (3). Morb. I 24 ordnet Schleim, Galle und Blut nach ihrer Wärme: ψυχρότατον γὰρ τοῦ ἀνθρώπου φλέγμα, θερμότατον δ' αἷμα, ψυχρότερον δὲ καὶ χολὴ αἵματος.[37]

34 Fredrich (1899) 48 betrachtet die Schriften als Weiterentwicklung der Lehre aus *De natura hominis*, jedoch machen die neueren Datierungsansätze diesen Schluss unwahrscheinlich. Dass die humoralphysiologischen Passagen nicht von dem Übrigen der Schrift zu trennen sind, belegt Giorgianni (2006) 36–44.

35 Vgl. zu dieser Zuordnung die Beschreibungen in Morb. IV 35–38.

36 Die Datierung folgt Wittern (1974) CI f. Potter (1988a) IX. XI beschreibt die Insuffizienz von Anhaltspunkten bezüglich der Datierung. Jouanna (1992) 544 nimmt eine Abfassung um 380 an.

37 Weitere Details der Humorallehre in *De morbis* sind Schöner (1964) 42–45 zu entnehmen, z.B. die Verknüpfung der Säfte mit Organen, Altersstufen, Tageszeiten, o.ä., die jedoch nur vereinzelt auftreten. Schöner fasst allerdings die Bücher als Schrifteinheit auf, die mittlerweile stark angezweifelt wird, vgl. Jouanna (1992) 544: „Les traités Maladies I, II, III et IV ne forment

Ein ähnliches Bild zeigt sich in *De morbis II*[38], wo das Blut sogar eine dem Schleim und der Galle gleichrangige Position einzunehmen scheint, jedoch in 6 auch die schwarze Galle[39] und in 15 auch das Wasser Erwähnung finden.[40]

Die stark durch die ionische Naturphilosophie beeinflusste,[41] vier Bücher umfassende Schrift *De diaeta* (um 400)[42] entwirft kein eigenes Bild einer Humorallehre, sondern beschreibt die menschliche Natur, sowohl den Körper als auch die Seele, wie den gesamten Kosmos anhand der zwei Elemente Feuer und Wasser (I 3) und ihrer entsprechenden Elementarqualitäten (I 4: Feuer: warm + trocken, Wasser: kalt + feucht). Auf diese Weise lehnt sich der Verfasser konzeptionell stark an das Weltbild des Empedokles von Agrigent an, reduziert jedoch dessen Vier-Elemente-Lehre auf ein Modell, das auf lediglich zwei Urstoffen fußt.[43] Er schafft so eine dualistische Grundlage für die menschliche Physiologie und auch für die in dem Werk dargelegte Diätetik.

In I 27. 34 werden die zwei Geschlechter durch ihre grundsätzlichen Eigenschaften beschrieben:

Geschlecht	**Eigenschaften**
Mann	warm + trocken
Frau	kalt + feucht

Es entspricht demzufolge der Mann dem Element Feuer, die Frau dem Wasser. Die Zuordnung der Wärmegrade findet sich auf eben diese Weise schon bei Empedokles.[44]

pas une suite; ils sont rédigés par des auteurs différents et appartiennent à des époques différentes." Vgl. auch Debru (1986) 205–209.

38 Die Datierung von *De morbis II* ist problematisch, da vermutlich mehrere Bearbeitungsstufen vorliegen, vgl. Jouanna (1992) 545f. Das Grundmaterial stammt jedoch schon aus dem 5. Jh. Vgl. auch Sigurdarson (1997) 154.

39 Vgl. die Erläuterungen bei Sigurdarson (1997) 162f. zu der Erwähnung der schwarzen Galle in Morb. II 6.

40 Joly (1975) 107–120 versteht die schwarze Galle in Morb. II nur als eine spezielle Ausprägung des *humors* Galle, das Wasser jedoch als eigenständigen Körpersaft, so dass er zu einer Viersäftelehre wie in *De semine, De natura pueri, De morbis IV* gelangt.

41 Die zahlreichen Einflüsse der unterschiedlichsten Anschauungen sind zusammengefasst bei Schöner (1964) 28f. mit Hinweisen auf Fredrich (1899), Palm (1933) u.a.

42 Vgl. die entsprechenden Angaben zur Datierung bei Jones (1931) XLVI, Joly (1960) 10, dems. (1967) XIV–XVI, dems. (1984) 44–49, Jouanna (1992) 557–559, Golder (2007) 68–74.

43 Vgl. Jouanna (1961) 453–455.

44 Empedokles 21 B 65 (Diels/Kranz):
ἐν δ' ἐχύθη καθαροῖσι· τὰ μὲν τελέθουσι γυναῖκες,

Hinzu kommt in Vict. 1,32,1–6 eine Unterscheidung von sechs verschiedenen Konstitutionstypen nach ihrer Zusammensetzung aus besonderen Bestandteilen der zwei Elemente: Beispielsweise werden menschliche Körper aufgeführt, die aus den feinsten Partikeln des Wassers und den lockersten des Feuers bestehen. Der Verfasser betrachtet demzufolge die Urstoffe als heterogene Stoffe, differenziert ihre Teilchen hinsichtlich ihrer spezifischen Beschaffenheit und zieht sogar Abweichungen der Grundeigenschaften in Betracht, etwa „das Feuchteste des Feuers" (πυρός τε τὸ ὑγρότατον). Die sechs Konstitutionstypen werden sehr knapp mit Attributen hinsichtlich ihrer medizinischen Disposition belegt. Es zeigt sich auf diese Weise, dass in der Konzeption der diätetischen Schrift Gesundheit und Krankheit aus der Verteilung der Feuer- und Wasserbestandteile resultiert. Dabei zeigen die letzten vier Typen eine Kennzeichnung durch die Elementarqualitäten und eine Anfälligkeit für Krankheiten einer besonderen Jahreszeit:[45]

	Typ	Wasseranteil	Feueranteil	Eigenschaften	Jahreszeit
32,1	I	feinstes	lockerstes	gesund	
32,2	II	dichtestes	stärkstes	stark, instabil	
32,3	III	dickstes	feinstes	kalt + feucht	Winter
32,4	IV	dichtestes	feuchtestes	warm + feucht	Frühling
32,5	V	feinstes	stärkstes	warm + trocken	(Sommer)[46]
32,6	VI	trockenstes	lockerstes	kalt + trocken	Herbst

In den kurzen Beschreibungen der Konstitutionstypen ergänzt der Verfasser zusätzlich zur Disposition zu Krankheiten in verschiedenen Jahreszeiten auch die in mehreren Lebensabschnitten. Es werden anschließend vier Hauptabschnitte unterschieden, die ebenfalls grundlegenden Eigenschaften zugeordnet werden.

ψύχεος ἀντιάσαντα, ‹τὰ δ' ἔμπαλιν ἄρρενα θερμοῦ›.
„In den reinen *Schoß* ergießen sie sich (*der männliche und weibliche Samen*). Treffen sie nun da Kälte an, so entstehen Mädchen ‹*treffen sie aber Wärme, Knaben*›."

45 Die Wasseranteile „fein" und „dicht" sowie die Feueranteile „locker" und „stark" kommen jeweils zweifach vor. Enache (2011) 44 sieht aus diesem Grund diese Qualitäten als bedeutsamste an. Vgl. insgesamt zu der Typologie in Vict. 1,32 seine detaillierte Analyse in dem angezeigten Artikel.

46 Der Sommer wird in 32,5 nicht erwähnt, er lässt sich dennoch gemäß der Systematik ergänzen, zumal seine Charakteristik in 68,11–13 ausführlich erläutert wird und diese der Darstellung in 32,5 entspricht.

Diese Verknüpfung erfolgt jedoch losgelöst von den zuvor genannten Konstitutionen (33):

Altersstufe	Eigenschaften
Kindheit	warm + feucht
Jugend	warm + trocken
Erwachsenenalter	kalt + trocken
Seniorenalter	kalt + feucht

So erschließt sich rückblickend, dass die Einteilung der Konstitutionstypen im 32. Kapitel zunächst den gesündesten und den kränksten Typ erbrachte und danach ein Viererschema verschiedener Typen, die mithilfe der ergänzenden Eigenschaften klassifiziert werden.

Zusammenfassend lässt sich schließlich die Lehre nach *De diaeta* folgendermaßen darstellen:[47]

Typ	Eigenschaften	Jahreszeit	Altersstufe	Element	Geschlecht
I	warm + feucht	Frühling	Kindheit		
II	warm + trocken	Sommer	Jugend	Feuer	Männer
III	kalt + trocken	Herbst	Erwachsenenalter		
IV	kalt + feucht	Winter	Seniorenalter	Wasser	Frauen

Es fehlt in der diätetischen Schrift jedoch die Verknüpfung der verschiedenen Qualitäten mit den Körpersäften.[48]

In den ὑπομνήματα der *Epidemien II, IV* und *VI* (kurz nach 399)[49] finden sich hingegen zahlreiche Hinweise auf die Bedeutung der *humores* für die Pathogenese.[50] Es werden dieselben vier Säfte wie in Nat.Hom. aufgezeigt. In Epid. 6,5,8

47 Hinweis: Die Zählweise I–IV entspricht in diesem Schema nicht dem obigen der sechs Typen.

48 Allein in Vict. 4,89 lassen sich Hinweise auf die Verknüpfung des Schleims mit der Eigenschaft „feucht" und der Galle mit „heiß" erkennen, vgl. dazu Schöner (1964) 34f. Dass die Körpersäfte Produkte des Feuers und Wassers seien, wie Vogel (1956) 15 annimmt, geht aus der als Beleg angeführten Stelle Vict. 1,3 nicht hervor. Zudem ist seine Verallgemeinerung, diese Lehre liege dem gesamten Corpus zugrunde, absolut unhaltbar.

49 Vgl. Deichgräber (1933) 74–75 und Jouanna (1992) 536f. Langholf (1990b) 77–79 lässt die Frage der Datierung offen, nennt aber dennoch den vagen Zeitraum um 400.

50 Die Säfte nehmen in diesen Epidemienbüchern eine größere Rolle in der Pathogenese ein, vgl. dazu Licciardi (1990) 331f.

werden ihnen verschiedene Färbungen der Zunge zugeordnet, an denen sich die Konstitution des Körpers erkennen lässt:[51]

Körpersaft	Farbe
Galle	gelb
Blut	rot
schwarze Galle	schwarz
Schleim	weiß

Das Handbuch *De affectionibus interioribus* (etwa 400–390)[52] weist ebenfalls eine starke Tendenz zur Viersäftelehre auf, so dass auch hier die vier Kardinalsäfte Kennzeichen der Pathologie sind. Eine Dominanz von Galle und Schleim lässt sich jedoch nicht verkennen,[53] außerdem weichen die Zuordnungen zu den Jahreszeiten sowie die Kennzeichnung durch die Qualitäten zum Teil stark von *De natura hominis* ab.[54]

Dem ersten der zwei großen Hauptteile der Schrift *De affectionibus* (um 380)[55] liegt wiederum eine Zweisäftelehre zugrunde, die bereits im ersten Kapitel deutlich zutage tritt: νοσήματα τοῖσιν ἀνθρώποις ἅπαντα γίνεται ὑπὸ χολῆς καὶ φλέγματος. Die zwei Stoffe werden hinsichtlich ihrer Quelle und ihren Eigenschaften ähnlich den zuvor erläuterten Theorien beschrieben.[56] Abweichend nennt Aff. 36 ebenfalls eine Vierzahl von Konstitutionstypen basierend auf den vier Säften (gelbe) Galle, Schleim, schwarze Galle und Wasser.[57] Das hier nicht erwähnte Blut wird hingegen in Aff. 2. 19. 23. 34 als nosologische Ursache angesehen, so dass wie schon in Morb. II insgesamt sogar fünf Körpersäfte in Betracht gezogen werden.

51 Schöner (1964) 24–26 meint, in diesen Epidemienbüchern auch das Schema der Quellen (wie in *De morbis IV*) zu erkennen, diesbezüglich ist jedoch einiges Kombinieren nötig: Zu der Verknüpfung „Saft-Farbe" treten dann in Epid. 2,1,10 zwei Verbindungen „Farbe-Organ" sowie eine weitere „Saft-Organ", wobei der Saft nicht namentlich, sondern durch das Attribut „salzig" (ἁλμώδης) bezeichnet wird. Ein viertes Element ist sinngemäß zu ergänzen.

52 Diese Datierung erschließen Radeke (1990) 35–41, Jouanna (1992) 528 und ders. (^{2}2009) 501–513.

53 Vgl. auch Di Benedetto (1986) 28.

54 Vgl. die übersichtlich aufgeführten Stellen bei Schöner (1964) 45f.

55 So datiert Jouanna (1992) 528 den Traktat. Wittenzellner (1969) 120 bestimmt lediglich den *terminus post quem* um 390 v. Chr.

56 Vgl. bzgl. der Quelle insb. Kap. 2. 4. 10. 23. 25, bzgl. der Qualitäten 20. 24. Siehe auch die Analyse bei Schöner (1964) 40–42.

57 Vgl. dazu auch Di Benedetto (1986) 57–63.

Über die erwähnten Schriften hinaus geben zahlreiche weitere Passagen des Corpus Hinweise auf eine zugrundeliegende Humorallehre. So zieht Schöner in seiner entsprechenden Analyse beispielsweise auch *De humoribus*, *De diaeta salubri*[58] und die *Aphorismen* heran und sucht an ihren vereinzelten Bemerkungen eine Übereinstimmung mit der Lehre aus *De natura hominis* nachzuweisen.[59] Ebenso diskutiert er anhand der Vier-Elemente-Lehre von *De carnibus* die Möglichkeit einer Verknüpfung dieser Theorie mit den Humorallehren.[60] Auch könnte *De flatibus* einbezogen werden, da in diesem Traktat neben der Pneumatheorie die ungewöhnliche Zweisäftelehre von Schleim und Blut auftritt.[61] Für das Verständnis der physiologischen Voraussetzungen der Einwirkung der Umweltfaktoren soll jedoch das bislang gezeichnete Bild der hippokratischen Säftelehre genügen.

3.3 Zusammenfassung: Die hippokratische Humorallehre

Ausgehend von der „Zweisäftelehre" der ältesten hippokratischen Schriften, zu der bereits vereinzelt das Blut als dritter *humor* hinzutritt, lassen sich später verschiedene Fassungen erkennen, die zusätzlich einen oder gar zwei weitere Säfte in die Systematik aufnehmen. Mehrere Schriften gelangen bezüglich ihrer physiologischen Lehre zu einer Vierzahl, die im Falle von *De natura hominis* analog zu den vier Elementen, im Falle von *De diaeta* analog zu den Jahreszeiten, Elementarqualitäten und Altersstufen[62] gebildet wird. Diese Entwicklung, in der Schöner treffend „das Problem des vierten Saftes"[63] erkannte und beschrieb, findet jedoch noch nicht, wie angenommen werden könnte, ihren Abschluss in *De natura hominis*, da sich auch in später entstandenen Schriften wie

---

58 Beachte die Hinweise zur Frage der Texteinheit von *De diaeta salubri* und *De natura hominis* auf S. 45f.

59 Vgl. Schöner (1964) 21–28. Seine Feststellung, die vier späteren Kardinalsäfte seien schon in den *Aphorismen* erwähnt, ist zwar korrekt, jedoch irreführend, da über die Vierzahl hinaus noch weitere Körperflüssigkeiten genannt werden, vgl. z.B. Wasser und Eiter in Aph. 6, 10. So lassen sich zwar in der Retrospektive durch Kenntnis der späteren Entwicklung der Humoralpathologie die vier Säfte schon in den *Aphorismen* erkennen, sie kontrastieren hier jedoch kaum mit den anderen Säften.

60 Vgl. Schöner (1964) 52–54.

61 Vgl. Langholf (1990a) 340.

62 *De diaeta* beschreibt die menschliche Physiologie jedoch nicht anhand der Säfte. Das Menschenbild der Schrift ist also grundsätzlich von dem der Umweltschrift sehr verschieden, vgl. Nutton (2004) 75.

63 Vgl. Schöner (1964) 55–57.

De affectionibus eine grundlegende Form der Zweisäftelehre und zusätzlich Erwähnungen von Wasser als weiterem Körpersaft nachweisen lassen. Es spiegelt sich hierin ein anhaltender, offener Zustand, der erst durch Galens Systematisierung der Viersäftelehre seinen Abschluss findet.

So bietet *De natura hominis* zwar wie die *Epidemien II*, *IV* und *VI* und *De affectionibus interioribus* in seiner Zusammenstellung von den später kanonischen Kardinalsäften Schleim, Blut, gelbe und schwarze Galle eine bedeutende Grundlage für die Weiterentwicklung durch Galen, zeigt jedoch keine einheitliche Lehre des Corpus Hippocraticum auf. Dementsprechend ist bei der folgenden Analyse der Wirkung der Umweltfaktoren auf den Menschen dessen allgemeine Physiologie gemäß der Lehre der jeweiligen Schrift zu berücksichtigen. Da zu sehen war, dass diese in den bedeutendsten Werken durchgängig als durch Säfte geprägt gilt, wird anschließend im Einzelnen aufgezeigt werden, welche Relevanz der natürlichen Umwelt für die Regulation des Säfteverhältnisses beigemessen wird.

4 Die hippokratischen Umweltfaktoren

Der Traktat *De aere aquis locis* trennt, wie schon an der formalen Gliederung der Schrift ersichtlich wurde, den Einfluss der natürlichen Umwelt in mehrere Faktoren: „Wind“, „Sonne“, „Wasser“, „Jahreszeiten“ und „Boden“. Diese werden bereits in der Disposition aufgeführt und im Folgenden ausführlich erörtert. Die Disposition nennt zusätzlich auch die Lebensweise (δίαιτα) der Menschen, die nicht in einem eigenen Abschnitt präsentiert, sondern insbesondere in die ethnographischen Schilderungen der Völker Asiens und Europas eingewoben ist. Jedoch stellt die Lebensweise keinen Aspekt der äußeren Umwelt dar, weshalb sie für diese Untersuchung von geringerer Relevanz ist.[1]

Es werden daher in der nachfolgenden Analyse die hippokratischen Umweltfaktoren hinsichtlich ihrer Ausprägungsformen, Bewertung und Wirkung auf den Menschen betrachtet, wobei die Reihenfolge der Abhandlung in *De aere aquis locis* entspricht, die nicht identisch mit der Erwähnung in der Disposition des Traktats ist. Ergänzend werden den Schilderungen der Umweltschrift die Erwähnungen der Faktoren in anderen Schriften des C.H. an die Seite gestellt und gegebenenfalls Vereinbarkeit oder Widersprüchlichkeit aufgezeigt. Die für den jeweiligen Faktor wichtigsten Quellen werden vor der detaillierten Analyse kurz beschrieben, um den Kontext der relevanten Passagen zu erhellen. Diesbezüglich wird insbesondere auch die Datierung der Schriften in Augenschein genommen.

Aus den Darstellungen der zweiten Hälfte des Traktats und aus den Witterungsbeschreibungen der *Epidemien* werden zunächst jedoch nur diejenigen Abschnitte einbezogen, die generelle Aussagen hinsichtlich des theoretischen Konzepts der meteorologischen Medizin treffen und dabei separat einen Faktor beleuchten. Die Beispiele hingegen, in denen konkrete einzelne Fälle von Patienten, Städten oder Völkern betrachtet oder mehrere Faktoren miteinander verknüpft werden, sind im Anschluss dahingehend zu untersuchen, wie sie als Fallbeispiele die Theorie zu stützen vermögen.

---

1 Es sind dennoch Berührungspunkte zur Lebensweise im Bereich der Ernährung erkennbar, die sich beispielsweise am Trinkwasser aus natürlichen Gewässern oder an der je nach Klima unterschiedlichen Nahrung zeigen. Extensiv widmet sich die aus vier Büchern bestehende Schrift *De diaeta* der Diätetik.

4.1 Die Faktoren „Wind“ und „Sonne“

4.1.1 Quellen

Die Schrift *De aere aquis locis* widmet den Winden als Umweltfaktor vier Kapitel (3–6), zusätzlich lassen sich verstreut über den gesamten Traktat weitere Bemerkungen bezüglich der Wirkung von Winden im Allgemeinen und Speziellen finden. Gemäß diesen Angaben wird ein Klima als stark durch die Winde geprägt empfunden, welcher Umstand sich insbesondere in Wärmegraden sowie in der Feuchtigkeit der Luft und des Bodens manifestiert. Daher sind vor allem Beschreibungen bezüglich der Jahreszeiten und des Bodens eng mit dem Einfluss der Winde verknüpft.

In die folgenden analytischen Betrachtungen muss auch der Umweltaspekt „Sonne“ einbezogen werden, da bereits die vier Städte der Kapitel 3 bis 6 in ihrer Ausrichtung zu einer Himmelsrichtung nicht nur durch die entsprechenden Winde, sondern auch durch die Sonneneinstrahlung im Laufe eines Tages oder Jahres gekennzeichnet werden.[2]

Zahlreiche weitere Passagen im Corpus Hippocraticum können mit diesen Aussagen aus der Umweltschrift in Verbindung gebracht werden, da sie z.B. einzelne Winde erwähnen und als Ursache von bestimmten Krankheiten deuten. Darüber hinaus gibt es sogar auch einige Stellen, die eine breite konzeptuelle Grundlage darstellen, die dem theoretischen Bild der Umweltschrift ähnelt; die wichtigsten sind *De diaeta* (Περὶ διαίτης) 2,37f., *De flatibus* (Περὶ φυσῶν) 3–5, *De hebdomadibus* (Περὶ ἑβδομάδων) 3, *De humoribus* (Περὶ χυμῶν) 14, *De morbo sacro* (Περὶ ἱερῆς νούσου) 10. 13 und einige Lehrsätze aus dem dritten Abschnitt der *Aphorismi* (Ἀφορισμοί). Diese Texte sollen kurz charakterisiert und in ihren Zusammenhang eingeordnet werden:

Das zweite Buch der Schrift *De diaeta* wird durch zwei Kapitel (37f. bei fortlaufender, buchübergreifender Kapitelzählung) eingeleitet, in denen verschiedene Ländertypen unterschieden werden, die insbesondere durch ihre Höhen-

---

2 Dass der Verfasser den Aspekt der Sonne nicht als eigenständig ansieht, sondern ihn in den der Winde einbezieht, lässt sich bereits in der Disposition des Werkes sowie in der abschließenden Bemerkung in 6,4 erkennen.
Aufgrund dieses Bezugs ist eine Korrelation der vier Umweltfaktoren zu den vier Elementen, wie sie von Gilbert (1907) 122–124 angedeutet wird, nicht herzustellen. Obgleich die Zuordnungen Boden-Erde, Wind-Luft und Gewässer-Wasser eindeutig erscheinen, ist die Verknüpfung der Jahreszeiten mit dem Element des Feuers, die Gilbert auf einen Einfluss der Sonne hin bildet, stark konstruiert. Dennoch spiegeln die Faktoren wie die Elemente die natürliche Umgebung als Erfahrungswelt der frühen Wissenschaften wider.

lage, Feuchtigkeit, Ausrichtung zu einer Himmelsrichtung, Gewässer, Pflanzen und Winde gekennzeichnet sind. Speziell den Winden widmet sich das zweite dieser Kapitel. Die Darstellungen bilden die Ausführung der entsprechenden Ankündigung in der Disposition des Gesamtwerkes in I 2, wo bereits postuliert wird, dass der Arzt, der die Ernährung seines Patienten beurteilt, diese auch in Beziehung zu den Veränderungen der Winde (τὰς μεταβολὰς τῶν πνευμάτων) und die Lage der Länder (τὰς θέσιας τῶν χωρίων) setzen solle.[3] Die vier Bücher umfassende diätetische Schrift wird gemeinhin in die Zeit um 400 datiert.[4]

Das kurze Werk *De flatibus* beschreibt die Luft als einzige Ursache aller Krankheiten und hat somit eine stark naturphilosophisch geprägte Ausrichtung. Verschiedene Datierungsansätze sprechen sich teils für das Ende des 5. Jahrhunderts[5], teils für den Zeitraum 390–350[6] aus. Von besonderer Bedeutung für diese umweltmedizinische Analyse ist das dritte Kapitel, in welchem die Begriffe πνεῦμα, ἀήρ, ἄνεμος und φῦσα definiert und gegeneinander abgegrenzt werden; zusätzlich erfolgt eine Verknüpfung mit den Jahreszeiten. In den anschließenden zwei Kapiteln wird die immense Bedeutung der Luft für die menschliche Atmung sowie ihr krankheitserregendes Potential dargelegt.[7]

Die Siebenzahl, die die Schrift *De hebdomadibus* ihrem Namen nach zum Thema hat, findet sich vornehmlich in deren ersten Abschnitt (Kap. 1–12), während sich das übrige Werk mit fieberhaften Erkrankungen auseinandersetzt. In jenem ersten Segment jedoch dient die Sieben als Ordnungsprinzip, dem der gesamte Kosmos und analog auch der Mensch unterliegen. Hierin wendet sich das dritte Kapitel speziell den Winden zu. Das griechische Original des Werks ist bis auf einige Fragmente weitgehend verloren, unter denen jedoch der Abschnitt über die Winde zu finden ist. Darüber hinaus lässt sich dank zwei mittelalterlicher lateinischer Übersetzungen sowie der arabischen Übersetzung eines griechischen Kommentars der größte Teil des Inhalts rekonstruieren.[8]

---

3 Zu der Umsetzung der einzelnen Punkte der Disposition siehe die Analyse bei Diller (1959) 39–56.

4 Vgl. die Angaben auf S. 54, Anm. 42.

5 Diese frühe Ansetzung vertreten Jouanna (1988) 48f., Schubert/Leschhorn (2006) 420 und Golder (2007) 59f.

6 So hingegen Lichtenthaeler (1991) 22 und Redondo (1996) 366. Lichtenthaeler legt sich allerdings weniger fest als Redondo und bestimmt den Zeitpunkt der Abfassung folgendermaßen: „Il peut avoir été écrit vers 400, mais aussi des décennies plus tard.“

7 Vgl. zur schlechten Luftqualität und der fehlenden Kenntnis des Ansteckungsprinzips Gourevitch (1995) 425–433.

8 Vgl. die Übersicht über die komplexe Überlieferungs- und Editionsgeschichte der Schrift bei West (1971) 365–367.

Bezüglich der Frage der Datierung der Schrift divergieren die Forschungsmeinungen bislang stark.[9]

De humoribus setzt sich in Form einer Notizensammlung ungeachtet des Titels der Schrift neben den Körpersäften mit diversen anderen medizinischen Themen auseinander.[10] Die Abschnitte 13 bis 19 konzentrieren sich auf die Auswirkungen der Jahreszeiten auf den Gesundheitszustand des Menschen und werden damit insbesondere für die spätere Analyse des Umweltfaktors „Jahreszeiten" von Bedeutung sein. Der Abschnitt 14 gibt zusätzlich jedoch wichtige Informationen zu denjenigen Krankheiten, die durch Winde und das mit ihnen verbundene Klima ausgelöst werden. Der Traktat wird in das beginnende 4. Jahrhundert datiert.[11]

Die Schrift *De morbo sacro* behandelt insbesondere die Frage nach den Ursachen der Epilepsie und wendet sich gegen abergläubische Vorstellungen. Unter den angeführten Auslösern finden sich auch Erklärungsansätze, die die Umweltbedingungen des Patienten in Betracht ziehen. Im Speziellen untersucht das zehnte Kapitel die Jahreszeiten und das 13. die Winde, doch werden bereits im zehnten der Nord- und Südwind erwähnt und ihre Auswirkungen kurz dargestellt, so dass beide Passagen in die folgende Analyse einbezogen werden sollen. Der Text wird gemeinhin noch in das 5. Jahrhundert datiert und damit zu den älteren hippokratischen Schriften gezählt.[12]

---

9 Vgl. Roscher (1913) 99–130 und ders. (1919) 1–29, der insb. den ersten Abschnitt anhand der Weltkarte des elften Kapitels in das 6./5. Jahrhundert v.Chr. datiert und Mansfeld (1971) 211–213. 227f., der das nach seiner Ansicht einheitliche Werk auf Grund von linguistischen und intertextuellen Analysen nach 100 v.Chr. ansetzt. West (1971) 383–385 hält die Schrift für eine Kompilation, die spätestens Philo vorlag und Stoff aus dem 5./4. Jahrhundert beinhaltet. Agge (2004) 288–292 ordnet jüngst nach ihrer umfassenden Analyse den Text in der ersten Hälfte des 4. Jh. ein.

10 Eine Erläuterung des zusammenhangslosen Werks bietet Deichgräber (1972) 5–11. Er gibt berechtigte Hinweise, dass die verschiedenartigen Abschnitte einem Nachlass angehörten, der durch einen Editor zusammengestellt wurde. Der Titel der Schrift verweist lediglich als *Incipit* auf den Inhalt des ersten Kapitels. Vgl. dazu auch Overwien (2009) 122–125 und ders. (2014) 110–115.

11 So bei Deichgräber (1972) 11–20. Er belegt anhand zahlreicher inhaltlicher und wörtlicher Entsprechungen die Nähe der Schrift zu den Epidemienbüchern I–IV und VI. Golder (2007) 54 nennt lediglich das 4. Jahrhundert, ohne den Zeitpunkt näher zu bestimmen. Auch Overwien (2014) 115–121 ordnet sie nahe zu den Epidemien II, IV und VI „Ende des 5. bzw. Anfang des 4. Jhs." ein.

12 Jones (1923b) 134, Nörenberg (1968) 6, Laskaris (2002) 1, Jouanna (2003a) LXXIII, Schubert/Leschhorn (2006) 396–398 und Golder (2007) 65f. Das umstrittene Verhältnis zu *De aere aquis locis* bezüglich einer möglichen gemeinsamen Autorenschaft und der zeitlichen Reihenfolge behandelten wir bereits in 2.4.1 „Das Verhältnis zu *De morbo sacro*".

Die in sieben Abschnitte unterteilten *Aphorismen* umfassen eine Sammlung medizinischer Lehrsätze. Bedeutsam für die Untersuchung der Umweltaspekte sind vor allem die Sprüche 1–23 des dritten Abschnitts, welche klimatische Einflüsse auf den Menschen thematisieren. Die übrigen acht Sprüche des Abschnitts betreffen den Einfluss des Alters eines Patienten auf seinen Gesundheitszustand und sind hier nicht relevant. Von den genannten 23 Sätzen sind 5, 11–14 und 17 in die Analyse des Faktors „Wind“ einzubeziehen. W.H.S. Jones datiert das Werk um 415.[13]

4.1.2 Die vier Städte in *De aere aquis locis* 3–6

Die Beschreibung der vier Städte[14] in Aer. 3–6, die die Wirkung der Winde und der Sonneneinstrahlung anzeigt, bietet einigen Raum zur Interpretation und muss daher der Analyse der einzelnen Winde vorangestellt werden:

Die Städte, deren Darstellung jeweils ein Kapitel umfasst, seien jeweils zu (πρός) einer Himmelsrichtung ausgerichtet, die durch die winterlichen und sommerlichen Sonnenauf- und -untergänge markiert werden. Hierzu ist zu berücksichtigen, dass ein Betrachter in Griechenland oder Kleinasien, also bei 36–40° nördlicher Breite zur Zeit der Wintersonnenwende den Sonnenaufgang im Südosten (~120°) und den Untergang im Südwesten (~240°) sieht, zur Sommersonnenwende hingegen den Aufgang im Nordosten (~60°) und den Untergang im Nordwesten (~300°). In *De aere aquis locis* sind die Himmelsrichtungen Norden, Süden, Osten und Westen demnach als Kreissektoren zu fassen:[15]

13 Jones (1931) XXXVI. Golder (2007) 45f. scheint sich anzuschließen.

14 Die Formulierung „vier Städte“ dient hier und im Folgenden der Vereinfachung. In den Kapiteln 4–6 ist jeweils von mehreren Städten zu einer Himmelsrichtung die Rede. Obgleich die Stadt des dritten Kapitels in einem unbestimmten Singular beschrieben wird, wird sie pluralisch in 4,1 aufgegriffen. Gemeint ist jeweils eine bestimmte Art von Städten, die zusammengefasst und beschrieben werden.

15 Vgl. ähnliche – jedoch nicht identische – Abbildungen bei Jacobj (1928) 15, Kapferer (1933–1940a) VI/25, Desautels (1982) 87, Ayache (1992) 40, Staszak (1995) 139 und Schubert/Leschhorn (2006) 383f. Auch Galen sucht schon in seinem Kommentar, die Sonnenwenden durch Kreispunkte darzustellen (nach Übers. Strohmaier I 9,1).

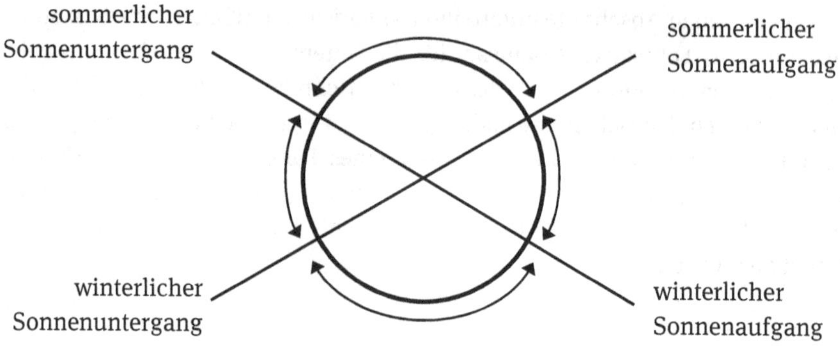

Es wird jedoch nicht unmittelbar aus dem Text ersichtlich, auf welche Weise die angeführte Lage einer Stadt *zu* einer Himmelsrichtung zu verstehen ist. Um die einflussreichen Himmelsrichtungen anzugeben, benutzt der Verfasser hier πρὸς τὰ πνεύματα [...] τὰ θερμά (3,1), πρὸς τὰ πνεύματα τὰ ψυχρά (4,1), πρὸς τὰς ἀνατολὰς τοῦ ἡλίου (5,2) und πρὸς τὰς δύσιας (6,1) in Verbindung mit κεῖται / κέονται. Um die Winde zu kennzeichnen, die diese Städte nicht erreichen, wird jeweils der Begriff der σκέπη verwendet, außerdem trifft der Autor in 6,1 in Bezug auf die West-Stadt die Aussage τὰ [...] θερμὰ πνεύματα παραρρεῖ καὶ τὰ ψυχρὰ ἀπὸ τῶν ἄρκτων. Diese Angaben könnten auf zwei verschiedene Arten aufgefasst werden: Entweder sind die Städte zu einer einzigen Himmelsrichtung geöffnet, indem sie zu den drei anderen Seiten durch Berge abgeschirmt sind bzw. sich an einem Berghang befinden, so dass sie eine natürliche σκέπη vor den anderen Winden hätten, die dann an ihnen vorbeiwehten, oder die Städte liegen am Rand der οἰκουμένη, so dass sie durch eine weite Entfernung vor den Winden der entgegen gesetzten Seite geschützt wären, außerdem wehten dann die Nord- und Südwinde nicht im äußersten Osten und Westen.[16]

Die meisten Interpreten und Übersetzer sind der griechischen Formulierung gefolgt und haben sich dadurch nicht auf eine bestimmte Auslegung festgelegt.[17] Eine eindeutige Interpretation lässt jedoch Diller in der Einleitung einer seiner Übersetzungen erkennen: „Ein solches Schema ist nur auf eine durch

---

16 Aus der Unklarheit bezüglich der Interpretationsmöglichkeiten resultiert auch das Unverständnis der Textpassage bei Pinna (1988) 11.

17 So lautet z.B. die Einleitung zur Süd-Stadt in den deutschen Übersetzungen von Fuchs (1895) 378 und Kapferer (1933–1940a) VI 25 „Wenn eine Stadt warmen Winden ausgesetzt ist [...]“, ähnlich bei Jones (1923a) 75 „A city that lies exposed to the hot winds“. Diller (1962b) 105 und (1970) 27 übersetzt „Wenn eine Stadt in der Richtung auf die warmen Winde zu liegt [...]“, Jouanna (1996a) 189f. „Dans la cité qui est située face aux vents chauds [...]“ und bei Schubert/Leschhorn (2006) 11 heißt es „In der Stadt, die den warmen Winden zugewandt liegt [...]“.

Gebirge und Wasser stark gegliederte Landschaft anwendbar, wie Griechenland sie großenteils darstellt; denn es beruht auf der Vorstellung, daß die kleinste landschaftliche oder politische Einheit (die Polis) jeweils nach einer bestimmten Himmelsrichtung, und nur nach dieser, geöffnet sei.“[18] Auch Grensemann schließt sich dieser Auffassung an, wenn er die Gegend am Phasis als eine im Sinne des sechsten Kapitels nach Westen gerichtete Lage ansieht, da sie zu den übrigen drei Himmelsrichtungen durch Berge abgeschirmt sei.[19] Das neue Material aus dem arabischen Galen-Kommentar zeigt eine identische Interpretation: „Er meint nämlich mit seinen Worten die hoch und auf den Bergen gelegenen.“[20]

Kürzlich hat Matthias Kruske die Frage nach der richtigen Auffassung der Städte *zu* den Himmelsrichtungen erörtert und ist zu einem neuen Ergebnis gekommen;[21] seine Argumentation soll kurz nachvollzogen werden: Er führt zunächst drei mögliche Argumente für das durch Diller zum Ausdruck gebrachte Verständnis an, um sie unmittelbar im Anschluss zu widerlegen:

Zunächst könnte jemand annehmen, dass sich der Traktat an Wanderärzte richte, die in einem kleinen Gebiet umherzögen und daher Interesse an den Unterschieden nahe beieinander liegender und dennoch klimatisch verschiedener Städte zeigten. Hiergegen erhebt Kruske den Einwand, dass zusammenhängende Gebiete gewöhnlich einheitliche klimatische Bedingungen vorweisen. Er führt Arist. Meteor. 360b12–15[22] als Beleg an, übersieht jedoch den Zusammenhang, in dem Aristoteles explizit Teilgebiete heraushebt, in denen das Klima durchaus abweichen kann.

Ein zweites Argument für Dillers Auffassung könnte laut Kruske darin liegen, dass die Partizipien ἐστραμμένων in 5,2 und ἐστραμμένῃσιν in 5,5, die die Lage der Städte verdeutlichen, eine Wendung zu einer Himmelsrichtung nahelegen. Dieses Argument ist für ihn jedoch nicht „hinreichend“. Weiterhin zieht er zu κεῖται πρός neben Hdt. 1,142,3 und 6,139,4 auch Vict. 2,37,1 und Aer. 12,3

18 Nach Diller (1962b) 100. Bereits Zeugswetter (1939) 64 scheint eine ähnliche Auffassung zu vertreten: „Selbstverständlich ist hier der Wind nicht als Himmelsrichtung gemeint, sondern als physikalisches Phänomen an sich: πρὸς βορέην κέεται heisst (sic!) also: in dieser Stadt weht der Nordwind; dies ist wichtig festzuhalten, denn es könnte natürlich sehr leicht der Fall sein, dass eine Stadt, die – vom Abfassungsort der Schrift aus – im Süden liegt, vom Nordwind bestrichen wird“.

19 Siehe Grensemann (1979) 436f.

20 Nach Übers. Strohmaier I 3,2. Vgl. auch die Einleitung des vierten Buchs.

21 Die folgende Darstellung folgt Kruske (2008) 51–72.

22 αἴτιον δ' ὅτι ὡς μὲν τὰ πολλὰ τὸ αὐτὸ πάθος ἐπὶ πλείω διήκειν εἰκὸς χώραν, διὰ τὸ παραπλησίως κεῖσθαι πρὸς τὸν ἥλιον τὰ σύνεγγυς, ἐὰν μή τι διάφορον ἔχωσιν ἴδιον.

heran, um zu belegen, dass diese Wendung in dem Sinne verwendet werde, dass ein Ort von einem anderen ausgehend in der bezeichneten Himmelsrichtung zu finden sei. Dies trifft auf das erste Beispiel ganz offensichtlich zu, da die πρὸς μεσημβρίην gelegene Gegend als ἐγγυτάτω τοῦ ἡλίου beschrieben wird und anschließend Länder gegenübergestellt werden, von denen sich eines von Kleinasien aus im Norden und eines im Süden befindet (Libyen und Pontos).[23] In dem zweiten Beispiel (Aer. 12,3) heißt es über Asien: Τὸ δὲ αἴτιον τούτων ἡ κρῆσις τῶν ὡρέων, ὅτι τοῦ ἡλίου ἐν μέσῳ τῶν ἀνατολέων κεῖται πρὸς τὴν ἠῶ τοῦ τε ψυχροῦ πορρωτέρω. Die Lage des Kontinents wird demnach in dreifacher Weise bestimmt: Zunächst sei er in der Mitte der Sonnenaufgänge, was lediglich besagt, dass der Erdteil weder allzu weit in den Norden noch in den heißen Süden, der erst südlich vom winterlichen Sonnenaufgang liegt, reicht. Der Norden findet zusätzlich in der dritten Bestimmung explizit durch den Ausdruck τοῦ ψυχροῦ πορρωτέρω Erwähnung. Dass sich diese Beschreibung nicht zwingend auf den gesamten Kontinent bezieht, sondern insbesondere auf einen bestimmten Teil, der im Folgenden näher beschrieben werden soll, verdeutlicht der Autor im darauf folgenden Paragraphen. An zweiter Stelle wird Asien außerdem als πρὸς τὴν ἠῶ bestimmt, wodurch für Kruske „ganz klar" sei, dass die Lage des Kontinents im Osten, nicht aber seine Öffnung zur östlichen Himmelsrichtung bezeichnet werde. Dies kann jedoch nicht als derart evident gelten, wie es für Vict. 2,37,1 der Fall ist.

Als drittes mögliches Argument zugunsten Dillers führt Kruske an, dass die erwähnte σκέπη die Vorstellung einer Erhebung evoziere, die die Winde abhalte. Berechtigterweise zeigt er jedoch im Folgenden, dass eine σκέπη auch auf andere Weise bestehen kann, wie beispielsweise das Land der Skythen, welches weit im Norden Europas lokalisiert wird, gemäß 19,2 kaum durch die Südwinde erreicht wird. Das hier verwendete Verb ἀφικνεῖσθαι lässt vermuten, dass dieser Umstand der großen Entfernung der Region vom warmen Süden geschuldet ist.

Im Anschluss daran zieht Kruske einen Vergleich zwischen dem Modell der Umweltschrift zu Hdt. 3,104, wo schon Hugo Berger parallele Weltbilder bezüglich der Morgensonne zu erkennen glaubte.[24] In der entsprechenden Passage wird geschildert, dass in Indien der Vormittag die heißeste Tageszeit sei. Dies weist eindeutig darauf hin, dass den Historien die Vorstellung zu Grunde liegt, dass die Sonne den Ländern im Osten, von denen Indien ausdrücklich das äu-

23 Vgl. auch die Interpretationen bei Fredrich (1899) 160f. und Pohlenz (1937) 84f. Pohlenz nimmt jedoch an, dass der identische Ausdruck im folgenden Paragraphen abweichend die Öffnung zur südlichen Himmelsrichtung bezeichnet.

24 Siehe Berger (1903) 81f.

ßerste besiedelte sei (3,98), am Morgen am nächsten sei, am Abend dagegen sehr fern.[25] Kruske sieht in Aer. eine ähnliche Darstellung bezüglich der Abendsonne in der West-Stadt, die im 6. Kapitel beschrieben wird.[26]

Insgesamt sind die Belege, die für Kruske zu beweisen scheinen, dass die Städte der Kapitel 3–6 in vier verschiedenen Teilen der Erde lägen, wenig überzeugend. Man könnte außerdem einen weiteren deutlichen Hinweis in 5,2 anführen, den Kruske allerdings nicht berücksichtigt. Hier trifft der Verfasser die Aussage, dass eine Ost-Stadt gesünder als eine Nord- und eine Süd-Stadt ist, auch wenn nur ein Stadion zwischen ihnen liegt.[27] Es kann keinesfalls gemeint sein, dass drei benachbarte Städte, die sich nicht durch landschaftliche Einschnitte oder Erhebungen unterscheiden, allein aus dem Grund unterschiedlich gesund seien, dass sie eine so kurze Entfernung weiter im Norden bzw. Süden liegen. Den Unterschied macht in einem solchen Fall eben die landschaftliche Lage aus, und so sind Orte, die zwar nahe beieinander liegen, in denen aber auf Grund der Topographie unterschiedliche Winde herrschen, unterschiedlich gesund. Im nachfolgenden Satz wird dieser Umstand dadurch begründet, dass die Temperaturen in dieser Ost-Stadt ausgeglichener und die Gewässer klarer,

---

25 Ebenso interpretiert von Stein (1893) 120; How / Wells (1928) 290 und Asheri (2007) 499.

26 Berger geht sogar noch weiter und schlussfolgert auf Grund dieses Bezuges, dass der Autor der Umweltschrift, da er angeblich die positive Wirkung der morgendlichen Sonne auf Länder und Erdteile von ihrer Lage im Osten abhängig mache, was dem Bild einer kugelförmigen Erde widerspräche, wie Herodot die Vorstellung von einer flachen, durch einen unveränderlichen Horizont begrenzten Erde habe. Diese These wird jedoch nicht durch Belege gestützt. 12,3 ist allerdings die einzige Stelle, an der eine Verknüpfung eines östlichen Gebietes mit der Morgensonne vollzogen wird. Der Zusatz πρὸς τὴν ἠῶ in 12,3 mag zusätzlich auf die Annahme einer weiten Ausdehnung dieses Teils nach Osten hinweisen, welcher Umstand Bergers Argumentation rechtfertigen könnte. Dennoch bleibt dessen Aussage in ihrem universellen Anspruch unbegründet, zumal der Hinweis in 12,3 der einzige seiner Art bleibt und mitnichten Herodot 3,104 an Eindeutigkeit gleichkommt.
Trotz alledem mag die These, dass der Verfasser von *De aere aquis locis* an der Erdscheibe festhält, durchaus berechtigt sein. So spricht er an der eben benannten Stelle 12,3 sowie in 13,1 von den Sonnenaufgängen als Begrenzungs- und Orientierungspunkten der asiatischen Länder und scheint nach Osten hin eine natürliche Begrenzung anzunehmen. Diese kann beispielsweise der Okeanos bilden, wie es auch der homerische Schild des Achill darstellt (vgl. Ilias 18,607f.) und es noch zu Zeiten Herodots viele auf ihren Erdkarten zeichneten (vgl. Hdt. 4,36). Den Glauben an eine scheibenförmige Erde erwähnt ebenfalls Aristoteles bezüglich der ionischen Naturphilosophen (Anaximenes, Anaxagoras und Demokrit), so dass es als allgemein ionisches Weltbild dieser Zeit aufgefasst werden könnte. Vgl. Arist. De cael. 2,13,294b13f. Ausführlich befasst sich Desautels (1982) 94–113 mit dem Weltbild des C.H. Schubert (2009) 255f. hebt hervor, dass Ansätze des sphärischen Weltbilds dem Verfasser zumindest bekannt sein mussten, wie sich aus den Erwähnungen der Äquinoktien schließen lässt.

27 ἦν καὶ στάδιον τὸ μεταξὺ ᾖ.

wohlriechender und weicher sind. Diese Begründung wäre im genannten Modell selbstverständlich auch widersinnig. Tatsächlich ist hingegen auch in den realen Gebieten Griechenlands und Kleinasiens, welche der Verfasser vor Augen hatte, der Schutz vor einigen Winden durch die kleinräumige Topographie oftmals gegeben.

Bezüglich des Verständnisses der Städte in Aer. 3–6 ist also festzuhalten, dass 1. die Lage einer Stadt in einem Randbereich der Erde bewirkt, dass die Winde der gegenüberliegenden Seite sie auf Grund der großen Entfernung nicht erreichen (Bsp. Skythen in 19,2), 2. sich in einer anderen Schrift des Corpus Hippocraticum ein Beleg finden lässt, nach dem die Wendung κεῖται πρός die Lage in der angezeigten Region bezeichnet (Vict. 2,37,1) und 3. in kleinen Regionen allein die landschaftliche Lage einer Stadt, also die Öffnung zu den Himmelsrichtungen, ein andersartiges Klima bewirkt (Aer. 5,2).

Alle Erörterungen hinsichtlich der Frage, ob z.B. die in Aer. 3 beschriebene Stadt im Süden der Erde liegt oder lediglich nach Osten, Norden und Westen durch landschaftliche Erhebungen geschützt ist und aus diesem Grund nur durch die Südwinde erreicht wird, sind jedoch müßig. Durch die Beschreibungen dieser Städte soll zweifellos nur die Wirkung der Winde aus den vier Himmelsrichtungen ausgeführt werden, so dass fiktive Gegenden konzipiert werden, in denen jeweils nur ein Wind weht.[28] Auch wirkt nur die Sonneneinstrahlung dieser Seite auf sie ein.

Um es noch deutlicher zu sagen: Vermutlich existierte in der bekannten οἰκουμένη des 5. Jahrhunderts überhaupt kaum eine Stadt, die das stark vereinfachte Schema einer der Stadtbeschreibungen erfüllt hätte. Dennoch müsste aber der praktizierende Wanderarzt – um Kruskes suggestive Frage aufzugreifen – nicht bei den meisten Städten „auf die Hilfe von *Aër.* verzichten“[29]. Denn dieser Traktat präsentiert ein theoretisches Umweltkonzept, mit dessen Hilfe der Arzt in der Lage sein soll, in einer ihm unbekannten Stadt die einzelnen vorherrschenden Umweltfaktoren zu analysieren. Diese Analyse erleichtere ihm gemäß Aer. 2,1 die Diagnostik der endemischen Krankheiten und deren Prophylaxe.

Man stelle sich also beim Lesen des Abschnitts 3–6 vier Städte vor, die jeweils nur durch die Winde und die Sonneneinstrahlung aus einer Himmelsrichtung erreicht werden. Wie diese Städte auf unserer Erde angelegt sein könnten,

28 Harig (1959) 37 nimmt an, dass in der West-Stadt sowohl warme als auch kalte Winde wehten. παραρρεῖ – vorbeiwehen (6,1) deutet jedoch darauf hin, dass sie die Stadt eben nicht erreichen.

29 Kruske (2008) 67.

ist dabei unerheblich. Sie stellen uns allein die Wirkung der Faktoren „Wind“ und „Sonne“ in ihren vier wichtigsten Ausprägungen vor.

Die Untersuchung der Aussagen bezüglich der geographischen Verortung der Winde in *De aere aquis locis* war dennoch gewinnbringend. Das Beispiel der Skythen in 19,2 lässt bereits erahnen, dass die Ursprünge der Hauptwinde βορέης und νότος in den entsprechenden Erdregionen Norden und Süden gesehen wurden, so dass sie von dort ausströmen, aber auf dem langen Weg ihre Kraft verlieren bzw. sich ihre anfangs extreme Temperatur ausgleicht. Diese und weitere Charakteristika der Winde sind nun im Folgenden herauszuarbeiten.

4.1.3 Allgemeine Kennzeichen

Die grundlegende Darstellung in *De aere aquis locis* 3–6 verwebt die zwei Faktoren „Wind“ und „Sonne“ derartig stark miteinander, dass die entstehenden Konsequenzen selten eindeutig einem der Aspekte zugeordnet werden können. Beispielsweise verknüpft der Autor mit den vier Musterstädten die dort befindlichen Gewässer, deren Anzahl, Härte, Salzgehalt, Geruch, Klarheit, Temperatur und Lage offenbar in unmittelbarer Verbindung zu der Lage zu den Winden und der Sonne steht. Dieser Umweltfaktor tritt in diesem Zusammenhang anders als in den Kapiteln 7–9 demnach als Konsequenz eines anderen Faktors auf, nicht aber als selbstständige Vorbedingung der Krankheiten.[30] Auch das Auftreten von Nebel wird in diesem Zusammenhang thematisiert. Weiterhin beschreibt der Verfasser die Bewohner der Städte, indem er die Konstitution und das Säfteverhältnis ihrer Köpfe und Organe sowie ihre Gestalten, ihre Hautfarbe, ihre Stimmen, ihren Charakter und ihren Verstand darlegt. Für jede einzelne der

---

30 Dieser Umstand dient als wichtigstes Argument für Edelsteins These, dass die Kapitel 7–9, die ja die Gewässer als eigenständigen Faktor abhandeln, gestrichen werden müssten und so der erste Teil der Schrift nur noch die Jahreszeiten und Winde sowie deren Bedeutung für die übrigen Naturelemente und den Menschen behandle. Auch Diller (1934) 16 sieht hier eine „Inkongruenz zwischen Einleitung und Ausführung“. Er verwirft zwar Edelsteins Theorie, stößt sich jedoch daran, dass die Erscheinungsform der Gewässer im Abschnitt 3–6 einerseits eine Folge der geographischen Lage ist, andererseits aber die Gewässer selbst Einfluss auf den Gesundheitszustand der Bewohner nehmen. Meines Erachtens ist diese Sachlage keinesfalls ein Antagonismus, dessen es sich zu entledigen bedarf, sondern im Gegenteil eine notwendige Darstellung von Gegebenheiten. Denn zweifellos bestehen zwischen den einzelnen Faktoren der Einflussnahme wechselseitige Einwirkungen, so dass ein Faktor zugleich Ursache einer Ausprägung sein kann, jedoch ebenfalls selbst Einflüssen unterworfen ist. Unter anderem eben diese natürlichen Wechselbeziehungen gilt es in der Untersuchung dieser Typologie zu betrachten, da der Verfasser von *De aere aquis locis* sie erkannt und dargestellt hat.

vier Städte greift er allerdings jeweils nur einige dieser Aspekte heraus, wobei durch den Kontrast der Beschreibungen der entgegengesetzt ausgerichteten Städte zusätzliche Attribute erschlossen werden können. Weiterhin werden die Städte gen Osten und Westen in Beziehung zu den Jahreszeiten Frühling und Herbst gesetzt, eine entsprechende Zuordnung der zwei übrigen Städte zu Sommer und Winter, wie sie oftmals anhand der extremen Temperaturen vorgenommen wird, ist aufgrund des Feuchtigkeitsgehalts unzulässig.[31] Bei allen vier Städten werden ausführlich häufig auftretende Krankheiten der Einwohner angegeben, die nach Geschlecht und Altersgruppen differenziert werden.

Neben dieser kompakten Schilderung finden sich in *De aere aquis locis* sowie in anderen hippokratischen Schriften weitere allgemeine Angaben, die sich zudem bezüglich ihrer Bezugspunkte „Wind“ bzw. „Sonne“ trennen lassen.

4.1.3.1 Allgemeine Kennzeichen der Winde

Als ein grundsätzliches Charakteristikum der Winde gilt in „Über die Umwelt“ die Fähigkeit, Wolken zusammenzutreiben (8,6) und Wasser Stärke zu verleihen (9,2).

Weitaus mehr generelle Feststellungen lassen sich in den übrigen genannten Textquellen finden: Nach *De diaeta* 2,38,1 entstehen alle Winde in besonders kalten und feuchten Gegenden und sind daher ihrem ursprünglichen Wesen nach ihrerseits auch kalt und feucht.[32] Ihre Temperatur, ihr Feuchtigkeitsgehalt und damit auch ihre Schädlichkeit würden jedoch durch die Gegenden, die sie durchwehen, verändert. Der Autor erläutert diesen Vorgang eingehend am Beispiel des Nord- und des Südwindes. Feuchte und kalte Winde bringen den Menschen gemäß 38,5 Gesundheit, sofern sie nicht allzu kalt sind. Trockene Winde sind hingegen ungesund. Besonders negativ sind außerdem die Auswirkungen von Fallwinden, die ebenfalls als trocken gelten (nach 38,5 und schon 37,4).

Diese Beschreibung der Nord- und Südwinde bestätigt tatsächlich die schon durch Aer. 19,2 entstandene Vermutung: Diese Winde haben demzufolge ihren

---

31 Denn selbstverständlich gilt der Sommer am Mittelmeer nur äußerst selten als „feucht“ und der Winter als „trocken“. Diese Übertragung findet sich dennoch z.B. bei Joly (1966) 185, Thivel (1981) 360, Anm. 1, Staszak (1995) 133 und Jouanna (1996a) 119, Anm. 2. Thivel (1981) 359f. stellt im Übrigen jedoch vollkommen korrekt dar, dass ein klarer Schematismus bezüglich der Jahreszeiten in *De aere aquis locis* nicht vorliegt.

32 Auch in dieser Charakterisierung ist die Feuer-Wasser-Lehre, die durch die vier Qualitäten gekennzeichnet ist, erkennbar, vgl. S. 54–56. Erwähnt werden die Elemente im Abschnitt 2,37f. jedoch nicht. Vgl. auch Wöhrle (1990) 74.

Ursprung in zwei entgegengesetzten Enden der Erde (beachte τοῦ νοτίου πόλου in 38,3), von dort wehen sie auf einander zu und erreichen die weit entfernten Gebiete nur noch schwach.[33]

De flatibus 3 lassen sich die Definitionen der nahestehenden Begriffe πνεῦμα, ἀήρ, ἄνεμος und φῦσα entnehmen: Demgemäß ist πνεῦμα ein übergeordneter, abstrakter Begriff von Luft, es erfüllt „alles zwischen Erde und Himmel“ (3,3: ἅπαν τὸ μεταξὺ γῆς τε καὶ οὐρανοῦ), seine Beschaffenheit ist in den Jahreszeiten unterschiedlich und bildet die Grundlage für ihren spezifischen Charakter[34], ebenso ist es essentiell für das Feuer der Gestirne und für alle Lebewesen. πνεῦμα ist auch im Wasser enthalten, welchem es die darin lebenden Tiere entziehen. Verunreinigung (μίασμα) der Luft oder Veränderung ihrer Beschaffenheit sind gemäß 5,2 die Ursache aller Krankheiten (τὰ νοσήματα τούτου ἀπόγονά τε καὶ ἔκγονα πάντα ἐόντα).[35]

Es werden zwei Arten von πνεῦμα unterschieden, welche φῦσα und ἀήρ genannt werden (3,1). Dabei ist φῦσα das πνεῦμα in den Körpern, ἀήρ dasjenige außerhalb. Aus dieser Definition heraus wird bereits ersichtlich, dass ἀήρ den größten Anteil des πνεῦμα ausmacht, und so wird in seiner Beschreibung in 3,2f. die Abgrenzung zwischen diesen zwei Begriffen nicht durchgängig deutlich. In Bezug zur Sonne wird er als ewig und leicht (ἀέναος καὶ λεπτός) beschrieben. Die Menschen brauchen ihn mehr als Nahrung und Getränke und setzen Zeit ihres Lebens die Atmung niemals aus (Kapitel 4). Weiterhin wird ἀήρ als γῆς ὄχημα bezeichnet, wobei die Erde aber auch wiederum sein βάθρον sei (3,3). Jouanna vermutet auf Grund von ähnlichen Beschreibungen bei den Vorsokratikern die Vorstellung einer flachen Erdscheibe, die von der Luft getragen ist.[36]

Bewegter ἀήρ (ἠέρος ῥεῦμα καὶ χεῦμα) wird ἄνεμος genannt. Die gewaltige Kraft, die ein ἄνεμος in sich birgt, wird eingehend beschrieben (3,2). Die φῦσα wird im übrigen Teil der Schrift behandelt, wobei der besondere Fokus auf der Pathogenese liegt.

---

33 Siehe insb. in 38,2: καὶ τοῖσι μὲν οἰκέουσιν ἔγγιστα ψυχρότατος, τοῖσι δὲ προσωτάτω ἥκιστα. Die verwendeten Adverbien ἐγγύς und πρόσω bezeichnen die Verortung der Menschen im Hinblick auf die Ursprünge des Windes und verdeutlichen seine lokale Begrenzung.

34 Siehe dazu die Analyse im Kapitel 4.3 „Der Faktor „Jahreszeiten““.

35 Hier liegt die Miasmentheorie begründet, die im Mittelalter so wirkungsmächtig wurde.

36 Vgl. Jouanna (1988) 135f. Er fasst ὄχημα metaphorisch auf. βάθρον kann bei diesem Verständnis jedoch noch weit weniger wörtlich gemeint sein.

Dieser beschriebene Abschnitt aus *De flatibus* hat einen deutlich naturphilosophisch[37] geprägten Charakter und unterscheidet sich somit stark von den zuvor dargestellten Beschreibungen der Winde. Die Beschreibung der Luft als einzige Krankheitsursache ist nicht mit allen Schriften des Corpus vereinbar. Dennoch ist sie ein wichtiges Zeugnis für die Wahrnehmung der medizinischen Relevanz eines Umweltfaktors, zudem ist die semantische Unterscheidung der verschiedenen Bezeichnungen für die weitere Analyse hilfreich.

Eine weitere Lehre bezüglich der Winde bietet *De hebdomadibus*. Diese Schrift kennt sieben Winde, die namentlich genannt, jedoch nicht weiter gekennzeichnet werden (Hebd. 3): ἀπηλιώτης, βορέης, ἄρκτος, ζέφυρος, λίψ, νότος und εὖρος.[38] Der ἀπηλιώτης wehe aus der warmen Region, die übrigen Winde werden in der genannten Reihenfolge aufgelistet. Jeder Wind wehe zu einer bestimmten Jahreszeit, die an dieser Stelle noch nicht einzeln angeführt wird.

Die weiteren zuvor angegebenen Quellen *De humoribus* 14, *De morbo sacro* 10. 13 sowie die *Aphorismen* 3,5. 11–14. 17 treffen keine allgemeine Aussagen über den Umweltfaktor „Wind“, sondern befassen sich intensiv mit der Wirkung des Nord- und des Südwinds. Eine aussagekräftige Begründung für diese Eingrenzung findet sich in Morb.Sacr. 13,1: ταῦτα γὰρ τῶν λοιπῶν πνευμάτων ἰσχυρότατά ἐστι καὶ ἀλλήλοισιν ἐναντιώτατα κατὰ τὴν στάσιν καὶ κατὰ τὴν δύναμιν.

Weitere vereinzelte Bemerkungen im Corpus Hippocraticum beschreiben die Winde als mögliche Ursache von Kopfschmerzen (Prorrh. 2,30), als schmerzlindernden Umstand beim Durchbruch der Milchzähne (Dent. 12) und als störend für die Augen (Carn. 17,4). Darüber hinaus wirke sich auch plötzliche Luftveränderung (ἠέρος αἰφνιδίη ταραχὴ) negativ auf den Gesundheitszustand aus (Praec. 14).

Ferner lassen sich Zeugnisse über prägende Einflüsse von Luft und Winden auf die Bildung des menschlichen Körpers finden: Beispielsweise wird dem von

---

37 Vgl. hinsichtlich der Parallelen zu naturphilosophischen Schriften die angegebenen Textstellen bei Jouanna (1988) 25–29, Schubert/Leschhorn (2006) 420 und Golder (2007) 60.

38 Roscher (1911) 79–84 kommt bei seinem Versuch einer Zuordnung der erwähnten Winde zu sieben der Haupt- und Nebenhimmelsrichtungen zu dem Schluss, dass der Nordwestwind zu einer vollständigen Windrose zu ergänzen wäre. Seine Argumentation stützt sich jedoch auf einen Zirkelschluss, da Roscher, obgleich er schon zu Beginn seiner Analyse voraussetzt, dass der Verfasser aus Milet oder Knidos stammt, Windtabellen der Gegend seiner Zuweisung der Winde zugrunde legt und anhand des selbst konstruierten Bildes anschließend die Herkunft des Verfassers bestätigt sieht. Vgl. auch Rehm (1916) 30–35, Nielsen (1945) 20–23, Ninck (1945) 29f., Mansfeld (1971) 146–155 und Agge (2004) 127.

einer schwangeren Frau eingeatmeten πνεῦμα eine direkte Auswirkung auf die Embryonalentwicklung (Nat.Puer. 12) und den Winden das bedeutendste Moment für die evolutionäre Bildung der menschlichen Haut (Carn. 9,6; 17,1) zugeschrieben.

Eine letzte Gruppe von Belegstellen zum Aspekt „Wind“ enthält therapeutische Ratschläge, die ebenfalls Auswirkungen des Umweltfaktors auf die menschliche Gesundheit einbeziehen. Dabei gilt Wind durchgängig als negative Beeinflussung und wird von dem Patienten als unangenehm empfunden (Morb. II 15,1. 3; 48,4; 50,5; Morb. III 2,2; 16,14), freie Luft (αἰθρίη) als Gegensatz zu derjenigen in Gebäuden wirkt sich dagegen wohltuend aus, so dass sich die erkrankte Person dorthin begeben soll (Int. 7; Morb. II 71,2).

4.1.3.2 Allgemeine Kennzeichen der Sonne

Bezüglich der Sonne findet sich im Abschnitt der Umweltschrift über die Gewässer die Vorstellung, dass sie die feinsten Bestandteile des Wassers anziehe (8,2–4). Als Beweis der Verdunstung diene das Salz, welches zurückbleibt.[39] In diesem Zusammenhang wird zusätzlich die Aussage getroffen, dass die Sonne die zu sich gezogenen Wasserteile versüße (8,5), hingegen ließe sie gemäß 15,3 stehendes Wasser faulen. Neben dem Ausdruck αἱ ἀνατολαὶ τοῦ ἡλίου wird an zwei Stellen auch die Morgenröte ἠώς hervorgehoben (6,1 und 12,4), die jedoch ohne nähere Charakterisierung lediglich die östliche Himmelsrichtung bezeichnet.

In Vict. 2,37,1 wird außerdem explizit die wichtigste Grundeigenschaft der Sonne angegeben: Sie wärmt und trocknet, daher seien Völker und Gewächse in sonnennahen Gebieten trockener, wärmer und kräftiger. Gemäß Nat.Puer. 25,1 ist deshalb der Boden unter hoher Sonneneinstrahlung lockerer. Vict. 2,38,2 trifft außerdem eine weitere bedeutsame Aussage: Die Sonne erreiche den ho-

39 Die Verdunstung legt der Verfasser in einem kurzen Exkurs auch der Transpiration zu Grunde. Die Sonne ziehe die leichten Wasseranteile aus dem menschlichen Körper zu sich, diese werden jedoch teilweise von Kleidungsstücken zurückgehalten. Aus diesem Grund seien freie Körperstellen trocken, verhüllte aber von Schweiß bedeckt. Im Schatten dagegen schwitzten alle Körperteile gleichermaßen, da die Sonne die bereits ausgetretene Feuchtigkeit der Körperoberfläche nicht an sich ziehen könne. Die Sonne erfüllt demnach in dem Vorgang der Transpiration zwei Funktionen: Zunächst zieht sie die Feuchtigkeit aus dem Körper, so dass sie bereits Ursache des Schwitzens ist. Des Weiteren steigt der Schweiß durch ihre Bestrahlung von der Hautoberfläche in die Luft. Wird aber die Einstrahlung nach dem ersten Vorgang durch das Eintreten in den Schatten unterbrochen, verdunstet auch der Schweiß nicht. Zu einer im Schatten beginnenden Transpiration äußert sich der Autor nicht.

hen Norden nicht und könne demnach dort die Feuchtigkeit der Luft nicht aufnehmen.[40] Die grundsätzliche Fähigkeit, Feuchtes anzuziehen, erklärt sich nach Vict. 2,58 aus der der Sonne immanenten Wärme und Trockenheit; Schatten spendet demgegenüber Feuchtigkeit.

Darüber hinaus beschreiben vereinzelte Bemerkungen der Schriftensammlung die Sonne als Ursache für die sogenannten dicken Krankheiten (παχέα νοσήματα) durch eine Vermischung von Galle und Schleim im Körper (Int. 47), für Ischialgie durch Austrocknung (Int. 51; Dieb.Judic. 8), für Fieber bei freiliegendem Knochen (Epid. 7,1,35), für πάθεα χολερικὰ (Epid. 7,1,82)[41] und für eine von besonders starken Kopfschmerzen geprägte Krankheit (Morb. II 16,3). Die Sonne bringt auch Galle in Bewegung (Int. 30), sie erhitzt das Gehirn (Morb.Sacr. 10,2), außerdem vermag sie die Ströme innerhalb eines Baumes zu verteilen und erzeugt auf diese Weise Früchte (Nat.Puer. 26,3). Die meisten der beschriebenen physiologischen Vorgänge werden durch die außerordentlich starke Wärme der Sonne hervorgerufen; dieses besondere Kennzeichen wird weiterhin in Morb. II 11,1; Hebd. 15. 19. 23 und Epid. 6,5,15 hervorgehoben.

Auch in den Therapiemaßnahmen, die Bezug auf die Sonne nehmen, ist stets ihre Hitze das entscheidende Merkmal, das sehr negativ bewertet und Kälte bzw. Frost gegenübergestellt wird. Beide extremen Temperaturen sind von Patienten mit unterschiedlichsten Krankheiten zu meiden (Int. 9. 17. 27. 41; Morb. II 15,1. 3; 48,4; 50,5; 51,5; 73,2; 74,2; Morb. III 2,2; 16,14; Morb.Sacr. 5,2).

4.1.4 Faktor „Südwinde“

Da an mehreren Stellen des Corpus Hippocraticum detailliert die Krankheiten beschrieben werden, die durch einen bestimmten Wind ausgelöst werden, ist es lohnenswert, diese besonderen Auswirkungen gesondert zu betrachten und miteinander zu vergleichen. Zunächst aber sollen die wesentlichen Eigenschaften der Winde sowie ihre grundsätzliche Auswirkung auf die Konstitution des Menschen aufgezeigt werden.

---

40 Zu der Vorstellung der täglichen und jährlichen Sonnenbahn vgl. Desautels (1982) 77–83.

41 An vier Stellen des C.H. werden die als χολερικὰ bezeichneten Erkrankungen beschrieben: Epid. 5,1,71. 79; 7,1,67. 82. Die deutsche Übertragung als „Cholera“, wie es z.B. Fuchs (1897) 243. 246. 325. 329 in seiner Übersetzung tat, ist weder sach- noch zeitgemäß. Zwar handelt es sich sicherlich um eine Gastroenteritis, jedoch ist der Erreger unklar, vgl. Graumann (2000) 240–243.

4.1.4.1 Eigenschaften und allgemeine Auswirkungen

Zunächst widmen wir uns den Beschreibungen der Südwinde in *De aere aquis locis*:

Ihre Windrichtung wird dort zu Beginn des dritten Kapitels genau bestimmt: Sie wehten demnach aus dem Bereich, der zwischen dem winterlichen Sonnenauf- und -untergang liege.[42] Die Südwinde gelten durchgängig als warme (θερμός) Winde, derartig werden sie ebenfalls bereits in 3,1 deutlich gekennzeichnet. Τὰ θερμὰ πνεύματα bezeichnen daher in 4,5; 5,2. 5 und 6,1 eindeutig die Winde von Süden, ebenso τὰ πνεύματα τὰ ἀπὸ τῶν θερμῶν πνέοντα in 19,2. Der νότος scheint nur einer unter ihnen zu sein, wird aber als einziger namentlich hervorgehoben (z.B. in 4,1).

Weiterhin werden die Südwinde mit dem Attribut „feucht“ (ὑγρός) verbunden: So wird in 10,3 die Feuchte des Bodens zu Beginn eines Sommers auf den Frühlingsregen sowie den νότος zurückgeführt. Die Verknüpfung der Eigenschaften „südlich“ und „feucht“ werden insbesondere im Adjektiv νότιος ersichtlich, in dem beide Bedeutungen zusammenfließen. So werden beispielsweise in 15,3 viele (πολλά) Winde als νότια bezeichnet, welche die Phasis-Region erreichten. Es ist nicht eindeutig, ob allein die Feuchtigkeit der Winde hervorgehoben werden soll oder ob ausdrücklich „Südwinde“ bezeichnet werden. Bei der zweitgenannten Deutung ist der Begriff πολλά als Ausdruck der Frequenz aufzufassen.[43] Ähnlich kann νότιος bereits in 10,3 (Bezug τὸ ἦρ), in 10,5. 7 (Bezüge ὁ χειμών), in 10,10 (Bezug τὸ θέρος), in 10,12 (Bezug τὸ ἦρ) und in 12,4 (Bezug ἡ χώρη) sowohl als „feucht“ als auch als „durch den νότος geprägt bzw. beeinflusst“ aufgefasst werden. Eindeutig ist jedoch in all diesen Fällen, dass der hohe Feuchtigkeitsgehalt von Bedeutung ist, da νότιος jeweils mit Regen oder Nässe verknüpft wird.[44]

Eine einzige markante Ausnahme dieser Verbindung findet sich in dem in 10,11 geschilderten Jahresverlauf: Der *Vaticanus graecus 276* sowie die Nebenüberlieferung des Textes beschreiben an dieser Stelle eindeutig ein vom Südwind geprägtes Wetter, das dennoch trocken ist (αὐχμηρὸν […] καὶ νότιον).[45]

---

42 Μεταξὺ τῆς τε χειμερινῆς ἀνατολῆς τοῦ ἡλίου καὶ τῶν δυσμέων τῶν χειμερινῶν. Vgl. die veranschaulichende Abbildung auf Seite 66.

43 So versteht ihn auch Jouanna (1996a) 227 mit Anm. 3.

44 In 10,3. 5. 10. 12 wird das Adjektiv ἔπομβρος, in 12,4 διάβροχος hinzugesetzt. Allein in 10,7 fehlt ein expliziter Bezug zur Feuchtigkeit, allerdings wird dieser Beschreibung bereits im nächsten Satzabschnitt die Verbindung βορείου καὶ αὐχμηροῦ entgegengesetzt, so dass auch hier νότιος eindeutig als „feucht“ verstanden werden muss.

45 Derartig zitiert schon Galen in seinem Kommentar den hippokratischen Text (nach Übers. Strohmaier III 8: „Wenn der Sommer Trockenheit und Südwind und der Herbst viel Regen und

Bereits Ludovico Settala konjiziert aber in seiner Edition von 1590 νότιον zu βόρειον, was viele spätere Editoren einschließlich Jones und Diller übernehmen. Jouanna kehrt hingegen zu der überlieferten Lesart zurück und argumentiert zusätzlich zur texteigenen Überlieferungslage auch mit einem Vergleich zu Ps.-Arist. Problemata 1,10.[46] Tatsächlich findet sich auch bei dieser inhaltlich parallelen Stelle in den ältesten Textzeugen die ungewöhnliche Verknüpfung von αὐχμηρὸν und νότιον, so dass diese *lectio difficilior* in beiden Passagen zu rekonstruieren ist.

Somit ist also festzuhalten, dass in 10,11 der Südwind ausnahmsweise mit trockenem Klima verbunden wird. Dieser singuläre Umstand unterliegt jedoch nicht zwangsläufig einer kausalen Verbindung, es ist eher anzunehmen, dass der in diesem Paragraphen beschriebene Sommer trotz des eher feuchten Südwinds von Trockenheit geprägt ist. Dieser Zusammenhang wird bei der Analyse des Faktors „Sommer" noch eingehender untersucht werden.[47]

Zusätzlich zu den Aussagen bezüglich der Wärme und Feuchtigkeit der Südwinde beschreibt der Verfasser der Schrift, dass in einer Stadt, die von den Südwinden erreicht wird, zahlreiche Gewässer zu finden sind, welche sehr salzig sind und an der Oberfläche liegen (3,1). Diese sind bedingt durch ihre Lage im Sommer warm und im Winter kalt. Die Köpfe der Einwohner sind feucht und voller Schleim, der in ihre Organe herabfließt, weshalb sie zahlreiche Krankheiten haben, die der Verfasser ausführlich schildert (3,2).[48] Die Gestalten werden als schlaff beschrieben.

Die übrigen Quellen kennzeichnen die Südwinde und speziell den νότος wie folgt:

Vict. 2,38,3 zufolge habe der νότος seinen Ursprung am „Südpol" (ἀπὸ τοῦ νοτίου πόλου)[49], einer Region, die durch Schnee und Eis geprägt sei. In diesem

---

Nordwind bringt, [...]"). Und auch in der spätantiken lateinischen Übersetzung heißt es „sin vero aestas sicca fuerit et austrina, autumnus vero humidus et boreus", vgl. ed. Grensemann (1996) 133.

46 Vgl. zusätzlich zur Kommentierung in seiner Textausgabe (Jouanna (1996a) 288f.) vor Allem auch Jouanna (1996b) 290–293, wo die fundierte Argumentation durch weitere Einzelheiten vervollständigt ist. Anders entscheidet Flashar (1962) 395f. in seinem Probl.-Kommentar. Ihm folgt Langholf (1990b) 173, Anm. 212.

47 Siehe dazu die Analyse im Kapitel 4.3.7 „Faktor „Sommer"" auf den Seiten 125f.

48 Galen erläutert in seinem Kommentar die Produktion und den Fluss des Schleims anhand einer gestörten Verdauung (nach Übers. Strohmaier I 7,2). Demzufolge produziert das Gehirn eine große Menge überschüssigen Schleim, dessen Katarrh die Krankheiten der Menschen verursacht.

49 Bzgl. der Erwähnung des Südpols vgl. die näheren Erläuterungen bei Fredrich (1899) 163–166 und Joly (1960) 96.

Gebiet sei er kalt und feucht wie der Nordwind. Da er jedoch den durch die Sonne erhitzten Süden durchwehe (διὰ τῶν ἐφόδων τοῦ ἡλίου καὶ ὑπὸ τὴν μεσημβρίην πνέων), werde er trockener und erwärmt. In dieser Beschaffenheit erreiche er Libyen und strebe danach, erneut Feuchtigkeit aufzunehmen. Auf Grund der Trockenheit des Landes beziehe er diese aus den Pflanzen und den Körpern der Menschen. Bei Überqueren des Mittelmeeres nehme er dann reichlich Feuchtigkeit auf und erhalte dadurch seinen aus griechischer Sicht typischen Zustand eines feuchten Windes.

Gemäß Morb.Sacr. 10,3 lockert der Südwind das Gehirn, welches zuvor durch den Nordwind gefestigt wurde, und löst den Schleim, so dass er vom Kopf herabfließt.[50] Aus diesem Grund wird diesem Wind eine große Bedeutung in Hinblick auf die Entstehung der Epilepsie beigemessen. Im 13. Kapitel derselben Schrift ist beschrieben, dass er die Eigenschaft besitzt, verfestigte Luft zu schmelzen und aufzulösen (13,3). Dieser Vorgang benötigt jedoch einige Zeit, zuvor bringt der νότος schönes Wetter mit sich.[51] Die lösende und lockernde Eigenschaft des Windes erfährt also in *De morbo sacro* die größte Betonung, sie richte sich auf alle Dinge, die Feuchtigkeit enthalten. Die Stoffe und Körper würden dadurch trübe (δνοφώδεα[52]), warm (θερμά) und feucht (νοτώδεα). Schließlich werden erneut die lösenden und befeuchtenden Wirkungen des Windes auf das Gehirn beschrieben.

Eben diese Eigenschaft zeigt sich auch in Aph. 3,17. Die Sprüche 11–13 in diesem Abschnitt (3) zeigen ferner deutliche Parallelen zu Aer. 10: Sie stellen Abläufe der Jahreszeiten mit unterschiedlichem Klima dar und beschreiben dessen Auswirkung auf den Menschen. Eine eingehende Analyse wird daher im Abschnitt zum Umweltfaktor „Jahreszeiten“ durchgeführt werden.[53] An dieser Stelle ist aber bereits festzuhalten, dass in allen drei Lehrsätzen der νότος erneut mit Feuchtigkeit verknüpft wird, wie es sich bereits bei dem Großteil der Beispiele in Aer. 10 zeigte. In Aph. 3,11–13 werden jeweils die Adjektive νότιος

---

50 Die Quelle des Schleims wurde stets im Kopf vermutet, vgl. z.B. *De morbis* 4,4. Auch Morb.Sacr. 8,1 beschreibt, dass bei Südwind der Schleimfluss besonders stark ist. Daher träten gemäß Kapitel 11 epileptische Anfälle bei Südwind häufiger auf.

51 Der Text, der den anfänglichen Vorgang beschreibt, ist problematisch. Es sind drei Varianten überliefert: γαληνίζει, γαληνϊάζει und λαγανίζει. Jouanna (2003a) 24. 104f. hat in einem Vergleich mit Ps.-Arist. Problemata 26,19f. einen deutlichen Hinweis auf γαληνίζει in transitiver Verwendung gegeben, was bereits der Auffassung bei Littré (1849) 384f. entspricht. Wir wollen diesem Vorschlag folgen, lesen demnach „γαληνίζει πρῶτον“ und verstehen es als „anfänglich bringt er schönes Wetter“.

52 Zu den Lesarten δνοφώδεα, δνοφερώδεα und γνοφώδεα siehe Jouanna (2003a) 105f.

53 Siehe dazu die Analyse im Kapitel 4.3.3 „Die Jahresverläufe in Aer. 10, Aph. 3,11–14 und Epist. Περὶ λύσσης 72–75“ auf den Seiten 112–119.

und ἔπομβρος verbunden, in Satz 12 zusätzlich mit εὔδιος (wie auch in Aer. 10,5).

4.1.4.2 Durch die Südwinde ausgelöste Krankheiten

In drei Passagen unterschiedlicher Schriften lassen sich Angaben darüber finden, welche Krankheiten durch die Südwinde oder speziell den νότος ausgelöst werden können. Es ist lohnend, diese Darstellungen miteinander zu vergleichen, um zu prüfen, ob sie ein einheitliches Bild zeichnen.

In Aer. 3,2 war bereits zu sehen, dass wie auch in Morb.Sacr. 10,3 der Südwind vor Allem den Schleim löst und durch dessen Fluss bestimmte Krankheiten auftreten. In Aer. 3,3f. werden aufgelistet: Ausflüsse, Unfruchtbarkeit und Fehlgeburten bei Frauen, Krämpfe[54], Atemnot und die sogenannte heilige Krankheit[55] bei Kindern, bei Männern Ruhr, Durchfall, Schüttelfrost, langwieriges Fieber im Winter, häufiger nächtlicher Ausschlag und Hämorrhoiden[56]. Weiterhin kämen auch wässrige Augenkrankheiten sowie halbseitige Lähmungen vor.[57]

Weitere Auswirkungen auf den Körper werden in Aph. 3,5 und Hum. 14,1 beschrieben, wobei diese Texte größtenteils bis in den Wortlaut hinein übereinstimmen. Beide schildern, dass die Südwinde die Menschen benommen machen, so dass sie schlecht hören und sehen sowie müde sind. Hum. 14,1 fügt

---

54 Die Krämpfe sowie die „heilige Krankheit“ verweisen ebenfalls, wie die oben zitierten Passagen aus *De morbo sacro*, auf die Entstehung der Epilepsie bei Südwind. Harig (1959) 29–32 bietet zu dieser Stelle eine interessante Analyse, in der er die hippokratische Beschreibung der Krankheit der modernen Epilepsieforschung gegenüberstellt. Sie expliziert die physiologischen Voraussetzungen, die eine Verknüpfung des Schleims und der Symptomatik hervorgerufen haben könnte.

55 Es heißt an der Stelle, die Kinder würden von dem befallen, was durch die Kindeskrankheit hervorgerufen wird und man heilige Krankheit nennt. Statt τὸ παιδίον (die Kindeskrankheit) wurde oftmals τὸ θεῖον konjiziert. Jouanna kehrt jedoch zu παιδίον zurück und argumentiert überzeugend im Kommentar zur entsprechenden Passage (Jouanna (1996a) 259f.), so dass auch für die vorliegende Untersuchung diese Lesart angenommen wird. Die Erkrankung trägt Galen zufolge noch weitere Bezeichnungen wie Wahrsager-, Knaben- oder herakleische Krankheit (nach Übers. Strohmaier I 7,6).

56 Galen merkt an, dass Hämorrhoiden meist durch schwarze Galle, nicht aber durch Schleim verursacht würden (nach Übers. Strohmaier I 7,7).

57 Galen wertet sogar die geringe Nahrungs- und Flüssigkeitsaufnahme der Menschen als pathologisches Zeichen für den hohen Schleimanteil der Körper (nach Übers. Strohmaier I 7,4). Demnach vertragen ihre ohnehin geschwächten Köpfe den Wein nicht und die Bäuche sind so sehr von Schleim angefüllt, dass sie nur wenig Nahrung fassen können.

hinzu, dass auch feuchte Geschwüre entstehen, besonders im Mund und an den Genitalien.

Die Entsprechung zwischen Aph. 3,5 und Hum. 14,1 einerseits sowie Aer. 3,2 andererseits ist auf den ersten Blick nicht ersichtlich. Die explizite Bezeichnung der verschiedenen Krankheiten in der Umweltschrift wird in den anderen Schriften nicht vollzogen. Dort lassen sich eher grundsätzliche Befindlichkeiten der Menschen erkennen. Die Beschreibungen stimmen aber dennoch darin überein, dass die bei Südwind auftretenden Veränderungen der menschlichen Gesundheit durch den Körpersaft Schleim geprägt sind. Dieser zeigt sich sowohl in den aufgeführten Krankheiten als auch in der Eintrübung der sinnlichen Wahrnehmung und Konzentration. Auch die Feuchtigkeit der in Hum. 14,1 genannten Geschwüre lässt sich durch den Schleim erklären. Den Zusammenhang Südwind – Schleim zeigt auch eine weitere Textstelle des Corpus: In Epid. 7,58 wird erwähnt, dass im Winter und besonders bei Südwind (μάλιστα δὲ νότοισι) Husten mit Auswurf auftritt.

4.1.5 Faktor „Nordwinde“

4.1.5.1 Eigenschaften und allgemeine Auswirkungen

Den Südwinden entgegengesetzt werden die Nordwinde in *De aere aquis locis* stets mit Kälte verbunden. So werden sie oftmals schlicht als kalte (ψυχρός) Winde beschrieben (z.B. 4,1). Die Kälte resultiert offenbar aus Schnee und Eis, die in der Region zu finden sind, in der die Winde ihren Ursprung haben (19,2). Auch die Windrichtung der Nordwinde wird exakt bestimmt: Sie wehten aus dem Bereich, welcher zwischen dem sommerlichen Sonnenauf- und -untergang liege.[58] Der Norden wird außerdem bisweilen auch durch die ἄρκτοι angezeigt, so in 3,1; 5,2; 6,1 und dreifach in 19,2. Der einzige Nordwind, der mit Namen bezeichnet wird, ist der βορέης.[59] Er gilt als besonders trockener Wind, was mit den Attributen αὐχμηρός (10,3. 5. 7) und ἄνυδρος (10,12) demonstriert wird.[60]

58 Μεταξὺ τῶν δυσμέων τῶν θερινῶν τοῦ ἡλίου καὶ τῆς ἀνατολῆς τῆς θερινῆς. Vgl. auch hierzu die veranschaulichende Abbildung auf Seite 66.

59 Dieser gilt in diesem Traktat tatsächlich als Wind, der aus nördlicher, nicht wie in anderen Schriften aus nordöstlicher Himmelsrichtung weht, vgl. Nielsen (1945) 23f.

60 Die Bezeichnung der Trockenheit durch ξηρός findet sich nur am Ende von 10,12 in der Passage, die allein schon auf Grund der inhaltlichen Doppelung zu 10,3 sowie der formalen Struktur zu streichen ist. Vgl. dazu auch Pohlenz (1937) 68 und Jouanna (1996a) 218 mit Anm. 2. Schon Galen streicht den Abschnitt und folgt damit seinen Angaben zufolge einem älteren Kommentar von Dioskurides, vgl. Übers. Strohmaier III 9.

Das Adjektiv βόρειος allein gibt offensichtlich im Gegensatz zu νότιος weniger Aufschluss über den Wassergehalt des Windes, so dass eine Spezifikation erforderlich ist. Zusätzlich ist auch hier der umstrittene Satz in 10,11 zu berücksichtigen, der nach dem trockenen Sommer mit Südwind einen regnerischen Frühling mit Nordwind beschreibt (ἔπομβρον καὶ βόρειον).[61] Wie schon bei der Trockenheit des Sommers ist auch für diese ungewöhnliche Feuchte des Frühlings der saisonale Umweltfaktor wohl maßgeblicher als der Wind, was sich in der entsprechenden Analyse der Jahreszeiten noch erweisen wird.

In den Städten, in denen die Nordwinde wehen (4), ist das Wasser hart, kalt und süß. Die Einwohner sind angespannt und hager, sie haben mehr Galle als Schleim. Sie stellen in ihrer Konstitution somit einen Gegensatz zu den Bewohnern der nach Süden ausgerichteten Städte dar. Ihre unteren Organe sind hart und trocken,[62] und als hart werden auch die Köpfe beschrieben. Sie essen viel und trinken wenig, sie sind langlebiger als andere, und haben wilde Charaktere. Auch für die Nord-Städte werden zahlreiche Krankheiten geschildert.

Der βορέης weht der Auffassung des Autors nach vom Rhipäengebirge[63] herab (19,2) und vermag die Luft zu reinigen (6,5).

Erneut sind diesem Bild, welches die Umweltschrift von den Nordwinden und besonders dem βορέης zeichnet, die Darstellungen aus anderen Schriften des C.H. gegenüberzustellen:

Vict. 2,38,2 beschreibt den Nordwind als kalt und – auffälliger Weise – feucht. Diese Eigenschaften erklärten sich durch die Charakteristika des Gebietes, aus dem er ursprünglich wehe. Da die Sonne in den nördlichen Gebieten nicht scheine und die Feuchtigkeit des Windes nicht aufnehmen könne, erreiche dieser die bewohnten Länder in diesem Zustand. Eine Ausnahme bildeten diejenigen Länder, die ihn durch ihre besondere Lage (θέσις) veränderten. Dieser Vorgang wird nicht expliziert.

Die in Morb.Sacr. 10,3 beschriebene Eigenschaft des Nordwindes ist gegensätzlich zu der des Südwinds. Während dieser das Gehirn lockere, ziehe es der Nordwind zusammen und schwäche es. Eine weitere Beschreibung seiner Eigenschaften findet sich im 13. Kapitel. Demnach scheide er das Trübe und Feuchte[64] aus der Luft aus und kläre sie damit (13,2). Dieselbe Wirkung habe er auf alle anderen Dinge und die Menschen. Er wird als gesündester Wind (ὑγιηρότατός τῶν ἀνέμων) bezeichnet. Diese positive Bewertung wird verständ-

---

61 Vgl. die entsprechende Diskussion zu αὐχμηρὸν καὶ νότιον auf S. 77f.

62 Galen erläutert, dass die gelbe Galle im Körper nach oben steigt und daher die unteren Organe verhärten (nach Übers. Strohmaier I 8,4).

63 Zur Vorstellung des Rhipäengebirges siehe die Erläuterung auf Seite 12 mit Anm. 14.

64 Zum Vorzug der Lesart νοτῶδες gegenüber νεφῶδες vgl. Jouanna (2003a) 102f.

licher durch eine weitere Beschreibung in 13,4, nach der es der gesündeste Teil des Gehirns ist, welcher durch den βορέης verdichtet werde, das Ungesunde aber wird ausgeschieden. Somit steht das hohe Lob des Nordwinds in enger Verbindung zum zentralen Krankheitsbild der Schrift *De morbo sacro*.

Wieder lässt Aph. 3,17 deutliche Übereinstimmungen zu den genannten Eigenschaften erkennen: So ziehe der Nordwind die Körper zusammen, was im Allgemeinen Gesundheit mit sich bringe und sich nur für Augen- und Brustkrankheiten nachteilig auswirke. Die Sprüche 11–14 in diesem Abschnitt (3) verbinden in den Beschreibungen der Jahreszeiten weiterhin durchweg den Nordwind mit Trockenheit. So wird βόρειος in Aph. 3,11–13 mit αὐχμηρός und in Aph. 3,14 mit ἄνυδρος verknüpft.

4.1.5.2 Durch die Nordwinde ausgelöste Krankheiten

Die in Aer. 4,2 erwähnte Härte der Organe, die durch den Nordwind hervorgerufen werde, wird als Ursache und zugleich als besonderes Charakteristikum für die meisten der anschließend geschilderten Krankheiten genannt. Es werden erwähnt: Bei Männern Pleuritis und die so genannten „akuten Krankheiten“[65], Eiteransammlungen, Rupturen[66], trockene Augenkrankheiten, Nasenbluten, seltener die heilige Krankheit oder Wundentzündungen; bei Frauen Unfruchtbarkeit durch das harte, schwerverdauliche und kalte Wasser, schwierige Geburten, jedoch selten Fehlgeburten, allerdings Hypogalaktie und postpartale Tuberkulose; bei Kindern Wasseransammlungen in den Hoden und späte Geschlechtsreife.

Wie bei der pathogenen Wirkung des Südwinds lassen sich auch bezüglich des Nordwinds Aph. 3,5 und Hum. 14,1 heranziehen, die weitere Krankheiten benennen. Übereinstimmend listen sie auf: Husten, Halsschmerzen, Härte der Organe, Dysurie mit Schüttelfrost und Brustschmerzen. Der ausführlichere Text von Hum. 14,1 fügt hinzu, dass Fieber folgen, wenn der Nordwind längere Zeit vorherrscht.

Der Vergleich der drei Passagen lässt erkennen, dass der Nordwind insbesondere Härte, Trockenheit und demzufolge Entzündungen in den menschlichen Körpern hervorruft. Obgleich nicht alle Krankheitsbezeichnungen in allen

65 Ὀξεῖαι νοῦσοι. Eine Erläuterung dieses Begriffs findet sich in Acut. 2. Demnach fasste man unter die akuten Krankheiten Pleuritis, Pneumonie, Phrenitis, Brennfieber und andere Erkrankungen, die durch anhaltendes Fieber geprägt sind.

66 Harig (1959) 35f. hält es für möglich, dass den Ärzten des 5. Jhs. die Arteriosklerose bereits bekannt war.

drei Texten übereinstimmen, lassen sich doch nahezu alle beschriebenen Erkrankungen diesen Haupterscheinungen zuordnen.

Im Gegensatz zu den durch den Südwind verursachten Krankheiten sind diese jedoch nicht durch den entsprechenden Körpersaft gekennzeichnet. Es zeigt sich allerdings, dass sie den Erkrankungen entsprechen, die stets mit dem Körpersaft „Galle“ in Verbindung gebracht werden (z.B. Aff. 10f.).

4.1.6 Faktor „Sonnenaufgang“ und „Ostwinde“

Bezüglich der Städte, die gen Osten liegen, wird schon im ersten Satz von Aer. 5 deutlich, dass für sie nicht allein der häufiger erwähnte Aufgang der Sonne maßgeblich ist, sondern auch die aus dieser Richtung wehenden Winde.[67] Diese werden nur auf Grund dieser Richtung bestimmt, nicht jedoch namentlich benannt.

Die so ausgerichteten Städte gelten als am gesündesten und haben ausgeglichene Temperaturen. Das Wasser einer solchen Stadt ist klar, wohlriechend und weich; es kommt kein Nebel auf. Die Bewohner haben ein gesundes Aussehen, reine Stimmen, gute Charaktere und einen klaren Verstand. Alle Pflanzen der Stadt sind besser als die in der nach Norden weisenden Stadt. Die nicht näher spezifizierten Krankheiten sind ähnlich der Stadt, welche nach Süden ausgerichtet ist, treten aber seltener und schwächer auf. Die Frauen sind dort sehr fruchtbar und gebären leicht.[68]

Es lassen sich weitere Einzelheiten zu diesem Faktor der Beschreibung in Aer. 12,4–6 entnehmen, die große inhaltliche und sprachliche Übereinstimmungen zu Aer. 5 aufweist, wenngleich hier eine nach Osten offene Lage nicht ausdrücklich beschrieben wird. Das dargestellte Gebiet wird aber durch seine Lokalisierung in der Mitte zwischen der Wärme und Kälte bestimmt. Allein auf

67 Harig (1959) 37f. wendet sich gegen die Auffassung einiger Interpreten, dass „die Ost- und die Weststadt nach der Sonne als dem ausschließlichen Kriterium beurteilt sei“ und wendet ein: „Das jedoch ist keineswegs der Fall. Meiner Meinung nach sind auch hier die Winde die ausschlaggebenden Faktoren.“ Eine adäquate Beurteilung der Darstellung des Traktats findet sich jedoch eher in der Mitte zwischen den zwei extremen Positionen. Erwähnt werden sowohl die Sonne als auch die Winde, demnach wird beiden eine Wirkung beigemessen, auffallend ist jedoch, dass die Winde dieser Himmelsrichtungen nicht namentlich genannt werden, ergo haben sie einen geringeren Stellenwert als die zwei Hauptwinde.

68 Für Cole (2004) 159 stellt die Verfassung der Frauen in den vier Städten gar das beste Indiz der jeweiligen Lage dar: „In each environment the reproductive capacity of the city’s women is the best indication of the community’s health.“

diese Lage wird seine besonders hohe Qualität des Klimas, der Vegetation, des Wassers, der Tierwelt und der Menschen (hinsichtlich ihrer Gestalt) zurückgeführt.

Beide Beschreibungen zeichnen sich demnach durch Mäßigung (μετριότης) aus, die bezüglich des Klimas als ideal gilt und auch in den Körpern und Sinnen der Menschen den idealen Zustand hervorbringt. Es ist jedoch zu berücksichtigen, dass die Beschreibung Ioniens verschiedene Umweltfaktoren miteinander verknüpft, so dass eine exakte Analyse der Bedingungen erst nach Untersuchung aller Faktoren erfolgen kann.

4.1.7 Faktor „Sonnenuntergang“ und „Westwinde“

Auch aus der westlichen Richtung wehen nach Aer. 6,3 Winde, die jedoch wie schon die Ostwinde nicht mit Namen benannt werden. Die Städte, die in diese Richtung und damit auch gen Sonnenuntergang liegen, sind am ungesündesten und am Morgen von Nebel bedeckt. Der Nebel bewirkt, dass die Wasser trüb werden, da er sich mit diesen vermischt. Die Winde sind äußerst wasserreich und machen auch die Luft unrein und feucht. Im Sommer ist die Luft am Morgen sehr kühl, und es liegt Tau, wohingegen die Stadt zum Abend sehr heiß wird. Die Einwohner haben tiefe, heisere Stimmen und leiden an zahlreichen Krankheiten.

Es herrschen demnach in der Stadt täglich große Temperaturunterschiede, die als Gegenbild zu dem ausgewogenen Klima der Ost-Stadt dienen. Eben diese weite Temperaturspanne sorgt für die meteorologischen Phänomene und die schlechte körperliche Konstitution der Bewohner.

Ähnlich wie bei dem zuvor beschriebenen Faktor des Sonnenaufgangs und der Ostwinde findet sich in den ethnographischen Beschreibungen der Umweltschrift auch die Schilderung eines Gebietes, welches diesem entgegen gesetzten Faktor stark ähnelt. Es handelt sich um die Beschreibung der Region am Phasis im 15. Kapitel. Die Ausrichtung zur Sonne findet dort zwar keine Erwähnung, jedoch stimmen die Aussagen bezüglich der Klarheit der Gewässer, der Feuchtigkeit der Winde und der Luft, des Nebels sowie der Stimmen der Bewohner mit der Beschreibung des sechsten Kapitels inhaltlich vollständig überein. Das Klima des Landes wird als warm (θερμός) dargestellt, morgendliche Kälte wird jedoch nicht angeführt. Die Entsprechungen sind dennoch beachtlich, wobei das ethnographische Bild der Phasianer mit Sicherheit nicht ausschließlich als Beispiel für den Faktor der Westausrichtung dient. Es werden in die Beschreibung auch Ausführungen zu den Faktoren der Gewässer und des Bodens eingeflochten, denen ihrerseits eigene Auswirkungen beigemessen werden. Demnach wird die Beschreibung des 15. Kapitels erneut nach der Betrachtung der übrigen Faktoren umfassend analysiert werden.

Der Westwind ζέφυρος wird in anderen Textstellen des Corpus, insbesondere in den meteorologischen Beschreibungen der *Epidemien*, erwähnt. Die Begleiterscheinungen der Witterungen und der geschilderte Gesundheitszustand der Menschen lassen sich jedoch meist nicht eindeutig auf den Wind beziehen, da die Darstellungen mehrere Umweltfaktoren miteinander verweben: In Epid. 1,2,4 tritt der ζέφυρος nach der Wintersonnenwende ein und zieht den βορέης nach sich, der wiederum viel Niederschlag, Sturm und Wolken bringt. Auch Vict. 3,68,8 bestimmt die Zeit des Windes nach diesem Solstitium.[69] Hingegen beschreiben Epid. 5,1,94 und 7,1,105 das Wehen des Westwindes, das mit Trockenheit einhergeht, vor dem Herbstäquinoktium. In Epid. 7,1,98 werden Krankheiten beschrieben, die bei einer Patientin bei Eintritt des ζέφυρος auftraten.

4.1.8 Weitere Winde als Faktoren

Neben den zuvor beschriebenen Winden wird in *De aere aquis locis* außerdem der heiße κέγχρων genannt, der im Gebiet des Phasis kräftig weht (15,3). Auf Grund seiner Stärke und der hohen Temperatur wird er negativ bewertet.[70]

Weiterhin nennt der Autor die Etesien (10,4), charakterisiert sie jedoch nicht näher. Auch ihre lokale Begrenzung findet keine Erwähnung, zeitlich werden sie um den Aufgang des Sirius, also im Spätsommer, eingeordnet. Die Etesien finden ebenfalls im 17. Brief Erwähnung. Dort wird eine positive Bewertung ihrer Wirkung deutlich: πίσυνος ἐτησίῃσιν ὥρῃσιν.

4.1.9 Zusammenfassung

Die Analyse des ersten Umweltfaktors zeigt deutlich, dass viele Schriften des Corpus Hippocraticum die meteorologische Medizin des Traktats „Über die Umwelt" stützen und ergänzen. So lassen sich besonders große Übereinstimmungen in *De diaeta*, *De humoribus*, *De morbo sacro* und den *Aphorismen* fin-

69 Dementsprechend kündigt das Wehen des Zephyros auch bei zahlreichen späteren Autoren den Frühling an, vgl. Rathmayr (2001) 55f.

70 In Batumi weht ein starker Föhn vom Pontischen Gebirge herab, vgl. Jacobj (1928) 32.

den. Die Windlehren von *De flatibus* und *De hebdomadibus* widersprechen den zuvor genannten nicht, haben aber eine stark divergierende Ausrichtung.[71]

Als wichtigste Merkmale zum Faktor „Wind“ lassen sich die folgenden festhalten:

Als Hauptwinde werden stets der Nord- und der Südwind hervorgehoben. Sie haben ihren Ursprung in kalten und feuchten Gebieten und sind ihrerseits gleichermaßen kalt und feucht. In dieser Beschaffenheit wehen sie aufeinander zu, werden aber durch die durchzogenen Gegenden verändert.[72] Griechenland erreicht der Nordwind als kalter und trockener, der Südwind hingegen als warmer und feuchter Wind. Der Südwind erregt den Schleim und lockert den menschlichen Körper. Auf diese Besonderheiten lassen sich die hervorgerufenen Krankheiten zurückführen. Der Nordwind setzt die Galle in Bewegung, wirkt sich eher gesundheitsfördernd aus, trocknet den Körper allerdings aus und kann so Entzündungen hervorrufen. Allgemein werden Winde von bereits erkrankten Menschen eher als unangenehm empfunden und sollten von ihnen gemieden werden.

Die bezeichnete Verknüpfung der Winde mit den Körpersäften entspricht ihrem jeweiligen Feuchtigkeitsgehalt. Demgemäß erregt der feuchte Südwind den ebenfalls feuchten Schleim, der trockene Nordwind analog die trockene Galle. Ein Zusammenhang bezüglich des Wärmegrads lässt sich hingegen nicht herstellen, da die naturgemäßen Attribute jeweils differieren (Nordwind – kalt, Galle – warm; Südwind – warm, Schleim – kalt).[73] Es begegnet uns hier, wie noch viele weitere Male in der meteorologischen Medizin, eine der frühgriechischen Theorien, die auf Gegensätzen basieren und polarisierende Darstellungen fordern.[74]

Die Sonne wärmt und trocknet, während Schatten als kühl und Feuchtigkeit spendend dargestellt wird. In extremer Ausprägung gelten sowohl Hitze als

71 Zu der Pneumatheorie in *De flatibus* ist die Analyse bei Langholf (1990a) 339–359 zu berücksichtigen, die aufzeigt, dass sich Spuren dieser Lehre, wenngleich in weniger systematischer Darstellung, auch in anderen Schriften des C.H., insb. den Epidemienbüchern finden lassen. Langholf stellt damit die Relevanz der Theorie auf nahezu dieselbe Stufe wie die Humorallehre.

72 Diesbezüglich lassen sich besonders viele Berührungen zum Umweltfaktor „Boden“ feststellen. Siehe dazu die Analyse im Kapitel 4.4 „Der Faktor „Boden““.

73 Hierin besteht der Irrtum bei Diller (1934) 26 hinsichtlich einer der Unstimmigkeiten, die er in dem Traktat zu erkennen meint. Seiner Ansicht nach müssten die Schleimtypen den kalten Winden ausgesetzt sein sowie die Galletypen den warmen, jedoch vernachlässigt er den Feuchtigkeitsgehalt in seiner Betrachtung. Bereits Flashar (1966) 25f. korrigiert diesen Fehler. Im Irrtum befindet sich diesbezüglich auch Joly (1966) 187.

74 Vgl. Lloyd (1966) 22.

auch Kälte als negativ, so dass sich hier der hippokratische Grundsatz der richtigen Mischung und Ausgewogenheit manifestiert. Der Sonnenaufgang ist für die Menschen wohltuend, der Sonnenuntergang, der viel Wärme und Feuchtigkeit mit sich bringt, äußerst ungesund.[75]

Bezüglich der Disposition von *De aere aquis locis* ließ sich erkennen, dass der Verfasser die Ankündigung der Faktoren im Verlauf des Werks umfassend ausführt: Der Aspekt der Wärme wird durch die zwei Hauptwinde verkörpert, denen grundsätzlich ein extremer Grad zugeordnet ist. Unklarer ist die Umsetzung des Aspekts der räumlichen Dimension.[76] Es ist denkbar, dass der Autor bereits in der Disposition auf den κέγχρων abzielt, da weitere regionale Winde in der Abhandlung nicht erwähnt werden.[77] Ein anderes Verständnis ergibt sich jedoch, wenn berücksichtigt wird, dass einige Länder, wie bei den anschaulichen Beispielen des zweiten Teils der Schrift deutlich wird, nur durch bestimmte Winde erreicht werden und vor anderen geschützt sind. So ist nach dieser Analyse die Eingangsbemerkung bezüglich der ἐπιχώρια πνεύματα als Ankündigung der Darstellung der vier Städte, die jeweils von nur einem Wind erreicht werden (3–6), und diverser Beispiele der ethnographischen Abhandlung aufzufassen.

Innerhalb der Beschreibung von Aer. 3–6 ist außerdem die starke Auswirkung der Winde auf die Gewässer der Stadt besonders auffällig: Der durch den Südwind erwirkte Salzgehalt ist hoch, der des entgegengesetzten Nordwinds dagegen niedrig. Mit der Ost-West-Achse wird die Information bezüglich der Klarheit des Wassers verbunden. Die äußersten Werte der Wasserhärte werden dagegen nicht von entgegen gesetzten Himmelsrichtungen hervorgerufen, sondern durch den Nordwind und die Ostausrichtung.

---

75 Eine Analogie zu den Elementen Wasser und Luft, wie es Schubert (2007) 24 versteht, lässt sich dem Text jedoch keinesfalls entnehmen.

76 Auch Jouanna (1996a) 252 bemerkt, dass dieser Aspekt im Weiteren kaum ausgeführt wird.

77 Derart fasst Galen die Ankündigung in seinem Kommentar (nach Übers. Strohmaier I 2: „Die landschaftlichen Winde hingegen sind diejenigen, die von den Flüssen, Sümpfen, Bergen und Meeren her kommen. Einen solchen Wind gibt es im Lande Attika, und dieser Wind heißt Skiron. Auf dem Ägäischen Meer gibt es einen Wind, der Chelidonias heißt. Der erste Wind kommt jedoch zwischen Bergen hervor, während der danach genannte von den Chelidoniai kommt."), jedoch finden die von ihm genannten Winde im hippokratischen Traktat keine Erwähnung.

4.2 Der Faktor „Wasser“

4.2.1 Quellen

Die Lehre von der Wirkung des Wassers wird durch eine weniger breite Quellenlage als die der zuvor analysierten Winde gestützt. Hauptsächlich beruht deshalb die Untersuchung dieses Umweltfaktors auf dem Bericht der Schrift *De aere aquis locis* in den Kapiteln 7–9, der insbesondere eine Unterscheidung bezüglich des Ursprungs des Wassers vornimmt, zusätzlich aber viele weitere Kriterien einbezieht.[78] Das Mittel der Einflussnahme auf den Menschen stellt vornehmlich seine Verwendung als Trinkwasser dar, weshalb auch die Verträglichkeit und eine mögliche pathogene Wirkung berücksichtigt werden.[79]

Unter diesem Umweltfaktor sind hingegen nicht die Beschreibungen von Ländertypen wie in Aer. 24 oder Vict. 2,37f. zu fassen. Diese erwähnen zwar auch die vorkommenden Gewässer des betreffenden Gebiets, jedoch steht hier nicht das Trinkwasser im Vordergrund, da vornehmlich verschiedene Bodentypen beschrieben werden. Ebenso lassen sich Erwähnungen von Niederschlag als meteorologischer Erscheinung eher unter die Winde und Jahreszeiten rechnen, der Faktor „Wasser“ ist hiervon nicht berührt.

Zusätzlich zu der ausführlichen Abhandlung in Aer. 7–9 findet bereits in der Disposition des Werks eine erste Differenzierung der Eigenschaften des Wassers statt: Den Unterschiedlichkeiten in Geschmack und Gewicht[80], die als bekannt vorausgesetzt werden, werden zunächst verschiedene Wirkungen zugeschrieben (1,2), weiterhin werden die Eigenschaften „sumpfig“ (ἑλώδης), „weich“ (μαλακός), „hart“ (σκληρός), „aus hochgelegenen Felsen stammend“ (ἐκ μετεώρων καὶ ἐκ πετρωδέων), „salzig“ (ἁλυκός) und „schwerverdaulich“ (ἀτέραμνος) genannt (1,4). Eine Wertung findet an dieser Stelle noch nicht statt.

78 Die metaphorische Deutung der verschiedenen Wasserarten als politische Instanzen bei Jori (1994) 176–179 erscheint vor dem Hintergrund der meteorologischen Medizin etwas überzogen.

79 Auf Grund dieser Verwendungsweise steht der Umweltfaktor diätetischen Ratschlägen nahe, von denen sich zahlreiche Belege im Corpus Hippocraticum finden. In dieser Analyse werden jedoch z.B. nicht detaillierte Aufbereitungsmaßnahmen oder empfohlene Mengen an Flüssigkeitszufuhr berücksichtigt, da kein unmittelbarer Zusammenhang zu der Wirkung des Gewässers besteht. Vgl. diesbezüglich auch Papavassiliou (1981) 111f. und Capriglione (2005) 107–123.

80 Zu der Frage, ob der Begriff σταθμός auf den Gebrauch von Waagen hinweist, beachte die Erörterung bei Jouanna (1994) 29–31 und dems. (1996a) 187, Anm. 2 sowie Lloyd (1987b) 248f.

Als weitere Quelle zur Beschaffenheit und Wirkung des Wassers lässt sich auch *De natura pueri* (Περὶ φύσιος παιδίου) 24–26 heranziehen. Dieser Abschnitt behandelt das vertikale Wachstum von Pflanzen und erläutert es anhand einer geophysikalischen Theorie bzgl. der Temperatur und Feuchtigkeit der Erde. Die Abhandlung, die Lonie auch einen „Exkurs innerhalb des Exkurses"[81] nennt, fügt sich in eine größere (22–27) ein, die eine Analogie der Entwicklung von Menschen und Pflanzen entwirft. Der Traktat ist gemeinsam mit *De semine* und *De morbis IV* ins späte 5. Jahrhundert zu datieren.[82]

Mit der äußerlichen Anwendung von natürlichen Wassern befasst sich *De humidorum usu* 1–3. Die übrigen Kapitel der Schrift wenden sich anderen Flüssigkeiten wie Essig, Wein und Salben zu. Diese und weitere ähnliche Textstellen sollen in dieser Analyse unbeachtet bleiben, da sie sich auf die Verwendung des Wassers für Waschungen, Übergüsse und Bäder oder für Rezepte konzentrieren. Ein Zusammenhang mit der deterministischen Theorie, wie sie in Aer. 7–9 dargestellt wird, lässt sich nicht erkennen.

4.2.2 Allgemeine Kennzeichen

Die am stärksten kennzeichnenden Merkmale des Wassers hebt Vict. 2,52,1 hervor: Ὕδωρ ψυχρὸν καὶ ὑγρόν. Dementsprechend spendet Trinkwasser dem Körper Feuchtigkeit und kühlt ihn (Vict. 2,57,1).

Im Abschnitt zu den gemischten Wassern in Aer. 9 wird erwähnt, dass jedes Wasser über ein bestimmtes Maß von Stärke (ἰσχύς) verfügt (9,2). Diese Stärke, die nicht konstant, sondern durch den Einfluss der Winde variabel ist, wird in dem Moment von besonderer Bedeutung, wenn sich mehrere Wasser miteinander vermischen.

Weitere allgemeine Wassereigenschaften lassen sich Nat.Puer. 24–26 entnehmen: Demnach ist feuchte Erde schwerer als trockene, weshalb sie komprimiert wird (24,1). Alles Wasser fließt zudem bergab (24,4) und sendet einen Dunst (πνοή) aus, der seinerseits kalt ist und lockere Stoffe, die er durchzieht, ebenfalls kühlt (24,3; 25,1. 2).

Eine grundsätzliche Auswirkung des Trinkwassers auf die menschliche Gesundheit geht aus den Erwähnungen von Krankheiten hervor, die aus einer Veränderung des Wassers (ἐξ ὕδατος μεταβολῆς) resultieren (Int. 6;

81 „An excursus within the excursus" nach Lonie (1981) 223.
82 Nach Lonie (1981) 71, siehe auch oben S. 52, Anm. 33.

Morb. II 55,2). Eine heilende Wirkung bei akuten Krankheiten hat Wasser laut Acut. 6 nicht.

4.2.3 Einzelne Kriterien

4.2.3.1 Die Konsistenz des Wassers

Der Abhandlung über die Gewässer in Aer. 7–9 liegt die Vorstellung zu Grunde, dass Wasser aus verschiedenen Bestandteilen zusammengesetzt ist. Eine Abspaltung einzelner Teilchen beschreibt der Autor bei den Vorgängen des Verdunstens (8,2–8), wobei ein Anteil zu Nebel wird, und des Gefrierens (8,9–11), wobei ein Anteil verschwindet. Die Teilchen werden durch Neutra bezeichnet. Die Theorie erinnert, obgleich sie in *De aere aquis locis* auf das Element des Wassers beschränkt ist, an den atomistischen Materialismus des Demokrit von Abdera, der ein Zeitgenosse des Hippokrates war.

Die Bestandteile werden zum einen einzeln qualifiziert, z.B. τὸ ἁλμυρόν vs. τὸ λεπτότατον in 8,3, zum anderen werden auch Wassermengen, die sich auf Grund ihrer Bestandteile voneinander unterscheiden, verschieden beschrieben: Hierzu lässt sich das Gewicht zählen, das schon in der Disposition als bekannt vorausgesetzt wird (1,2: σταθμός). So werden Wassermassen als leicht (κοῦφος: 7,10. 12; 8,2. 6. 9. 11) und schwer (βαρύς oder σταθμώδης: 8,9. 11) bezeichnet.[83] Eine ähnliche Unterscheidung liegt bei den Eigenschaften „fein“ (λεπτός: 8,2. 3. 4. 6. 11; 9,4) und „dick“ (παχύς: 7,2; 8,2. 11; 9,4. 5) vor, die das Volumen der Bestandteile bzw. die Dichte des Wassers charakterisieren.[84] Von den genannten Eigenschaften haben Leichtigkeit und Feinheit eine positive, Schwere und Dicke eine negative Konnotation.

Epid. 2,2,11 und Aph. 5,26 setzen zusätzlich das Gewicht des Wassers in Bezug zu seiner Temperatur: Demzufolge ist dasjenige Wasser am leichtesten, welches sich schnell erhitzt und abkühlt.

Eine weitere besondere Konsistenz des Wassers liegt in seinem gefrorenen (παγετώδης) Zustand vor (7,2).

83 Leichtes Wasser wird Galens Kommentar zufolge schnell ausgeschieden, „entweder fließt es in den Adern zur Harnblase oder es kommt von den Därmen heraus“ (Übers. Strohmaier I 3,3).

84 Auch Nat.Puer. 26,3 kennt die Unterscheidung von feinem und dickem Wasser. Nur die feine Flüssigkeit zieht die Sonne aus Früchten am Baum zu sich.

4.2.3.2 Die Verträglichkeit des Wassers

Die Verträglichkeit eines Trinkwassers steht in Abhängigkeit von den übrigen Faktoren. Aer. 7,13 fasst unter diesem Aspekt auch die Eignung zum Kochen.[85]

Schwer verdauliches Wasser wird mehrfach (1,4; 7,11. 12. 13) durch das Adjektiv ἀτέραμνος angezeigt, die Bezeichnung des Gegenteils erfolgt durch διαχωρητικός (7,13), durch die Angabe, es brauche nur mit wenig Wein vermischt zu werden (7,10),[86] oder durch eine allgemeine Beurteilung wie ἀγαθός (7,10. 11).

4.2.3.3 Der Ursprung des Wassers

Als Ursprung des Wassers ist besonders der Ort von Bedeutung, an dem es geschöpft wurde, sowie die Weise, auf die das Trinkwasser gewonnen wurde. Diesbezüglich lässt sich bereits der Gliederung der Kapitel Aer. 7–9 eine grobe Unterscheidung entnehmen:[87]

1. Quellwasser (7)
   a. stehende Gewässer (7,2–8)
   b. Felsquellen, warme Erde oder mineralreiche Quellen (7,9)
   c. Flüsse (7,10)
2. Regenwasser (8,1–8)
3. Tauwasser von Schnee oder Eis (8,9–11)
4. gemischte Wasser (9)

Von diesen genannten wird das Wasser aus stehenden Gewässern (7,2: ἑλώδεα καὶ στάσιμα καὶ λιμναῖα)[88] (1a) durchweg negativ bewertet: Diese Beurteilung

85 Mit abgekochtem Wasser befasst sich auch die schon für Galen unverständliche Stelle Epid. 6,4,8 (bzw. 11), vgl. CMG V,10,2,2,207–218 ed. Wenkebach/Pfaff).

86 Diesbezüglich erläutert Galen: „Er meint damit, dass es nicht mit Wein getrunken werden muss. Dies ist ein Kennzeichen des vorzüglichsten Wassers. Das trübe, stinkende und salzige Wasser hingegen, ja alles, was eine schlechte und giftige Qualität aufweist, bedarf einer Menge Wein, damit der Wein diese verderbliche und schlechte Qualität überwindet" (Übers. Strohmaier II 3,2).

87 Jouanna (1996a) 38 fasst in seiner Gliederung der drei Kapitel das Wasser aus den Felsquellen (1b) und das Flusswasser (1c) zu einer Kategorie zusammen. Diese werden jedoch im siebten Kapitel scharf unterschieden und verschieden bewertet, so dass eine Trennung vorzuziehen ist.

88 Bzgl. der Reihenfolge und des Verständnisses der drei Adjektive vgl. die Diskussionen bei Jouanna (1996a) 199, Anm. 5 und bei Daremberg (1843) 486, Anm. 21, die auf Grund eines Vergleichs mit einem Fragment des Rufus von Ephesos (Oribasius V 3,1, CMG VI,1,1 ed. Raeder) nahelegen, die στάσιμα ὕδατα als Brunnenwasser aufzufassen. Die Kennzeichnung aller drei

wird besonders durch μοχθηρά (7,9) zum Ausdruck gebracht und findet sich zusätzlich in den Beschreibungen von Farbe, Klarheit, Konsistenz, Temperatur und Geruch (7,2) sowie in der Auflistung der zahlreichen hervorgerufenen Krankheiten (7,3–8).[89] Im Sommer resultiert die schlechte Qualität des Wassers aus dem Umstand, dass es aus dem Gewässer nicht abfließt, durch Regen stets mehr hinzukommt und es von der Sonne erhitzt wird, im Winter hingegen ist die extreme Kälte besonders kennzeichnend (7,2).[90] Die Krankheiten der Menschen, die dieses Wasser trinken, entsprechen überwiegend dem mit der jeweiligen Jahreszeit verbundenen Körpersaft; dementsprechend sind die Erkrankungen im Sommer von Trockenheit, Härte und Galle geprägt, im Winter von Schwellungen, feuchten Geschwüren und Schleim (7,4–8).[91] Darüber hinaus leiden die Betroffenen das gesamte Jahr an Splenomegalie (7,3) und es treten auch jahreszeitenuntypische Krankheiten auf, so dass die negative Wirkung des Wassers überaus deutlich wird.[92]

Die Beschreibung der stehenden Gewässer ähnelt der der Gewässer unter Einflussnahme des Südwinds (3,1). Diese zeichnen sich insbesondere durch ihre Lage an der Erdoberfläche aus (μετέωρος), die den tiefen Quellen der Wasser 1b und 1c gegenübersteht.

Auch die zweite Kategorie des Quellwassers (1b) wird negativ beurteilt (7,9: οὐκ ἀγαθά), was insbesondere durch seine Härte begründet wird. Dieses Wasser entstammt felsigen Quellen, warmem oder mineralreichem Boden, es verursacht bei den Menschen, die es trinken, Hitze, Dysurie und Verstopfung.[93]

Gewässer als „stehend“ gilt jedenfalls mit Sicherheit, so dass sie sich als solche zusammenfassen lassen.

89 Zusätzlich führt Int. 45 einen mit Gelbsucht verbundenen Darmverschluss auf das Trinken von sumpfigem Wasser im Sommer zurück.

90 Es findet sich hier eine der Thesen des Verfassers, in denen er aus einer natürlichen Voraussetzung eine zwingende Folgerung ableitet, vgl. dazu Lloyd (1987b) 123.

91 Galen unterstreicht die Aussage: „Wir haben es erprobt, dass dieses Wasser gelbe Galle und darüber hinaus faulende Säfte erzeugt“ (Übers. Strohmaier II 2,1).

92 Von medizinhistorischer Seite ist diese Beschreibung besonders interessant, da sich auf eine sehr frühe Beschreibung von chronischer Malaria schließen lässt, vgl. Jones (1909) 69f.

93 Galen bestätigt die Härte des Wassers vom Typ 1b und ergänzt: „Wenn die verbrennende Hitze im Inneren der Erde diejenige ist, welche die Mineralien verfestigt, so hat Hippokrates mit seinen Worten recht, dass es hart, dick und verbrennend ist und trockene Krankheiten hervorruft, wobei es für das Purgieren des Leibesinneren schlecht ist“ (Übers. Strohmaier II 3,1).

Das Flusswasser (1c) gilt unter den Quellwassern als das am besten verträgliche (7,10). Es entspringt in tiefgelegenen Quellen[94] und ist deshalb in Temperatur, Farbe, Salzgehalt und Verträglichkeit gut. Dieses positive Urteil spezifiziert der Autor anschließend und hebt besonders diejenigen Flüsse hervor, die gen Osten bzw. am besten gen Nordosten entstehen.[95] Deren Wasser wird zusätzlich für seine Klarheit, Geruch und Gewicht gelobt. Es werden keinerlei Krankheiten erwähnt.

Noch eingehender wird diese Differenzierung der Wasserqualität nach Himmelsrichtung im sich anschließenden Abschnitt 7,11–13 bezüglich der Verträglichkeit behandelt. Formal werden diese Paragraphen zu den Quellwassern gezählt, wie insb. der Schlusssatz in 7,13 (Καὶ περὶ μὲν τῶν πηγαίων ὑδάτων ὧδε ἔχει) zeigt, inhaltlich sind die Teile jedoch nur lose miteinander verknüpft.

Die Angaben der Sonnenauf- und -untergänge in 7,11 lassen an das Schema der vier Städte aus den Kapiteln 3–6 erinnern, die Bewertungen der einzelnen Himmelsrichtungen weichen jedoch von ihnen ab.[96] So finden in absteigender Reihenfolge der Osten, der Nordosten, der Norden, der Westen und der Süden Anerkennung. Die Quellen, die gen Süden entspringen, gelten zudem bei Südwind als besonders schlecht, als besser aber bei Nordwind. Hier zeigt sich, dass eine Verstärkung eines Faktors auch dessen negative Auswirkungen potenziert.

Seltsam mutet den Leser die Dopplung des Lobes der Quellen gen Osten in Paragraph 10 und 11 an,[97] zudem scheint die Angabe der besten Himmelsrichtung in den zwei Beschreibungen nicht übereinzustimmen. Dennoch zeigt sich hier kein Widerspruch, sondern lediglich eine Ungenauigkeit, die durch die sehr grobe Einteilung des Horizonts in nur wenige Himmelsrichtungen ent-

---

94 Das Quellwasser durchströmt zunächst also mehrere Bodenschichten, die es filtrieren, vgl. Harig (1959) 60f.

95 Bezüglich der Ausrichtung *zu* einer Himmelsrichtung beachte die entsprechende Diskussion am Beispiel der vier Städte oben S. 66–71.

96 Harig (1959) 62 wirft auf Grund der Abweichung in der Beurteilung der Himmelsrichtungen „die Frage der Folgerichtigkeit oder der Einheit der Schrift“ auf. Es sind jedoch die Winde mitnichten schlicht mit den Himmelsrichtungen gleichzusetzen, da ihnen als meteorologische Erscheinungen spezifische Eigenschaften zukommen, wie bereits gezeigt werden konnte. Die Sonneneinstrahlung zeigt hingegen eine ähnliche Wirkung auf Städte und Gewässer, wodurch sich das hohe Lob der nach (Nord-)Osten entspringenden Flüsse erklärt. Zeugswetter (1939) 17f. sucht hingegen eine Erklärung im Einfluss der Winde und Sonne auf die Wasserquellen zu finden. Einer solchen Vermengung der Umweltfaktoren ist jedoch keineswegs zuzustimmen.

97 Vgl. 7,10: Μάλιστα δὲ ἐπαινέω ὧν τὰ ῥεύματα πρὸς τὰς ἀνατολὰς τοῦ ἡλίου ἐρρώγασι, καὶ μᾶλλον πρὸς τὰς θερινάς· und 7,11: ὁκόσων μὲν αἱ πηγαὶ πρὸς τὰς ἀνατολὰς ἔχουσι, ταῦτα μὲν ἄριστα αὐτὰ ἑωυτῶν ἐστι· δεύτερα δὲ [τῶν] τὰ μεταξὺ τῶν θερινῶν ἀνατολέων ἐστὶ τοῦ ἡλίου καὶ δύσεων, καὶ μᾶλλον τὰ πρὸς τὰς ἀνατολάς.

steht:[98] Ein Vergleich der zwei Beschreibungen macht deutlich, dass der Verfasser am höchsten tatsächlich die Quellen zu den sommerlichen Sonnenaufgängen, also nach Nordosten, schätzt, kaum weniger diejenigen zwischen den sommerlichen und winterlichen Aufgängen und erst an dritter Stelle diejenigen gen Norden, also zwischen den sommerlichen Auf- und Untergängen. Unter diesen sind die Quellen umso schlechter, je weiter nach Westen sie entspringen.

Diese Abhandlung über die Wasserqualität dient innerhalb des Abschnitts 7,11–13 als Voraussetzung für die Unterscheidung der Verwendbarkeit bezüglich verschiedener Krankheiten und Konstitutionen: Gesunde Menschen brauchen keine Unterschiede bezüglich des Trinkwassers zu machen, aber denen, deren Bauch hart und schnell erhitzt ist, dient das süße, leichte und klare Wasser am meisten. Diese genannten Qualitäten entsprechen denen des Flusswassers (1c), insbesondere dessen, welches in Richtung der (sommerlichen) Sonnenaufgänge entspringt. Die Menschen dagegen, deren Bauch weich, feucht und voll Schleim ist, sollen das harte, salzige, schwerverdauliche Wasser vorziehen. Diese Wassereigenschaften lassen sich bei den Felsquellen (1b) finden. Die zwei beschriebenen Konstitutionen lassen sich eindeutig dem Galle- und dem Schleimtyp zuordnen. Somit gibt 7,12 eine klar zugeordnete Verwendungsempfehlung:

Galletyp:	süßes, leichtes, klares Wasser (z.B. Fluss)
Schleimtyp:	hartes, salziges, schwerverdauliches Wasser (z.B. Felsquellen)[99]

Eine Begründung für diese Zuordnung schafft der Verfasser durch eine Parallele zur Verwendbarkeit des Wassers zum Kochen (7,13). Schließlich wendet er sich gegen einen Irrglauben, dass Salzwasser besser verträglich sei.

Insgesamt demonstrieren die Verwendungsempfehlungen, dass der Faktor „Wasser" im Gegensatz zu den übrigen Umweltfaktoren keinen zwingenden, unmittelbaren Einfluss auf die Menschen hat. Sie haben selbst die Wahl, sich für eine bestimmte Art des Trinkwassers zu entscheiden, wobei selbstverständlich zu berücksichtigen ist, dass nicht allen Menschen alle Gewässerarten zur Verfügung stehen. Der Faktor „Wasser" hebt sich jedoch durch die bewusste Zuführung der wirksamen Substanzen von den übrigen Faktoren ab.

98 Galen wirft diesbezüglich ein: „Der Unterschied dieser beiden Orte ist geringfügig, weil sie nahe beieinander liegen" (Übers. Strohmaier II 3,3).

99 Jouanna (1994), der sich in einem Beitrag ausführlich mit dem Abschnitt über die Gewässer befasst und dabei insbesondere die medizinische Wirkung auf den Menschen hervorhebt, stellt jedoch leider die Verbindung zur Humorallehre nicht her. Eben diese Verknüpfung vermag aber erst die pathogenetischen Grundlagen der meteorologischen Medizin zu erhellen.

Nat.Puer. 24 argumentiert, dass Quellen im Allgemeinen im Winter warm sind, da die nasse Erde sich verdichtet und deshalb die kalten Dünste des weiteren Niederschlags nicht mehr in den Boden eindringen und sie abkühlen können. Aus eben diesem Grund sind Quellen im Winter auch ergiebiger. Demgegenüber sind Quellen im Sommer laut Nat.Puer. 25 kühl, da alle Dünste durch die trockene Erde hindurchziehen und Kälte in ihr erzeugen.

Zusätzlich hebt Nat.Puer. 25,5. 6 Brunnenwasser als besondere Form des Quellwassers hervor. Das in diesen Vorrichtungen gesammelte Wasser wird im Sommer, wenn es nicht geschöpft wird, mit der Zeit warm, da kein kühlender Luftzug es durchweht. Das aus einem Brunnen geschöpfte Wasser ist hingegen entsprechend dem Wärmegrad der Quelle im Sommer zunächst kühl, im Winter warm, kurze Zeit später gleichen sich die Temperaturen jedoch der Luft an der Oberfläche an.

Nach dem Quellwasser bildet Regenwasser die zweite Klasse von Wasserarten: Seine Darstellung in *De aere aquis locis* ist eng mit der bereits erwähnten[100] Theorie der Verdunstung, an der die Sonne aktiv beteiligt ist, verknüpft, da das Wasser, welches später als Regen herabfällt, zunächst aus der gesamten Erdoberfläche nach oben steigt (8,2–8). Während dieses Vorgangs werden die dunklen und trüben Anteile aus dem ohnehin schon klaren und feinen Wasser ausgefiltert, so dass es süßer wird. Aus den ausgeschiedenen Teilen entsteht Nebel, der in der untersten Luftschicht zurückbleibt. Hieraus lässt sich demnach ein kausaler Zusammenhang zwischen Sonneneinstrahlung und Nebelbildung ableiten.[101] Das verdunstete Wasser steigt stets weiter nach oben und sammelt sich dann im Himmel. Dort werden die Partikel von Winden zu Wolken zusammengetrieben, die wiederum, wenn sie auf andere Wolken stoßen, groß und dunkel werden und als Regen herabfallen. Dieses Regenwasser ist das beste Trinkwasser. Es bekommt aber aufgrund der Zusammensetzung aus verschiedenen Wassern innerhalb kurzer Zeit einen schlechten Geruch, weshalb es abzukochen ist.[102] Ansonsten verursacht es Heiserkeit und Husten.[103] Seine

100 Siehe S. 75.

101 Siehe auch 4.2.4.1 auf S. 101.

102 Bzgl. der schnellen Verderblichkeit des Regenwassers erläutert Galen: „Du musst an dieser Stelle genau überlegen und darfst nicht denken, dass das Wasser, das schnell faulig wird, schlecht und verderblich sei. Denn manchmal ist es nützlich und wirksam und vorzüglich, wenn an ihm die vorzüglichen Merkmale sind, die wir oben erwähnt haben. Die schnelle Umwandlung des Wassers weist nämlich auf seine Güte und nicht auf seine Schlechtigkeit hin, wie wir das erklärt und gesagt haben" (Übers. Strohmaier II 4,6).

103 Galen expliziert, dass dieses Wasser den Gaumen, die Luftröhre und den Kehlkopf schädigt (Übers. Strohmaier II 4,9).

grundsätzlich hohe Qualität wird aber auch durch Morb. III 17 bestätigt, wo reines Regenwasser als ein Heilmittel gegen Brennfieber (καῦσος)[104] genannt wird. Eine Differenzierung nimmt Epid. 6,4,17 vor, demzufolge der bei Gewitter (βροντή) fallende Regen gut, der bei einem Sturm (λαῖλαψ) fallende schlecht ist. Eine Begründung gibt die Textstelle nicht, lediglich die Bemerkung, dass der Gewitterregen aus dem Äther (ἀπὸ τοῦ αἰθέρος) kommt, könnte darauf hinweisen, dass in diese hohe Luftschicht nur das leichteste und somit beste Wasser steigt und der daher stammende Regen deshalb von besonders guter Qualität ist.

Tauwasser aus Schnee und Eis, die dritte Klasse von Wasserarten, ist hingegen immer schädlich (8,9–11), da durch den Erstarrungsprozess die klaren, leichten und süßen Anteile verschwinden. Als Beweis liefert der Verfasser ein experimentelles Beispiel, in dem eine bestimmte Menge Wasser durch Gefrieren und anschließendes Auftauen geringer wird.[105] Abschließend schlussfolgert er erneut die Schädlichkeit des Tauwassers, die er allerdings durch νομίζω als subjektive Sicht kennzeichnet. Spezifische Erkrankungen werden jedoch nicht aufgeführt. In der Konsistenz des Tauwassers lassen sich dennoch Reminiszenzen an die stehenden Gewässer finden, die ebenfalls trübe und dickflüssige Wasser führen. Dieses trübe Wasser steht im starken Kontrast zu dem feinen und klaren Wasser, welches in Flüssen und im Regen zu finden ist und Gesundheit fördert.

Als letzte Kategorie stellt der Verfasser die Wirkung von gemischtem Wasser dar (9). Die Vermengung von verschiedenen Wassern, die insbesondere durch Zuflüsse in große Seen oder Flüsse sowie durch Wasserleitungen geschieht, beurteilt er als problematisch, da die gemischten Wasser miteinander in Konflikt geraten.[106] Bei seiner Verwendung können durch Ablagerungen Blasensteine, Nierenkrankheiten, Harnzwang, Hüftschmerz und Brüche auftreten. Dies betrifft Menschen, deren Körper sich leicht erhitzen oder die schlechte Milch zu sich nehmen, da sich durch Entzündungen des Blasenhalses die schweren Anteile des Urins in der Blase zusammenballen. Die dünnen Anteile, die ausgeschieden werden, kann man an der Klarheit des Urins erkennen. Gesunde Men-

104 Zu einer medizinischen Identifizierung dieser im C.H. zahlreich erwähnten Fieberart, vgl. Jones (1909) 65–67.

105 Vgl. zu diesem und anderen physikalischen Versuchen Lloyd (1991) 84 mit Anm. 33 und 96 mit Anm. 76. Smith (1983) 280 zeigt die Argumentationsweise des Verfassers auf, die an die Erfahrungswelt des Lesers appelliert.

106 Vgl. Jouanna (1996a) 209, Anm. 1 mit dem Hinweis auf Flat. 7.

schen mit guter Verdauung sind von den Ablagerungen und auch den Krankheiten jedoch nicht betroffen.[107]

Die Information, dass Blasensteine weniger bei Mädchen als bei Jungen auftreten, da ihre Harnröhre kurz und weit sei und sie sie nicht mit den Händen berührten, ist in einer Passage enthalten, die seit der Antike umstritten ist.[108] Der Inhalt ist jedoch für die Wirkung des gemischten Wassers kaum von Bedeutung.

4.2.3.4 Die Wasserhärte

Hinsichtlich der Wasserhärte[109] wird insbesondere weiches (μαλακός) und hartes (σκληρός) Wasser unterschieden. Das weiche Wasser wird in der Umweltschrift neben der Disposition nur in Zusammenhang mit einer Lage Richtung Osten (5,3) angeführt. Das harte Wasser hingegen, welches der Nordwind hervorruft (4,2), ist außerdem bei Felsquellen, warmer Erde oder mineralreichen Quellen zu finden (7,9). Es verstopft den Körper und trocknet ihn aus (7,13), ist aber aus eben diesem Grund für den Schleimtyp bekömmlich (7,12).

Abgesehen von dieser bestimmten Konstitution werden jedoch die negative Bewertung von hartem und die positive Bewertung von weichem Trinkwasser überaus deutlich (5,3; 7,11).

4.2.3.5 Der Salzgehalt des Wassers

Auch in Bezug auf den Salzgehalt unterscheidet Aer. zwei gegensätzliche Typen: süßes (γλυκύς) und salziges (ἁλυκός) Wasser. Süßes Wasser lässt sich in Gegenden, in denen der Nordwind weht (4,2), in Flüssen (7,10) und im Regen (8,2) finden. Es entsteht durchs Kochen (8,6, ebenso Nat.Puer. 26,3) und ist für den Galletyp bekömmlich (7,12). Salziges Wasser hingegen entsteht durch den Einfluss des Südwinds (3,1), durch die Verdunstung der leichten Bestandteile (8,3) oder durch Gefrieren (8,9). Es ist schwerverdaulich, hilft aber Menschen, deren Konstitution von Schleim geprägt ist (7,11–13). Diesbezüglich wird der Salzgehalt in einer abgeschwächten Form als ὑφαλυκός angegeben.

---

107 Vgl. zu dieser Beweisführung Holmes (2010) 127f.

108 Vgl. die übersichtliche Darstellung der Forschungsdiskussion bei Jouanna (1996a) 211, Anm. 6, und schon die eingehende Betrachtung bei Lesky (1948) 69–83.

109 Galen erläutert in seinem Kommentar die Wasserhärte folgendermaßen: „Denn er nennt „hartes Wasser“ das raue, das beim Trinken die Zunge und beim Waschen den Körper beißt. Das weiche Wasser ist dem entgegengesetzt“ (Übers. Strohmaier I 3,3).

4.2.3.6 Der Geruch des Wassers

Der Geruch des Wassers scheint eher ein Indikator für andere Faktoren als ein eigenständiger Faktor zu sein. Ein schlechter Geruch (ὀδμή) ist bei stehenden Gewässern (Aer. 7,2) und abgestandenem Regenwasser (8,5. 8) festzustellen, gut riechen (εὐώδης) hingegen Flüsse, die in Richtung des Sonnenaufgangs entspringen (7,10) und andere Gewässer, die zu dieser Himmelsrichtung gewandt sind (5,3).

4.2.3.7 Die Farbe des Wassers

Auch die Farbe des Wassers dient der Verdeutlichung der Qualität des Wassers. Flusswasser wird als hell (λευκός) beschrieben (Aer. 7,10), eine negative Bewertung hinsichtlich der Farbe (ἄχροος)[110] bekommen jedoch die stehenden Gewässer (7,2) sowie die Anteile, die bei der Verdunstung ausgefiltert und zu Nebel verwandelt werden (8,6: νυκτοειδής).

4.2.3.8 Die Klarheit des Wassers

Eng mit der Farbe des Wassers ist auch dessen Klarheit als zweiter visueller Aspekt verbunden. Bereits in Aer. 3–6 wird sie in Verbindung zum Sonnenlauf gestellt, wobei Städte zum Sonnenaufgang klares (λαμπρός) Wasser vorweisen können (5,3), Städte in entgegengesetzter Richtung nicht (6,2). Die Trübung des Wassers wird in 6,2 und 7,2 auf eine Vermischung zurückgeführt, wobei der trübende Faktor im ersten Fall der Nebel ist, im zweiten Schnee und Eis. Ähnlich dem Städtebeispiel von Kapitel 5 sind auch die Flüsse, welche in Richtung des Sonnenaufgangs entspringen, klar (7,10), ebenso ist es Regen (8,2). Auch Verdunstungswasser gilt als besonders klar, alle übrigen trüben (θολερός) Anteile aber verbleiben in der untersten Luftschicht (8,6). Eine ähnliche Trennung findet im Prozess des Gefrierens statt (8,9). Das klare Wasser bekommt besonders Menschen, deren Körper viel Galle enthält (7,12).

4.2.3.9 Die Temperatur des Wassers

Es sind in den verschiedenen Arten von Gewässern auch unterschiedliche Temperaturen festzustellen. Besonders gegensätzlich werden diesbezüglich stehen-

110 Galen interpretiert die „Farblosigkeit“ der stehenden Gewässer als „hässliche und schlechte“ Färbung „wegen der Beimischung von Schlamm und faulendem Lehm“ (Übers. Strohmaier II 2,1).

de und fließende Gewässer beschrieben: Die stehenden Gewässer gleichen sich der Lufttemperatur an und sind demnach im Sommer warm, im Winter aber kalt und teilweise gefroren (Aer. 7,2). Ebenso werden die Gewässer der Stadt beschrieben, die den Südwinden zugewandt sind (3,1).[111] Die geschilderten Zustände werden als ungünstig beschrieben. Fließende Gewässer hingegen bieten im Sommer Abkühlung, im Winter sind sie aber ausreichend warm (Aer. 7,10; Nat.Puer. 24f.). Als kalt gelten auch die Gewässer unter Einfluss des Nordwindes (4,2).

Diesbezüglich lässt sich auch ein Zusammenhang zwischen den Wassertemperaturen und den Körpersäften konstatieren: So erregt das See- und Sumpfwasser in seinem winterlich kalten Zustand den Schleim, im sommerlich warmen Zustand die Galle (7,2). Zwar werden die identischen Temperaturverhältnisse in 3,1 allein zum Schleim und die kalten Gewässer in 4,2 zur Galle in Beziehung gesetzt, jedoch sind diese Körpersäfte durch den jeweiligen Wind hervorgerufen, nicht hingegen durch die Gewässer des Ortes, die ihrerseits ja ein Erzeugnis der Windverhältnisse widerspiegeln.[112]

Für eine gemäßigte Temperatur des empfohlenen Trinkwassers spricht sich Vict. 2,60,3f. aus, da gemäß der hier dargestellten Lehre sowohl übermäßig warmes als auch kaltes Wasser den Körper schwächt.

4.2.3.10 Der Geschmack des Wassers

Auch der Geschmack des Trinkwassers dient als ein Kriterium seiner Beschreibung und wird als solches schon in Aer. 1,2 (ἐν τῷ στόματι) als bekannt vorausgesetzt. In den ausführlicheren Abschnitten über die Wirkung des Wassers wird er jedoch nicht erwähnt.

---

111 Es zeigt sich hier eine Besonderheit, da das Gewässer trotz des Einflusses des warmen Südwindes im Winter kalt ist. Es ist diesbezüglich jedoch zu beachten, dass die Wärme des Südwindes durch die Hitze der Sonne und der erwärmten Landmassen entsteht, über die er hinwegweht. Da diese Verhältnisse im Winter weniger stark zutage treten, ist es verständlich, dass auch die Wärme des Windes und somit des Wassers im Winter geringer ist.

112 Diller (1934) 26 meint hier einen Widerspruch zu erkennen, und auch Zeugswetter (1939) 20 erkennt nicht die zugrunde liegenden Zusammenhänge. Vgl. aber die entsprechenden Hinweise bezüglich des Wärmegrades der Winde oben auf S. 87, Anm. 73.

4.2.4 Besondere Erscheinungsformen des Wassers

4.2.4.1 Nebel

Auch Nebel (ἠήρ) beschreibt *De aere aquis locis* als eine Form des Wassers. Sein Aufkommen thematisiert der Verfasser bereits bezüglich der Städte gen Osten (5,3) und Westen (6,2), wobei er dort einen unmittelbaren Zusammenhang zur Wirkung der Sonne aufzeigt: Demnach ist diese imstande, morgendlichen Nebel aufzulösen oder gar am Entstehen zu hindern, wenn nicht ihr Schein durch irgendetwas verdeckt wird. Nach 6,3 vermag auch der klärende Nordwind Nebel aus der Luft auszusondern, dieser wird der Sonne jedoch nachgeordnet.

Nicht aufgelöster Nebel mischt sich unter die Gewässer des Ortes und trübt sie (6,2).[113] In diesem Kontext wird auch das Aufkommen von Tau (δρόσος) am Sommermorgen erwähnt.

Aer. 8,6 erhellt dann den Prozess der Entstehung des Nebels, bei der evaporierte Wasserteilchen beim Emporsteigen abgespalten werden und in den unteren Luftschichten verbleiben. Da es sich um trübe und dunkle Teilchen handelt, wird ihre Masse als Nebel wahrgenommen und somit lässt sich auch die negative Wirkung des Nebels auf die Menschen erklären, die in 6,1–3; 15,2 und 19,2. 4 angeführt werden. Demnach bewirkt die feuchte Luft ihre schlaffe und feuchte Konstitution, ihre tiefen Stimmen und viele Krankheiten. Sowohl in Aer. 8,6 als auch in Epid. 4,1,20 wird zusätzlich die feinere Nebelform ὀμίχλη erwähnt.

4.2.4.2 Wolken

Wolken (νέφεα) finden im gesamten Corpus Hippocraticum abgesehen von den Wetterbeschreibungen in den *Epidemien* (1,1,1; 1,2,4; 3,3,2; 4,1,20) kaum Erwähnung. Laut Nat.Puer. 25,1 sind sie zusammenhängende Wassermassen in der Luft (ὕδωρ συνεχὲς ἐν ἠέρι), von denen ebenfalls wie von anderem Wasser auch Dunst ausströmt. Darüber hinaus findet sich der einzige weitere Hinweis in Aer. 8,7 in der Darstellung des Wasserkreislaufes. Eine unmittelbare Einflussnahme auf den Menschen wird nicht ausgedrückt.

113 Bezüglich der meteorologischen Inversion, deren Beobachtung der Verfasser hier geschildert haben könnte, vgl. Harig (1959) 39f.

4.2.5 Die Verbindung der Kriterien

Es ließ sich erkennen, dass die Umweltschrift viele Polarisierungen bezüglich der Wasserqualitäten vornimmt. Dementsprechend lassen sich jedem Aspekt zwei gegensätzliche Ausprägungen zuordnen:

Aspekt	positive Ausprägung	negative Ausprägung
Gewicht:	leicht	schwer
Volumen / Dichte:	fein	dick
Verträglichkeit:	gut verträglich	schwerverträglich
Härte:	weich	hart
Salzgehalt:	süß	salzig
Geruch:	gut riechend	schlecht riechend
Farbe:	hell	ohne Farbe / dunkel
Klarheit:	klar	trüb
Temperatur:	Sommer kalt + Winter warm	Sommer warm + Winter kalt

Ebenso wird bezüglich des Ursprungs bei den Quellwassern Flusswasser positiv, stehende Gewässer und Felsquellen negativ gewertet. Ebenso gilt Regen als gutes Wasser, Tauwasser und gemischtes als schlechtes.

Durch die Kombination mehrerer Aspekte legt der Verfasser seine Beurteilung bezüglich der Qualität und Verträglichkeit des Wassers dar. Eine nähere Betrachtung dieser Verbindungen erhellt, dass der Beschreibung der Gewässer in *De aere aquis locis* eine Theorie von drei grundsätzlichen Wassertypen zugrunde liegt, denen bestimmte Eigenschaften zugeordnet werden.

4.2.5.1 Typ I: Das „gute" Wasser

Mehrfach werden in den Qualifizierungen der Wasser, die explizit als gut bestimmt werden, die Eigenschaften „leicht" und „fein" miteinander verbunden (8,2. 3. 4. 11), ebenso „süß" und „klar" (7,10. 12; 8,2. 9). Zusätzlich finden sich Verknüpfungen dieser zwei Gruppen in 7,10. 12; 8,2. 6. 9; 9,4. In 7,10 treten außerdem weitere positive Eigenschaften hinzu: Dieser Wassertyp hat demnach zusätzlich zu den vier oben genannten Qualitäten einen angenehmen Geruch, eine gute Temperatur und ist sehr bekömmlich.

Dieses gute Wasser lässt sich in Flüssen finden, insbesondere in denen, die zum Sonnenaufgang entspringen (7,10). Auch macht es einen großen Teil des Regenwassers aus, weil nur das gute Wasser von der Sonne angezogen wird (8,2. 3. 4. 6). Durch diesen Vorgang mischen sich jedoch viele verschiedene Wasser (8,5. 8), so dass das Regenwasser abgekocht werden muss, da Probleme auftreten, wie es der Verfasser im neunten Kapitel bezüglich gemischter Wasser schildert. Tauwasser enthält gar keinen Anteil von dem guten Wasser, da dieser bei dem vorausgegangenen Vorgang des Gefrierens entwichen ist (8,9. 11). Hingegen lässt sich auch das Wasser in der Stadt, die nach Osten ausgerichtet ist (5,3), mit diesem Typ in Verbindung bringen: Es wird als klar, wohlriechend und weich beschrieben und als ein Grund angeführt, weshalb die Stadt besonders gesund ist. Das Wasser des Typs I ist für den Galletyp besonders empfohlen (7,12).

4.2.5.2 Typ II: Das „trübe“ Wasser

Der Wassertyp II stellt in mancher Hinsicht ein Gegenbild zum Typ I dar: Es handelt sich dabei um besonders trübes Wasser, das durch seine dicken Bestandteile ein höheres Gewicht hat und eine ungünstige Temperatur sowie bisweilen auch schlechten Geruch oder Farbe aufweist.

Derartiges Wasser beschreibt der Verfasser ausführlich an den Beispielen der stehenden Gewässer in 7,2–8 sowie des Tauwassers in 8,9–11. Gemeinsamkeiten weisen diese zwei Formen darin auf, dass sie durch physikalische Prozesse (Verdunstung bzw. Gefrieren) den Anteil des Wassertyps I verloren haben (7,2; 8,3. 6. 9. 11), so dass nur die Wasserbestandteile mit den genannten negativen Eigenschaften zurückbleiben.

Die für den Menschen nachteilige Wassertemperatur zeigt sich jedoch, da es sich beim Tauwasser nicht um eine natürliche Gewässerform handelt, nur bei den stehenden Gewässern. Diese sind im Sommer warm und im Winter kalt oder gar gefroren (7,2), so dass sich in dieser Hinsicht der exakte Gegensatz zum Flusswasser zeigt, das im Sommer kühl und im Winter warm ist (7,9). Eine Übereinstimmung in den Temperaturverhältnissen zeigt sich jedoch mit der Beschreibung der Gewässer in der Süd-Stadt (3,1), die sich somit auch dem Typ II zuordnen lassen. Auffällig ist jedoch, dass diese einen hohen Salzgehalt aufweisen, der sich in den Beschreibungen der stehenden Gewässer und des Tauwassers nicht findet.[114] Eine Erklärung hierfür zeigt sich in der überaus großen Wärme des Südwindes, unter dessen Einfluss die Seen in 3,1 stehen, so dass von einer besonders hohen Verdunstung auszugehen ist, die ja nach der ausführlichen Beschreibung in 8,2–8 den Salzanteil zurücklässt (insb. 8,3).

114 Dies merkt Harig (1959) 63 an und beschreibt dadurch einen weiteren vermeintlichen Widerspruch innerhalb der Schrift. Er vermutet schließlich in den Kapiteln 7–9, obgleich sie seiner Ansicht nach „eine wertvolle Ergänzung zu dem übrigen Inhalt“ bedeuten, wie bereits Edelstein einen späteren Zusatz, vgl. oben S. 28, Anm. 68.

Wasser des Typs II, wie es sich im stehenden Gewässer finden lässt, erregt im Sommer die Galle und im Winter den Schleim,[115] so dass es jederzeit schlecht zur Verwendung ist, zumal die genannten Körpersäfte in den entsprechenden Jahreszeiten ohnehin verstärkt produziert werden. Aus diesem Grund wird das Wasser dieser Art in den Verwendungsempfehlungen in 7,12f. nicht erwähnt.

Die Krankheiten der Menschen, die dieses Wasser trinken, werden in 7,3–8 ausführlich aufgelistet und geschildert. Sie werden jedoch nicht, wie man erwarten könnte, schematisch nach Jahreszeiten dem jeweils vorherrschenden Körpersaft zugeschrieben, sondern darüber hinaus miteinander verwoben: So tritt beispielsweise auch im Winter Brennfieber „wegen der Härte der Organe“ (διὰ τὴν τῆς κοιλίης[116] σκληρότητα) auf, obgleich sowohl der harte Körperzustand als auch das Leiden gewöhnlich durch Galle ausgelöst wird. Ebenso befallen die Menschen auch im Sommer die mit Schleim verbundenen Krankheiten Ruhr, Durchfall und langwierige Fieber[117]. Diese Vermengung hebt noch zusätzlich den stark belasteten Gesundheitszustand der Menschen hervor, die von dem schlechten Wasser des Typs II trinken.

4.2.5.3 Typ III: Das „harte“ Wasser

Zu dem dritten Wassertyp ist insbesondere das in 7,9 beschriebene Wasser aus Felsquellen, warmem Boden oder mineralreichen Quellen zu zählen, das sich durch seine Härte auszeichnet und demzufolge unverträglich ist. Zusätzlich lassen sich einige Angaben aus den Empfehlungen in 7,12f. hinzuziehen, in denen dem Typ I stets eine Wasserart gegenübergestellt wird, die zugleich hart, schwer verträglich und darüber hinaus salzig ist. Eben diese Verbindung der drei Eigenschaften wird bereits in 7,11 angekündigt.

Bezüglich des Verhältnisses zu den *humores* lässt sich 7,9 entnehmen, dass der Körper bei Genuss des Wassertyps III erhitzt wird, zusätzlich weist die Passage 7,12f. darauf hin, dass er austrocknet. Sowohl die Wärme als auch die Trockenheit und Härte des Körpers sind bekanntlich deutliche Hinweise auf eine gallige Konstitution, die demnach mit dem Typ III verbunden ist. Empfohlen

115 Nicht in direkter Verbindung steht der Schleimreichtum der Menschen der Süd-Stadt zu den dortigen Gewässern, da der Körpersaft durch den Südwind hervorgerufen wird.

116 Bzgl. der Bedeutung des Wortes κοιλία vgl. die Erläuterungen bei Jouanna (1996a) 189, Anm. 8.

117 Galen setzt hinzu, dass das im Sommer auftretende Fieber gewöhnlich von kurzer Dauer ist, hier jedoch durch die besonders schlechte Qualität des Wassers verlängert wird (Übers. Strohmaier II 2,9).

wird das Wasser den Schleimtypen, da ihre Körper zu feucht sind und ihnen die Austrocknung daher gut bekommt.

Erneut zeigt sich auch eine parallele Beschreibung in dem Abschnitt über die Städte: Die durch den Nordwind beeinflussten Gewässer sind hart sowie gewöhnlich kalt und süß.[118] Wie schon bei dem Vergleich Typ II – 3,1 bemerkt, zeigt auch in diesem Beispiel der Salzgehalt eine Auffälligkeit; diesbezüglich ist erneut auf die umfassend dargestellte Theorie der Verdunstung zu verweisen, die in einer kalten Region nicht erfolgen kann, so dass die süßen Wasseranteile verbleiben.[119]

4.2.6 Zusammenfassung

Im Gegensatz zur Analyse der Umweltfaktoren „Wind“ und „Sonne“ ließ sich bei dem zweiten Faktor erkennen, dass die Wassertheorie der Schrift „Über die Umwelt“ in den übrigen Schriften des Corpus Hippocraticum kaum gestützt wird. *De natura pueri* ergänzt zwar die systematische Betrachtung der Umweltschrift in Details, setzt jedoch den Fokus vielmehr auf die Erdbeschaffenheit und die Dunstlehre.

Als besonders bedeutsames Konzept, das der Abhandlung über das Wasser zugrunde liegt, ließen sich die drei Haupttypen bestimmen. Diese werden in enge Beziehung zu der menschlichen Physiologie gesetzt, indem sie einerseits die Produktion der Säfte anregen (II: im Sommer Galle, im Winter Schleim, III: Galle), andererseits die Leiden der verschiedenen Konstitutionen zu lindern vermögen (I: Galletypen, III: Schleimtypen). In diesen Verwendungsvorschriften zeigt sich das berühmte Grundprinzip *contraria contrariis*, das Müller bereits an anderen hippokratischen Schriften nachweisen konnte.[120] Dieses begegnet vornehmlich im diätetischen, aber auch therapeutischen Rahmen und empfiehlt, Mittel zu konsumieren, die in ihrer Beschaffenheit Qualitäten aufweisen, die der körperlichen Konstitution entgegengesetzt sind.

---

118 Eine Übereinstimmung zwischen Typ III und der Stadt des vierten Kapitels zeigt sich auch im Vorherrschen des Saftes Galle, der jedoch in 4,2 auf den Wind zurückgeführt wird.

119 Diller (1934) 26 sucht hier einen Widerspruch zu 8,6 finden, nach dem das Wasser durch die Sonne süß wird, missachtet jedoch, dass die dort getroffene Aussage auf evaporiertes Wasser bezogen ist. Zeugswetter (1939) 19f. versteht den geringen Salzgehalt des Wassers als direkte Auswirkung des Nordwindes, liefert jedoch keine Begründung.

120 Vgl. Müller (1965) 142–145. Er stellt diesen Grundsatz dem *similia similibus* gegenüber und zeigt die Anwendung anhand der Schriften *De diaeta*, *De diaeta salubri*, *De locis in homine*, *De morbo sacro*, *De affectionibus* und den *Epidemien*.

Die Ankündigungen der Disposition, die sowohl auf die Wirkungen (τὰς δυνάμιας) der Wasser (1,2) als auch ihre Beschaffenheit (1,4) hinwies, werden in den Kapiteln 7–9 umfassend ausgeführt. Beide Bereiche werden stets miteinander verknüpft.

4.3 Der Faktor „Jahreszeiten"

4.3.1 Quellen

Die Wirkungen der Jahreszeiten (αἱ ὧραι τοῦ ἔτεος) sind gemäß *De aere aquis locis* der erste Aspekt, den ein Arzt bei der Behandlung bedenken soll (1,1).[121] Der Verfasser widmet ihnen vornehmlich die Kapitel 10 und 11, stellt die genaue Betrachtung dieses Umweltfaktors also erst hinter die der Winde und des Wassers. Die Bedeutsamkeit der Betrachtung wird bereits in der Disposition dadurch begründet, dass die Jahreszeiten und ihre Veränderungen (αἱ μεταβολαί) sehr verschieden voneinander sind. Im zweiten Kapitel, in dem der Verfasser seine Intention der Abhandlung darlegt, geht er zudem auf den hohen Stellenwert der Astronomie ein (2,2f.). Dort wird zum einen deutlich, dass zusammen mit den Jahreszeiten auch die Auf- und Untergänge der Gestirne (τῶν ἄστρων ἐπιτολαί τε καὶ δύσιες) zu beachten sind,[122] zum anderen, dass für den Arzt von besonderem Interesse sein muss, wie das gesamte Jahr verläuft. Zugleich mit den Jahreszeiten ändert sich, so der Verfasser, auch die Beschaffenheit der menschlichen Organe.

Äußerst beachtlich ist die breite Quellenlage, die das Corpus Hippocraticum bezüglich der Jahreszeiten bietet:[123] Abgesehen von unzähligen Erwähnungen einzelner Aspekte stellen sogar mehrere Stellen ebenfalls ein theoretisches Konzept dar, das die umfassende Analyse der Umweltschrift stützt und ergänzt; die bedeutendsten sind *Aphorismi* (Ἀφορισμοί) 3,1–23, *De natura hominis* (Περὶ φύσιος ἀνθρώπου) 7f., *De humoribus* (Περὶ χυμῶν) 13–19, *De diaeta salubri* (Περὶ διαίτης ὑγιεινῆς) 5, *De morbo sacro* (Περὶ ἱερῆς νόσου) 10, *De morbis popularibus* (Ἐπιδημίαι) 2,1,2–5 und 6,1,11, *De affectionibus* (Περὶ παθῶν) 14–17, *De diaeta* (Περὶ διαίτης) 1,32 und 3,68, *De hebdomadibus* (Περὶ ἑβδομάδων) 4. 18–22 sowie

121 Galen verkündet sogar, „dass die Kenntnis der Jahreszeiten laut den Aussagen des Hippokrates die Grundlage und Basis der ganzen Medizin ausmacht" (Übers. Strohmaier III 1).

122 Gemeint sind die sichtbaren, nicht die tatsächlichen Auf- und Untergänge, vgl. Wenskus (1989) 237f.

123 Vgl. auch die linguistische Analyse der Verwendung der Jahreszeiten im C.H. bei Gallego Pérez (1994) 101–108.

die sogenannte zweite Fassung des 19. Briefes 72–75. Auch diese Texte sollen, sofern nicht bereits geschehen, zunächst kurz gekennzeichnet werden; im Hinblick auf die *Aphorismen*, *De humoribus* und *De morbo sacro* sind die Charakteristiken im Abschnitt zum ersten Umweltfaktor zu berücksichtigen,[124] für *De natura hominis* die ausführliche Darstellung zur Humorallehre.[125]

Die Abhandlung *De diaeta salubri*, die seit Jouannas Analyse wieder als Teil von *De natura hominis* angesehen wird,[126] enthält vorwiegend diätetische, aber auch andere prophylaktische Empfehlungen zur Krankheitsprävention. Das fünfte Kapitel nimmt im Speziellen ausleitende Verfahren zur Körperreinigung in Abhängigkeit von den Jahreszeiten in Betracht. Eine gemeinsame Entstehungszeit mit *De natura hominis* um 410–400 v.Chr. ist anzunehmen.

Die *Epidemien II* und *VI*, die gemeinsam mit dem vierten Buch in den ersten Jahren des 4. Jahrhunderts entstanden sein dürften,[127] enthalten Notizensammlungen über Krankheitserscheinungen und -verläufe, die oftmals in Beziehung zu den Witterungsbedingungen gestellt werden. Die benannten Abschnitte 2,1,2–5 und 6,1,11 enthalten Aussagen genereller Natur, die aus diesem Grund zum allgemeinen Umweltkonzept beitragen.

Der erste der zwei Hauptteile der Schrift *De affectionibus* beinhaltet Lehren der allgemeinen und speziellen Nosologie. Die Jahreszeiten werden in den meisten Kapiteln nur marginal behandelt, jedoch konzentriert sich der Abschnitt 14–17 gesondert auf Krankheiten, die zur Sommerzeit aufkommen. Die Entstehungszeit liegt um 380.[128]

Das erste Buch der Schrift *De diaeta*, die um 400 datiert wird,[129] enthält eine anthropologische Lehre, die als Grundlage für die in den folgenden Büchern entwickelte Diätetik dienen soll. Auf die Schilderung der menschlichen Natur anhand der Elemente Feuer und Wasser wurde bereits im Abschnitt zur Humorallehre hingewiesen.[130] In diesem Kontext wird auch die besondere Veranlagung verschiedener Konstitutionen zu den Jahreszeiten thematisiert, so dass auch dieser Abschnitt (32) in die Analyse derselben einzubeziehen ist. Das dritte Buch gibt Ernährungsempfehlungen anhand einiger Fallbeispiele, die durch

124 Siehe S. 64f.

125 Siehe S. 45–47.

126 Siehe die Angaben auf S. 46 mit Anm. 5.

127 Vgl. Deichgräber (1933) 74–75 und Jouanna (1992) 536f.

128 Vgl. Jouanna (1992) 528. Beachte auch die Erläuterungen zur Humorallehre der Schrift im Abschnitt 3.2.2 auf Seite 57.

129 Vgl. die Angaben auf S. 54, Anm. 42.

130 Vgl. die Darstellung auf den Seiten 54–56. Eine Erläuterung zum zweiten Buch der Schrift findet sich im Kapitel zum ersten Umweltfaktor S. 62f.

eine allgemeine Betrachtung unter Einbeziehung der Jahreszeiten eingeleitet wird (68), der wir insbesondere auch deren zeitliche Abgrenzung entnehmen können.[131]

Die Schrift von der Siebenzahl (*De hebdomadibus*), die bereits im Abschnitt zu den Winden kurz charakterisiert wurde,[132] unterscheidet im Hauptabschnitt zu den fieberhaften Erkrankungen die Bereiche Aitiologie (13–23), Therapie (24–39) und Semiotik (40–53).[133] Innerhalb der aitiologischen Erläuterungen befassen sich die Kapitel 18–22, deren griechischer Text nahezu vollständig verloren ist, mit der Wirkung verschiedener Abschnitte des Jahres, nachdem in Hebd. 4 bereits sieben Jahreszeiten unterschieden und aufgeführt werden.

Den λόγος περὶ λύσσης entdeckte erst Hermann Diels 1918 und bezeichnete ihn aufgrund seiner überlieferten Stellung hinter dem 18. Brief im Codex Urbinas 68 als neue Fassung des 19. Briefes.[134] Der Text befasst sich mit dem Krankheitsbild der Tollwut unter aitiologischen, symptomatischen, therapeutischen und auch klimatologischen Gesichtspunkten. Der Verfasser erachtet einen ungünstigen Jahresverlauf als Ursache für die hohe Inzidenz der Erkrankung (72–75). Diller legte jedoch 1933 überzeugend dar, dass es sich bei dem Brief um einen späten Zusatz in Form einer humanistischen Stilübung handelt, die frühestens in die zweite Hälfte des 15. Jahrhunderts datiert werden dürfte.[135] Der Abschnitt zum pathogenetischen Einfluss des Klimas soll dennoch an geeigneter Stelle kurz präsentiert und den antiken Texten gegenübergestellt werden.

4.3.2 Die Einteilung des Jahres in Jahreszeiten

Das in Aer. 10,2 geschilderte Beispiel eines gesunden Jahres weist auf einen Jahresbeginn zwischen Sommer und Herbst hin, der sich derart auch in den jüngeren Rekonstruktionsversuchen des Koischen Kalenders wiederfinden

---

131 Kapitel 68 nimmt eine „wichtige Stellung“ im Gedankengang der Schrift ein, vgl. dazu Diller (1959) 45.

132 Vgl. die Erläuterungen auf S. 63f. bezüglich des Inhalts, Überlieferung und Datierung der Schrift.

133 Diese Gliederung folgt Agge (2004) 13. Auch die Kapitelzählung entspricht ihrer Edition der spätlateinischen Übersetzung, die an mehreren Stellen von der Zählung in der synoptischen Ausgabe durch Roscher (1913) abweicht, vgl. dazu die Konkordanz bei Agge (2004) 39.

134 Vgl. Diels (1918) 58.

135 Vgl. Diller (1933) und auch Smith (1990) 30. Philippson (1928) 298–301 hielt den Brief hingegen noch für ein Original.

lässt.[136] Dieser lässt eine Einteilung des Jahres in ein Winter- und ein Sommerhalbjahr zu je sechs Monaten erkennen, die auch bereits in *De diaeta salubri* 5 erwähnt wird.

Eine Abgrenzung der einzelnen Jahreszeiten voneinander lassen sich dem diätetischen Kalender in Vict. 3,68 entnehmen, demzufolge die Anfänge der astronomischen Jahreszeiten wie folgt bestimmt werden:[137]

Winteranfang: Untergang der Plejaden (etwa 14. November)
Frühlingsanfang: Frühlingsäquinoktium (etwa 28. März)
Sommeranfang: Aufgang der Plejaden (etwa 14. Mai)
Herbstanfang: Aufgang des Arktur bzw. Herbstäquinoktium (etwa 14. bzw. 26. September)[138]

Die angegebene Datierung der astronomischen Phänomene weicht von den tatsächlichen ab, da der Verfasser selbst die Abstände der Stern- und Solarphasen voneinander angibt.[139] Er berücksichtigt diesbezüglich neben den bereits genannten auch die Sonnenwenden und den Spätaufgang des Arktur. Auffällig sind die Unterschiede bezüglich der Länge der Jahreszeiten: Während Winter und Sommer jeweils mehr als vier Monate andauern, umfassen Frühling und Herbst jeweils weniger als zwei.

An keiner Stelle des C.H. wird den Sternen eine unmittelbare Beeinflussung des Menschen zuerkannt,[140] dennoch misst bereits Aer. 1,1 den genannten ast-

---

136 Vgl. Paton/Hicks (1891) 327–334, Herzog (1898) 454, Samuel (1972) 111–113, Börker (1978) 217.

137 Die Datierung und Übertragung auf den Gregorianischen Kalender folgt Fuchs (1895) 85, Anm. 2; 343, Anm. 3. Diese Angaben übernahm auch Jacobj (1928) 15 in seine Übersicht zur hippokratischen Einteilung des Jahresverlaufs.

138 Das Herbstäquinoktium wird erst in Vict. 3,68,13f. zusätzlich zum Aufgang des Arktur genannt.

139 Zum Vergleich sind die durch Ginzel (1911) 520f., Jones und Lloyd berechneten Sterndaten heranzuziehen, vgl. dazu auch Phillips (1983) 428, Anm. 2. Betreffs der abweichenden Datierung hebt Wenskus (1990) 118 besonders den Frühuntergang der Plejaden hervor, den der Verfasser erheblich später ansetzt. Sie bezieht dies auf die herkömmliche Zweiteilung des Jahres, die bereits aus Hes. op. 383f. bekannt ist. Tatsächlich mag diese auch in *De victu* (bezüglich des Zusammenhangs von Landwirtschaft und Ernährung) Einfluss haben, sie ist jedoch nicht identisch mit der bereits erwähnten Zweiteilung aus Salubr. 5, die eher durch die Äquinoktien bestimmt werden könnte. Rehm (1941) 38 zufolge hat der Autor mit Sicherheit „ein Buchparapegma in den Händen gehabt“.

140 Vgl. auch Pinna (1988) 9. Langholf (1990b) 168. 170 zieht hingegen die Möglichkeit der direkten Wirkung der Sterne dennoch in Betracht, räumt aber ein, dass der Traktat den Lesern offengelassen habe, entweder ihren traditionellen Volksglauben oder die neuartige rationale Denkweise anzuwenden. Vgl. dazu auch Pfeiffer (1914) 29f. Pfeiffers Übertragung des Glaubens

ronomischen Phänomenen, die zu den Veränderungen (μεταβολαί) der Jahreszeiten zählen, eine besondere Bedeutung bei. Diese wird auch durch Aph. 3,1, Epid. 6,3,15; 6,6,5 und Hum. 15 gestützt, demzufolge sie sogar am meisten zur Ausbildung von Krankheiten beitragen, so dass von einer medizinischen Behandlung zu diesen Zeitpunkten abgeraten wird (Aer. 11,1).[141] Vereinzelt werden die Veränderungen auch als μεταλλαγαί bezeichnet, die sowohl innerhalb einer Jahreszeit als auch im Laufe eines Tages eintreten (Aer. 23,1f., Aph. 3,1, Hum. 15) und ebenfalls als gesundheitsschädlich gelten.[142]

Der Begriff der μεταβολή ist in diesem Kontext kaum mit seiner umfassenden Bedeutungsvielfalt ins Deutsche zu übersetzen. Kudlien zeigt die weite Verbreitung des Phänomens und die Entwicklung seiner Übertragung auf das medizinische Denken auf, verwendet aber bereits in der kurzen Darstellung insgesamt sieben deutsche Übersetzungsmöglichkeiten: Umschlag, Verwandlung, Wechsel, Übergang, das jähe Sichändern, Revolution und Umschwung.[143] Es wird daher im weiteren Verlauf der Analyse zu ergründen sein, welche Prägung die meteorologische Medizin dem Wort verleiht, so dass es weitgehend unübersetzt bleiben kann.

Laut Aer. 11,2 zählen zu den wichtigsten μεταβολαί der Jahreszeiten die Äquinoktien,[144] die Solstitien, die Aufgänge des Sirius und des Arktur sowie der Untergang der Plejaden. Von den Sonnenwenden hebt der Verfasser zudem die sommerliche besonders hervor, von den Äquinoktien das herbstliche.[145] Der

---

an die Einwirkung der Fixsterne auf die Umweltschrift ist jedoch haltlos und daher abzulehnen.

141 In den *Epidemien* wird in zahlreichen Fallbeschreibungen das Eintreten der Krankheit kurz nach einem der astronomischen Phänomene angesetzt, vgl. z.B. Epid. 4,1,1–6. Zu dem hier erwähnten Kometen vgl. Wenskus (1989) 237, Anm. 1.

142 Galen merkt an „Hippokrates hat nicht erklärt, um welche Veränderung es sich handelt, ob es die Veränderung ist, die in allen Jahreszeiten von einer zur anderen stattfindet, oder die Veränderung, die innerhalb einer Jahreszeit auftritt oder die Veränderung, die von außen und von einem anderen Ort kommt. Wir sagen, dass wir diese Bezeichnung für alle Arten von Veränderungen ansetzen müssen“ (Übers. Strohmaier III 10).

143 Vgl. Kudlien (1967) 128–130.

144 Bezüglich des Zusatzes νομιζόμεναι εἶναι, den die Tag- und Nachtgleichen in Aer. 11,2 erfahren, wies Dicks (1966) 33 zurecht daraufhin, dass der terminus ἰσημερία unseres Wissens nach hier zum ersten Mal Eingang in die griechische Literatur findet und daher dem Verfasser noch wenig vertraut war. In späteren hippokratischen Schriften fehlt der Zusatz daher. Vgl. zu dieser Besonderheit und den wissenschaftlichen Voraussetzungen auch Phillips (1983) 432–434, Wenskus (1990) 98f. und Szabó (1992) 57f.

145 Galen stimmt dem Verfasser hinsichtlich der negativen Wirkung der Sommersonnenwende und des Herbstäquinoktiums zu, „weil es im Sommer mehr Krankheiten gibt als im Winter und im Herbst mehr als im Frühling. Die Körper neigen nämlich wegen der Wärme der uns

Aufgang des Sirius kommt zusätzlich auch in 10,4. 12 vor und bezeichnet dort den Hochsommer mit den besonders heißen Tagen.[146] In 10,12 wird auch der Aufgang des Arktur genannt, der den Herbstbeginn anzeigt. Sowohl in der Auflistung in 11,2 als auch im übrigen Werk fehlt hingegen der Aufgang der Plejaden, der nach Vict. 3,68 als Sommeranfang gilt. Da jedoch der Anbruch der heißen Jahreszeit auch in der Umweltschrift (z.B. 10,3) von überaus großer Bedeutung ist,[147] ist unsicher, welche Begrenzungen der Jahreszeiten der Verfasser des Traktats annahm. Dies bemerkt schon Galen in seinem Kommentar und stellt heraus, dass eine klare Angabe von zeitlichen Grenzen mehr Klarheit bewirkt hätte (III 2,1). Es ist jedoch anzunehmen, dass Aer. möglicherweise bereits die astronomischen Jahreszeiten anerkannte, zumal die Solstitien und Äquinoktien in 11,2 an erster Stelle der wichtigsten Zeitpunkte der Veränderung genannt werden.[148] Der Aufgang des Arktur fiele in diesem Fall wie in Vict. 3,68,13f. nahezu mit dem Herbstbeginn am Äquinoktium zusammen, der Untergang der Plejaden trennte außerdem Früh- und Spätherbst voneinander.[149] Sicherheit bezüglich der jahreszeitlichen Abgrenzungen in *De aere aquis locis* lässt sich jedoch nicht gewinnen.

Eine weitere Form des Jahreseinteilung lässt sich außerdem *De hebdomadibus* 4 entnehmen, wonach sogar sieben Jahreszeiten unterschieden werden: Saatzeit (σποράτος), Winter, Pflanzzeit (φυταλία), Frühling, Sommer, Erntezeit (ὀπώρη) und Herbst.[150] Im 22. Kapitel wird zusätzlich die warme Jahreshälfte zwischen Auf- und Untergang der Plejaden anhand der Sternphasen unterteilt, in der Fortführung nach dem Untergang der Plejaden bricht der Text jedoch nach wenigen Sätzen ab. Zu erkennen sind zuvor die Einschnitte Aufgang der Plejaden, Sommersolstitium, Aufgang des Sirius, Frühaufgang des Arktur und Untergang der Plejaden. Da in 22,2 der Aufgang der Plejaden als

---

umgebenden Luft zur gelben Galle, während die Kraft wegen der vermehrten Trockenheit des Körpers schwach ist und weil die Leute viel Obst essen und viel Wasser trinken" (Übers. Strohmaier III 11).

146 Nach der Tafel Ic) von Ginzel (1911) (vgl. Anm. 13) war der Aufgang des Sirius im 5. Jahrhundert bei 37° nördlicher Breite um den 27. August zu sehen.

147 Die Auffassung von Rehm (1941) 128, dass der Verfasser „Sommersanfang als medizinisch bedeutungslos beiseite läßt", ist vor dem Hintergrund der geschilderten Jahresabläufe im zehnten Kapitel absurd.

148 Ginzel (1911) 312 versteht die Definition aus Vict. 3,68 als Auffassung des gesamten Corpus Hippocraticums und datiert die Bindung der Jahreszeiten an die Solarphasen später.

149 Der Untergang der Plejaden konnte um den 4. November beobachtet werden, vgl. Ginzel (1911) 520.

150 Die lateinischen Übersetzungen bieten abweichend von ὀπώρη μετόπωρον *autumnum postautumnum*.

Anfang des Sommers bestimmt wird, der wiederum über die Sommersonnenwende hinaus bis zum Aufgang des Sirius andauert,[151] lassen sich deduktiv die weiteren Anfänge der Jahreszeiten folgendermaßen zuordnen:

Beginn des Sommers: Aufgang der Plejaden
Beginn der Erntezeit: Aufgang des Sirius
Beginn des Herbstes: Frühaufgang des Arktur
Beginn der Saatzeit: Untergang der Plejaden
Beginn des Winters: Wintersolstitium
Beginn der Pflanzzeit: Spätaufgang des Arktur
Beginn des Frühlings: Frühlingsäquinoktium

Die drei letztgenannten Daten sind in *De hebdomadibus* nicht überliefert, jedoch sinngemäß zu ergänzen.

Verglichen mit dem Modell aus *De diaeta* zeigt sich, dass beide Schriften im Hinblick auf die Anfänge des Frühlings, Sommers und Herbstes übereinstimmen, eine Abweichung zeigt sich lediglich bezüglich des Winteranfangs, der nach Vict. 3,68 durch den Untergang der Plejaden angezeigt wird, wohingegen diese nach Hebd. 22 den Beginn der Saatzeit signalisieren. Galen interpretiert die Unterteilung jedoch dahingehend, dass im Grunde weiterhin die vier Jahreszeiten vorliegen, von denen lediglich der Sommer in zwei Abschnitte (Sommer und Erntezeit) unterteilt wird sowie der Winter in drei (Saatzeit, Winter, Pflanzzeit).[152] Auch die Umweltschrift fasst den Aufgang des Sirius als einen besonderen Zeitpunkt im Verlauf des Sommers, wie es sich z.B. in Aer. 10,4 manifestiert.[153]

4.3.3 Die Jahresverläufe in Aer. 10, Aph. 3,11–14 und Epist. Περὶ λύσσης 72–75

Die Bedeutung eines gesamten Jahresablaufs, auf die bereits *De aere aquis locis* 2,2 hinweist, wird im zehnten Kapitel ausführlich anhand mehrerer Beispiele erläutert:[154]

---

151 Vgl. Galens Kommentar zu den *Epidemien*, in welchem er sich in der Erläuterung der Einteilung der Jahreszeiten direkt auf *De hebdomadibus* bezieht, CMG V,10,1,12f.

152 Vgl. CMG V,10,1,13. Ein Missverständnis bezüglich Galens Analyse liegt bei Ginzel (1911) 313 vor, der eine Dreiteilung des Sommers annimmt, zu dem er auch den Herbst rechnet.

153 Einen Überblick über die Sternphasen als Begrenzung der Jahreszeiten, insb. des Winters, bei verschiedenen antiken Autoren verschafft Rathmayr (2001) 54–70.

154 Die Unterschiedlichkeit der geschilderten Jahresverläufe erweist eindrucksvoll, dass der Verfasser der Umweltschrift kein starres Schema der Jahreszeiten anwandte. Obgleich auch *De*

Zunächst schildert der Verfasser ein Jahr mit idealen klimatischen Bedingungen (10,2).[155] In diesem sind die Zeichen bei den Auf- und Untergängen der Gestirne κατὰ λόγον, was schlichtweg auf ein reguläres Wetter verweist.[156] Dieses wird bezogen auf die Jahreszeiten im Folgenden spezifiziert: Im Herbst regnet es, im Winter herrschen gemäßigte Temperaturen, im Frühling und im Sommer gibt es ausreichend Niederschlag. Unklar ist, ob sich aus diesen Verhältnissen die Voraussage für ein folgendes gesundes Jahr treffen lässt, wie nach ὁκοῖόν τι μέλλει ἔσεσθαι τὸ ἔτος (10,1) angenommen werden könnte, oder ob das beschriebene Jahr selbst schon Gesundheit mit sich führt, was οὕτω τὸ ἔτος ὑγιεινότατον εἰκὸς εἶναι (10,2) nahelegt.

Das zweite Beispiel (10,3) geht von einem kalten, trockenen Winter aus, über den Herbst zuvor werden jedoch keine Aussagen getroffen. Wenn ein warmer, regnerischer Frühling folgt, werden auch der Boden und die Körper der Menschen feucht und erwärmt.[157] Sobald dann der heiße Sommer beginnt, treten Krankheiten auf, die aus der plötzlichen Hitze und der feuchten Konstitution der Menschen resultieren. Die Krankheiten entsprechen denen, die im dritten Kapitel bezüglich des Einflusses des Südwinds geschildert werden: Fieber, Augenkrankheiten und Ruhr. Besonders betroffen sind die Schleimtypen, die ebenfalls in den Städten des Südwinds zu finden sind.[158]

Im Folgenden wird dieses Beispiel um die Wirkung des Hochsommers erweitert (10,4): Der Zeitpunkt der Veränderung liegt bei Aufgang des Sirius. Bei Regen und dem Aufkommen der Etesien, also einer Abkühlung der Luft, besteht die Aussicht auf Linderung der Krankheiten. Wenn dies jedoch nicht eintritt,

---

aere aquis locis spezifische Charakterisierungen zu entnehmen sind, sind diese dennoch weit variabler als beispielsweise in *De natura hominis*. Vgl. dazu auch Galens Kommentar (Übers. Strohmaier I 2).

155 Ein derart „gesundes Jahr“ (ὑγιεινὸν ἔτος) wird auch im 13. Brief erwähnt. Demzufolge werden die Menschen in diesem kaum durch Krankheiten beeinträchtigt.

156 Vgl. die Erläuterungen bei Langholf (1990b) 165, Wenskus (1990) 101 und Jouanna (1996a) 212, Anm. 2.

157 Galen weist darauf hin, dass sich die menschlichen Körper der sie umgebenden Luft angleichen, so dass z.B. im warmen und feuchten Frühling die Körper ebenfalls warm und feucht wären (Übers. Strohmaier I 2).

158 Diesbezüglich erläutert Galen: „Wir haben auch an anderer Stelle erläutert und gesagt, dass die akuten Fieber aus faulenden Säften entstehen. Sie treten besonders bei den phlegmatischen Naturen auf, weil sie und die ihnen ähnlichen in diesen schlechten feuchten und warmen Jahreszeiten geschädigt werden. Diejenigen aber, deren Mischung trocken ist, überkommt daraus kein Schaden, vielmehr ziehen sie daraus Nutzen, weil sie dadurch feuchter werden und zu der natürlichen Wärme und Feuchtigkeit zurückkehren. Wenn aber die Wärme und die Feuchtigkeit sehr überwiegen und vorherrschend sind, so erleiden sie davon einen Schaden“ (Übers. Strohmaier III 3).

also der Sommer heiß und trocken bleibt, können sich die Krankheiten verschlechtern und zu Todesfällen führen.

Auch das dritte Beispiel (10,5–9) vernachlässigt das Herbstwetter, sondern beginnt mit einem warmen und regnerischen Winter. Wenn der Frühling daraufhin kalt und trocken ist, treten zahlreiche Krankheiten und Fehlgeburten auf. Die Begründung bezieht sich wie im vorangegangenen Beispiel auf die Konstitution der Menschen: Der ungewöhnlich feuchte Winter bewirkt starke Schleimbildung in den Körpern, die durch die plötzliche Trockenheit des Frühlings nicht gereinigt werden können. Ein trockener Sommer bringt nach diesem Verlauf jedoch Heilung, da auch die Körper abtrocknen, ein regnerischer bewirkt dagegen keine Verbesserung, da das erneut feuchte Klima sich nachteilig auf die ohnehin feuchten Körper auswirkt. Die Krankheiten entsprechen denen, die durch den vorherrschenden Körpersaft hervorgerufen werden: So leiden Schleimtypen unter Dysenterie, zum Teil Abflüssen in die Lunge, halbseitigen Lähmungen und bei anhaltender Krankheit Geschwüren und Wassersucht, bei den Galletypen treten trockene Augenkrankheiten auf. Das Auftreten der durch Galle hervorgerufenen Leiden erklärt sich aus der starken Trockenheit des Frühlings.[159]

Nach dem erstgenannten Idealverlauf eines Jahres werden also in den folgenden zwei Beispielen Fälle dargestellt, die in ihren Voraussetzungen zu jeweils einem Extrem von der Konstruktion abweichen. So soll der Winter möglichst gemäßigte Temperaturen haben, im zweiten Beispiel sind diese jedoch durch den kalten Nordwind niedriger, im dritten durch den warmen Südwind höher. Ebenso herrscht einmal zu starke Trockenheit, einmal zu große Nässe vor. Die Beschreibung des Frühlings wird anschließend diametral verschieden zu den Verhältnissen des vorangegangenen Winters beschrieben. Entgegen der gewünschten mittleren Niederschlagsmenge herrscht einmal große Feuchtigkeit, ein anderes Mal Trockenheit. Hinzu kommen sehr hohe bzw. sehr niedrige Temperaturen, die erneut auf die entsprechenden Winde zurückgeführt werden.

---

159 Die Differenzierung hinsichtlich der Konstitutionstypen nimmt der Verfasser selbst vor, daher scheint die Zusammenfassung bei Harig (1959) 47f. zu pauschal zu sein: „Im großen und ganzen sind es hier wieder die Krankheiten der Südstadt, die abgehandelt werden, denn die athmosphärischen [sic] Bedingungen, die sie auslösen, wiederholen sich ja im wesentlichen. Es sind dieselben Krankheiten, wie die der Lage und der Winde in einer Südstadt, diesmal unter dem Gesichtspunkt des Einflusses der Jahreszeiten gesehen“. Die trockenen Augenkrankheiten, die sogar zweifach hervorgehoben werden, werden unter Einfluss des Nord-, nicht des Südwindes beschrieben.

Die Verhältnisse können wie folgt dargestellt werden:

	Winter	Frühling	*Krankheit*	Sommer	*Krankheit*
1.	gemäßigt	ausreichend Regen	-	ausreichend Regen	-
2.	kalt und trocken	warm und feucht	Schleim	kühl und feucht	-
				warm und trocken	Schleim
3.	warm und feucht	kalt und trocken	Schleim / Galle	trocken	-
				feucht	Schleim

Nachdem der Verfasser bislang also klimatische Verhältnisse schilderte, die ihren Ausgangspunkt im Winter nehmen und sich bis in den Sommer hinein auswirken, wendet er sich im Anschluss den Folgen des Sommers zu, die bis zum Winter hin Effekte zeigen.

Dem vierten Beispiel zufolge (10,10) sind sowohl der Sommer als auch der Herbst regnerisch und warm, wonach der Winter Krankheiten aufweist. Diese werden erneut bezüglich der Säfte unterschieden: Die Schleimtypen leiden demnach unter Fieber,[160] die Galletypen unter Entzündungskrankheiten, wie es den Dispositionen ihrer Naturen grundsätzlich entspricht.[161]

Wenn hingegen wie im fünften Beispiel (10,11) der Sommer unter Einfluss des Südwindes steht und dennoch trocken ist, im Herbst aber der Nordwind weht und Regen fällt, treten im Winter andere Krankheiten auf.[162] Das Verhältnis der Säfte wird nicht erwähnt, es kommen jedoch ausschließlich Erkrankungen

160 Das hier erwähnte Brennfieber (καῦσος), das gewöhnlich im Sommer auftritt, könnte an dieser Stelle auf einen stark verzögerten Ausbruch der Malaria hinweisen, vgl. Harig (1959) 49.

161 Galen kritisiert die Darstellung dieses Jahresverlaufs: „Diese Rede widerstreitet dem Augenschein und dem, was in diesem Buch von ihm steht, und dem, was im Buch der „Aphorismen“, und dem, was im Buch der „Epidemien“ steht. Die warmen und feuchten Jahreszeiten bringen nämlich immer die Säfte zur Fäulnis. Wenn der Sommer und der Herbst beide warm und feucht sind und dann der Winter eintritt, befällt die Leute unweigerlich Kopfschmerz und die Krankheit des Gehirns, die *sphakelos* heißt, und Husten und Katarrhe und Schwindsucht und Schnupfen, was er auch noch erwähnen und uns darüber unterrichten wird. Es entsteht aber durch die Fäulnis. Eine Erwähnung der Rippenfellentzündung und des Lungenschmerzes kommt nicht vor, weswegen manche Kommentatoren behauptet haben, dass diese Rede diesem Buch zugefügt wurde und nicht zur Rede des Hippokrates gehört“ (Übers. Strohmaier III 7). Galen erwartet demnach ausschließlich Krankheiten, die durch Schleim ausgelöst werden, stößt sich jedoch an den Entzündungskrankheiten.

162 Auf die ungewöhnliche Verbindung der Winde und des Feuchtigkeitsmaßes wurde bereits im Kapitel zu den Winden hingewiesen, vgl. Seite 77f. 82.

des Kopfes und der Atemwege vor, die auf einen stark erhöhten Schleimanteil hinweisen.[163]

Schließlich wird ein Fall (10,12) beschrieben, in dem nach einem kühlen und trockenen Sommer[164] nun ein ebenfalls trockener Herbst[165] folgt. Demzufolge trocknen die Menschen aus, was bei Schleimtypen heilsame, bei Galletypen abträgliche Konsequenzen hat, da deren Körper ohnehin unter Trockenheit leiden. Bei ihnen kommen Augenkrankheiten, Fieber und Schwarzgalligkeit auf.

Bei einem Vergleich dieser zweiten Reihe von Beispielen mit den Idealangaben nach 10,2, denen zufolge Sommer und Herbst Regen führen sollen, wobei die Angabe ὕδατα ὡραῖα bezüglich des Sommers auf ein gemäßigtes Maß hinweist, sind die Abweichungen der drei Fälle klar erkennbar: Es herrscht im Sommer zu starke Trockenheit oder Feuchtigkeit, im Herbst außerdem extreme Temperaturen und in einem Fall Trockenheit.

Eine genaue Analyse weist erneut eine unmittelbare Verbindung zu den Körpersäften und den mit ihnen verbundenen Krankheiten auf: Im ersten Fall treten vor Allem bei Schleim- aber auch bei Galletypen Krankheiten auf, die aus ungewöhnlich warmen und feuchten Wetterverhältnissen resultieren. Im zweiten Beispiel werden ausschließlich Krankheiten durch Schleim verursacht, der sich seinerseits auf das besonders kalte Herbstwetter zurückführen lässt. Im dritten Fall schließlich erzeugt das auffallend trockene Klima den Körpersaft Galle und ihm entsprechende Erkrankungen.[166]

---

163 Unter den Atemwegserkrankungen des Winters wird hier auch die Tuberkulose aufgeführt, die in unseren Breitengraden ihren Gipfel im Frühjahr zeigt, jedoch weist Harig (1959) 49–51 darauf hin, dass die tuberkulösen Krankheiten im subtropischen Mittelmeerraum bereits verstärkt im Winter auftreten.

164 Trotz fehlendem Subjekt erschließt sich aus dem Zusammenhang, dass die Ausgangsjahreszeit erneut der Sommer ist. Einen Hinweis bietet auch der erwähnte Aufgang des Sirius, der nicht in die Herbstzeit fällt. Vgl. auch Jouanna (1996a) 217, Anm. 2. Flashar (1966) 21, Anm. 3 ergänzt den Herbst als Subjekt, korrigiert jedoch auch schon zuvor in 10,11 die Zuordnung der Winde, so dass er schließlich einen sinnvollen Text konstruiert, der jedoch stark von den wahrscheinlicheren Verhältnissen divergiert. Vgl. aber leicht abweichend bei dems. (1962) 395f.

165 Auch der Herbst wird nicht erwähnt, sein Beginn wird jedoch durch den Aufgang des Arktur bezeichnet. Galen schlussfolgert: „So ist hieraus deutlich geworden, dass er damit nur die Zeit des Sommers gemeint hat. Was die Mischung des Herbstes betrifft, so sagt er darüber nichts" (Übers. Strohmaier III 9). Da jedoch in allen zuvor geschilderten Beispielen jeweils zwei aufeinanderfolgende Jahreszeiten dargestellt werden, ist m.E. auch in diesem davon auszugehen, dass nicht nur der Anfang des Herbstes, sondern auch sein Verlauf beschrieben ist. Der Gesundheitszustand der Menschen wird explizit sogar bis in den Winter hinein erläutert.

166 Engelstätter (2008) 89–94 versucht in ihrer Untersuchung der Verbindung der Melancholie und des Nordens nachzuweisen, dass diese in *De aere aquis locis* ihren Anfang hat, und

Eine Übersicht zeigt die Verhältnisse der zweiten Fallreihe:

	Sommer	Herbst	*Krankheit*
4.	warm und feucht	warm und feucht	Schleim / Galle
5.	warm und trocken	kalt und feucht	Schleim
6.	kalt und trocken	trocken	Galle

Bezüglich aller sechs Beispiele des zehnten Kapitels ließ sich erkennen, dass die Schilderung der Jahreszeiten vornehmlich durch Angaben über die Temperatur und Niederschlagsmenge erfolgt. Diese lassen sich durch die Elementarqualitäten beschreiben und werden ihrerseits in den Fällen 2–6 durch die zwei Hauptwinde bedingt. Im idealen Jahresverlauf hingegen kommt kein Wind auf.

Des Weiteren ist beachtenswert, dass beide Ansätze jeweils als Beginn und Ziel ihrer Reihe eine Jahreszeit mit extremen Temperaturen vorweisen, Frühling und Herbst erscheinen durchgängig als Übergangsjahreszeiten.

Langholf bezweifelt, dass das Vorherrschen eines Windes in einer Jahreszeit durch die Qualitäten warm / kalt ausgedrückt werden dürfe und behilft sich mit der wörtlichen Übersetzung der Himmelsrichtung nördlich / südlich.[167] Diese Möglichkeit kann jedoch, da die „Nördlichkeit" bzw. „Südlichkeit" einer Witterung Präzision entbehrt,[168] kaum als zufriedenstellend gelten, so dass die Legi-

bezieht sich vornehmlich auf die erste Erwähnung der „Melancholie" in 10,12. Sie bemerkt zuvor die Herausbildung der galligen Konstitution durch den Boreas in der Beschreibung der Nord-Stadt (4,2), erliegt anschließend jedoch folgendem Irrtum: „Im Hinblick auf den Melancholiker ist es besonders bemerkenswert, dass der Galletyp im Text nicht nur mit der Trockenheit, sondern vor allem auch mit der Kälte, sprich dem Nordwind, konsequent verbunden bleibt." (93) Die Annahme, dass beide signifikanten Merkmale des Windes (Trockenheit und Kälte) Ursache der Konstitution seien, ist unzutreffend, dennoch kann darauf verzichtet werden, erneut nachzuweisen, dass die Galle schon in den frühen hippokratischen Schriften stets als „warm" gilt und daher auch mit Hitze, z.B. dem Sommer, in Verbindung gebracht wird. Darüber hinaus ist die Gleichsetzung von Nordwind und Norden unzulässig. Im Norden hingegen, der im Skythen-Exkurs zu finden ist, sind die Menschen feucht, also eher von schleimiger Konstitution (19,5). Ein letzter Gegenbeweis ist schließlich in 10,12 selbst zu finden, demzufolge die Menschen unter den beschriebenen Bedingungen „austrocknen" (ἀναξηραίνονται). Engelstätters Bemühen, die meteorologische Medizin aus der Umweltschrift in die spätere Entwicklung von Melancholiedarstellungen einzufügen, ist daher zurückzuweisen. Ohnehin ist ihre Analyse der Umweltschrift durch eine retrospektive Sichtweise ausgehend von mittelalterlichen Fortentwicklungen antiker Konzepte gekennzeichnet.

167 Vgl. Langholf (1990b) 170–173: „northern/southern".

168 Vgl. dazu Rehm (1916) 20, Anm. 1: „Immer aber meinen diese Ausdrücke, ob substantivisch oder adjektivisch, den Wind als physisches Phänomen, niemals die Himmelsrichtung".

timität einer Gleichsetzung zu den Wärmegraden aufzuzeigen ist: Bekanntlich wies bereits Aer. 3f. diese nach, jedoch vermutet Langholf für die Jahresverläufe des zehnten Kapitels eine fremde Quelle, aus der der Verfasser der Umweltschrift diese übernahm, so dass eingewendet werden könnte, dass die Windlehren von Aer. 3–6 und Aer. 10 divergierten. Es zeigen allerdings auch die Wetterbeispiele vollkommene Übereinstimmung hinsichtlich des warmen Süd- und des kalten Nordwinds: So wird die Wärme der Erde in 10,3 auf den Südwind des Frühlings zurückgeführt (τὸ καῦμα [...] ἀπό τε τῆς γῆς διαβρόχου ἐούσης καὶ θερμῆς), ebenso gilt ein Winter unter Einfluss dieses Windes in 10,5 als mild (εὔδιος) und in 10,7 sogar als warm (θερμός). Ein Frühling unter dem Zeichen des Nordwinds ist hingegen in 10,5 winterlich (χειμέριος) und in 10,7 kalt (ψυχρός). Es besteht demnach kein Zweifel hinsichtlich der Wärmegrade der Winde des zehnten Kapitels.

Zu den dargestellten Jahresverläufen in Aer. 10 können vier weitere aus Aph. 3,11–14 in Beziehung gesetzt werden, die große Übereinstimmungen aufweisen:

Das erste Beispiel (Aph. 3,11) entspricht demjenigen aus Aer. 10,3: So kommen auch hier nach einem trockenen, kalten Winter und einem regnerischen, warmen Frühling im Sommer die Krankheiten auf, die durch den Südwind hervorgerufen werden.

Anschließend (Aph. 3,12) wird wie in Aer. 10,5–9 ein warmer, regnerischer Winter geschildert, auf den ein kalter und trockener Frühling folgt. Daraufhin leiden beide Hauptkonstitutionen (Schleim und Galle) im Sommer unter Krankheiten.

Im Gegensatz zu ihren Entsprechungen in *De aere aquis locis* weisen die *Aphorismen* 3,11f. jedoch keine Differenzierungen anhand der Witterungsverhältnisse des Sommers auf. Zudem sind sie weit weniger ausführlich in ihren Schilderungen.

Das dritte Beispiel (Aph. 3,13) beginnt mit einem trockenen, kühlen Sommer und einem regnerischen, warmen Herbst und nennt zur Winterszeit Krankheiten, die durch Schleim hervorgerufen werden. Dieser Fall weist erhebliche Übereinstimmungen mit demjenigen in Aer. 10,11 auf, allerdings bietet der Aphorismus die gewöhnlichen Verknüpfungen αὐχμηρός – βόρειος sowie ἔπομβρος – νότιος, während bezüglich der Umweltschrift bereits Galen und auch der Verfasser der pseudo-aristotelischen Problemata die unüblichen Verbindungen αὐχμηρός – νότιος sowie ἔπομβρος – βόρειος bezeugen.[169] Darüber hinaus gleichen sich die beschriebenen Verhältnisse jedoch.

Der letzte Fall der *Aphorismen* (3,14) entspricht Aer. 10,12, da trockenes und kühles Klima Krankheiten bei den Galletypen hervorrufen, während die Schleimtypen gesund bleiben.[170]

So lässt sich demnach festhalten, dass vier der sechs Jahresverläufe aus Aer. 10 eine Entsprechung in Aph. 3,11–14 aufweisen, die abgesehen von der Abweichung in 3,13 dieselbe Lehre der Jahreszeiten postulieren. Kein Pendant finden hingegen das Beispiel eines gesunden Jahres (Aer. 10,2) und der Fall eines regnerischen Sommers (10,10).

Zu guter Letzt wird ein weiterer Jahresverlauf im Abschnitt 72–75 des Briefes über die Tollwut (περὶ λύσσης) geschildert.[171] Der Verfasser beschreibt darin die Jahreszeiten wie folgt: Der Herbst bringt keinen Niederschlag (ἄνικμον), jedoch Hitze (καυματῶδες), der Winter ist seinem gewöhnlichen Klima entgegengesetzt, im Frühling treten Hitzeeinbrüche auf (καύματα ἐξαπιναῖα καὶ μὴ ὡραῖα), an den Hundstagen im Sommer gibt es weder Niederschlag noch Abkühlung durch die Etesien. Dieser Schilderung lässt sich demnach entnehmen, dass das gesamte Jahr von Trockenheit und Wärme geprägt ist, so dass die Körper aller Lebewesen hart und trocken werden, die folglich für die Tollwut disponiert sind.

Die Beschreibung dieses Jahresverlaufs hat keine Entsprechung in der Umweltschrift oder den *Aphorismen*.

---

169 Beachte die Darlegung S. 77f. sowie die Diskussion bei Jouanna (1996b) 273–293 zu den Übereinstimmungen zwischen Aer. 10, Aph. 3,11–14 und Aristot. probl. I 8–12. 19–20. Jouanna weist hier darüber hinaus eine klare Abhängigkeit der *Problemata* von *De aere aquis locis* nach, die schon Lloyd (1987b) 156 annimmt. Ob diese auch für die *Aphorismen* angenommen werden darf oder ob beiden hippokratischen Werken eine gemeinsame Quelle vorlag, ist bislang nicht geklärt. Jouanna (1996b) 283 hält jedoch wie bereits Langholf (1990b) 175f. die zweite Möglichkeit für wahrscheinlicher.

170 Der Aphorismus lässt sogar wie Aer. 10,12 das Subjekt vermissen, so dass allein der Kontext darauf hinweist, dass erneut Sommer und Herbst beschrieben sind.

171 Vgl. Diels (1918) 70.

4.3.4 Allgemeine Kennzeichen der Jahreszeiten

Es werden unterschiedliche Dispositionen zu den einzelnen Jahreszeiten seitens der Konstitutionen (Aph. 3,2 und Hum. 16), der Krankheiten, Altersstufen, Wohnorte und Lebensumstände (Aph. 3,3) vorausgesetzt, obgleich durchaus alle Krankheiten zu allen Zeiten aufkommen können (Aph. 3,19). Es wird diesbezüglich angenommen, dass diejenigen Erkrankungen, die zu einer bestimmten Jahreszeit auftreten, in der ihr am stärksten entgegengesetzten abklingen (z.B. Genese im Winter und Rekonvaleszenz im Sommer) (Nat.Hom. 8). Im siebten Buch der *Epidemien* werden zudem bei zahlreichen Fallbeschreibungen Zeiträume oder -punkte des Jahres erwähnt, die lediglich als exakte Bestimmung des Krankheitsverlaufs dienen.[172] Innerliche Bezüge zu den saisonalen Bedingungen sind möglich, werden jedoch nicht expliziert.

Darüber hinaus werden Jahreszeiten danach unterschieden, ob das Wetter ihrem gewöhnlichen Klima entspricht (ὡραίως) und regelmäßig (εὐτάκτως) verläuft (Hum. 13,1).[173] In diesem Fall bringen sie die ihnen entsprechenden Erkrankungen hervor, die leicht zur Krisis, also der Veränderung des Krankheitsverlaufs, führen. Wenn aber eine Jahreszeit die klimatischen Bedingungen einer anderen aufweist, treten auch deren typische Krankheiten auf, z.B. winterliche Erkältungskrankheiten in einem sehr kalten Frühling. Auf diese ausführliche Darstellung in *De humoribus* lassen sich auch die knappen Erwähnungen Aph. 3,8 und Epid. 2,1,5 beziehen.

Trockene Jahre sind im Allgemeinen gesünder als regenreiche (Aph. 3,15).[174] In Regenzeiten entstehen langanhaltende Fieber, Durchfälle, Entzündungen,

172 Ein solcher Fall ist zuvor schon in Epid. 2,2,16; 3,3,4 und 4,1,16. 49 zu erkennen, erst im siebten Buch tritt das Phänomen jedoch gehäuft auf. Zur Astronomie in den Epidemienbüchern vgl. Wenskus (1989).

173 Dieser Abschnitt ist bereits in Hum. 8 angekündigt.

174 Auf diese These lässt sich auch die umstrittene Stelle in Morb. II 41,2 beziehen: Dort wird der Überlieferung zufolge konstatiert, dass ein aus einem Überschuss an Galle entstandenes Fieber besonders aufkommt, wenn das Jahr nicht trocken ist (ἢν μὴ τὸ ἔτος αὐχμηρὸν γένηται). Fuchs (1897) 432, Anm. 37 tilgt die Negation und weist auf einen Widerspruch zu der Entstehung von Brennfiebern in heißen Sommern hin. Jouanna (1983) 173 mit Anm. 3 bewahrt trotz Kenntnis dieser Argumentation die Negation. Obgleich sich durch zahlreiche Stellen des Corpus belegen lässt, dass die trockene Konstitution von Galletypen besonders durch ein trockenes Klima hervorgerufen wird, so ist hier dennoch zu berücksichtigen, dass auch in einem feuchten Klima 1. Galletypen Krankheiten entwickeln (z.B. Aer. 10,10), 2. Fieber entsteht (z.B. Aer, 3,3; 10,3) und 3. in Morb. II 41,2 nicht ein Sommer, sondern ein Jahresverlauf bezeichnet wird. Somit lässt sich die überlieferte Schilderung ohne Schwierigkeit mit Aph. 3,15 in Einklang bringen.

Epilepsie, Schlaganfälle und Halsschmerzen, in Trockenzeiten akute Fieber (Aph. 3,7), Tuberkulose, Augenentzündungen, Arthritis, Harnzwang und Ruhr (Aph. 3,16).

Der Arzt muss einen angemessenen Zeitpunkt für die Behandlung wählen, diese Anweisung bezieht sich sowohl auf die Tages- als auch auf die Jahreszeit (Morb. I 5; Epist. 16). Auch bei der Lagerung von Medikamenten ist die Wirkung der Jahreszeiten zu bedenken (Decent. 15).

Sehr extreme Eigenschaften eines Jahres sind durch eine gegensätzliche Therapie zu kurieren, damit der Körper in einen ausgewogenen Zustand gebracht wird. Diesen Grundsatz *contraria contrariis* hebt auch Galen schon im Kommentar zu *De aere aquis locis* hervor.[175]

Die μεταβολαί sind außerdem Auslöser für Krankheiten (Aer. 3,4f.; 4,4), Ursache für unterschiedliche physische Gestalten innerhalb eines Gebiets (13,2. 5; 19,4f.; 23,1f. und 24,6) und für eine ungleichmäßige Landschaft (13,3). Sie bewirken bei einem einzelnen Menschen Leidenschaft, Kriegslust und Arbeitswille (16,1f.; 19,4 und 24,2. 6) und formen auch unterschiedliche Charaktere innerhalb eines Gebiets (16,5 und 24,6).

4.3.5 Faktor „Winter"

4.3.5.1 Eigenschaften und allgemeine Auswirkungen

Der Winter (ὁ χειμών) wird schon in der Umweltschrift hauptsächlich mit Kälte, Schnee und Eis verknüpft (3,1; 7,2; 8,10; 19,2; 24,8), im Innersten des Bodens und aller Lebewesen ist dennoch Wärme vorhanden (Aer. 7,10; Hebd. 19).

Im Winter ist der Körper des Menschen feucht (Morb. IV 44,1) und enthält viel Schleim (Nat.Hom. 7; Salubr. 5), von dem vor allem der Kopf und der obere Rumpfbereich über dem Zwerchfell betroffen sind. Zur Reinigung des Körpers wird Erbrechen empfohlen. Dementsprechend fließen laut Acut.spur. 6 im Winter kalte Flüsse vom Kopf herab.

175 „Er (s.c. Hippokrates) sagt, dass ein Gegensätzliches die Heilung von dem Gegensätzlichen bedeutet, und mit dieser Aussage gewinnen wir auch Aufschluss über die Dinge, welche die Krankheiten verhindern. Wenn nämlich die Jahreszeit kalt ist, müssen wir anwenden, was aus einer jeden Natur von den Krankheiten folgt, und die Leute anweisen, warme Speisen und warme Getränke zu sich zu nehmen, und wir weisen sie an, sich an Arbeiten zu halten, die ihre Körper erwärmen. Entsprechend verfahren wir dann, wenn die Jahreszeit warm und trocken oder feucht ist, je nachdem wie der Zustand der Mischung der Luft ist, welche ihre Körper umgibt" (Übers. Strohmaier III 1).

Abweichend davon weist die Empfehlung in Aph. 4,4, laut deren im Winter besonders die unteren Organe purgiert werden sollen, auf ein Vorherrschen der schwarzen Galle hin. Diesbezüglich erläutert schon Galen in seinem Aphorismenkommentar, dass dem Abschnitt die Vorstellung zu Grunde lag, dass gelbe Galle leichter als schwarze sei und deshalb nach oben steige.[176] Übereinstimmungen lassen sich infolgedessen auch in Aph. 4,6. 12 finden.

Auch die anthropologische Lehre in *De diaeta*, die alle Lebewesen als Zusammensetzung aus Feuer und Wasser ansieht, ordnet dem Winter die Eigenschaften „kalt" und „feucht" zu (Vict. 1,32,3). Derartig beschaffene Konstitutionen erkranken zu dieser Jahreszeit am häufigsten. Die Feuchtigkeit der Jahreszeit erklärt sich nach Nat.Puer. 24,1 aus vermehrtem Niederschlag. Der naturphilosophischen Schrift *De flatibus* zufolge ist die Luft (πνεῦμα) im Winter dicht und kalt (Flat. 3).

Da das Körperinnerste im Winter so warm ist, wird viel Nahrung benötigt (Aph. 1,15; Morb. IV 44,3). Die Verträglichkeit des Essens ist dementsprechend im Winter am höchsten (Aph. 1,18).

Sehr ausführlich widmet sich Vict. 3,68,3–8 diätetischen Ratschlägen zur Krankheitsprävention, die im Winter zu beachten sind. Diese reichen über die herkömmliche Ernährung hinaus und beziehen auch die körperliche Ertüchtigung, das Schlaf- und Sexualverhalten und die körperliche Reinigung ein. Die Zielsetzung all dieser Maßnahmen besteht darin, den Körper zu erwärmen und einen Teil der Feuchtigkeit zu verlieren, um den nachteiligen Spezifika des Winters entgegenzuwirken. Eben diese Ausrichtung zeigen auch die Empfehlungen in Salubr. 1. 3. 7.

Der Winter ist ferner angenehm für das mittlere Lebensalter (Aph. 3,18) und der Durchbruch der Milchzähne ist in der Jahreszeit weniger schmerzhaft (Dent. 9).[177]

4.3.5.2 Mit dem Winter verbundene Krankheiten

Der Großteil der Schriften des C.H. bezieht die Krankheiten des Winters auf den vorherrschenden Körpersaft Schleim. Eine Auflistung findet sich in Aph. 3,23, derzufolge gewöhnlich folgende Krankheiten aufkommen: Pleuritis, Pneumonie, Lethargie[178], Schnupfen, Heiserkeit, Husten[179], Schmerzen in den Rippen,

176 Vgl. Galens Kommentar zu Aph. 4,4. 9, ed. Kühn 17,2 (1829) 663. 667.

177 Einen Überblick zur Darstellung des Winters bei verschiedenen antiken Autoren verschafft Rathmayr (2001) 70–77.

178 In einigen Handschriften wird die Lethargie (λήθαργοι) nicht genannt, vgl. den Hinweis in ed. Jones (1931) 130, Anm. 4.

der Brust und der Lendengegend, Kopfschmerzen, Schwindel und Schlaganfälle.[180] Nat.Hom. 7 fasst diese Erkrankungen unter der Bezeichnung νοσήματα φλεγματώδεα zusammen und nennt zusätzlich die Entstehung weißer οἰδήματα[181]. Die Mehrzahl der Leiden lässt sich zusätzlich in die Klassifikation der akuten Krankheiten[182] einordnen, wie sie Aff. 6. 12 explizit benennt.

Eine besondere Disposition liegt im Winter außerdem für die Malaria quartana vor, die zu dieser Jahreszeit sehr langwierig ist (Aph. 2,25; Coac. 139. 155; Progn. 24,6). Dem widerspricht zwar Nat.Hom. 15,5, jedoch wird in diesem Text bereits die Viersäftelehre zugrunde gelegt, nach welcher das Quartanfieber mit der im Herbst dominierenden schwarzen Galle in Verbindung gebracht wird.

Schließlich tritt bei älteren Leuten in der Winterzeit häufig Epilepsie auf, die durch die abrupten Wechsel von Wärme und Kälte ausgelöst wird (Morb.Sacr. 10), außerdem zeigen sich in der gesamten Bevölkerung zwei verschiedene Arten von Gelbsucht (Int. 36. 38) und physische Wunden sind besonders bedenklich (Ulc. 5).

4.3.6 Faktor „Frühling"

4.3.6.1 Eigenschaften und allgemeine Auswirkungen

Die Eigenschaften, die *De aere aquis locis* dem Frühling (τὸ ἦρ) beimisst, lassen sich aus zwei Passagen rekonstruieren, in denen lokale klimatische Verhältnisse geschildert werden, die diesem gleichen: 5,2–5 und 12,4–6. Die im fünften Kapitel durchgängig positiv beschriebene Ost-Stadt zeichnet sich besonders durch ihre ausgeglichenen Temperaturen und die klare Luft aus, die für gute Vegetation und menschliche Gesundheit sorgen. Dieser Beschreibung ähnelt diejenige des zwölften Kapitels in großem Maße, der zufolge das Land „in der Mitte zwischen der Wärme und Kälte" (ἐν μέσῳ […] τοῦ θερμοῦ καὶ τοῦ ψυχροῦ) die klimatisch besten Bedingungen aufweist. Die expliziten Vergleiche mit dem

---

179 Vgl. auch Epid. 5,1,78. In diesem Krankenbericht wird hervorgehoben, dass besonders bei Wehen des Südwinds im Winter Husten auftritt. Die Aitiologie ist evident, da sowohl die Jahreszeit Winter als auch der Wind Notos zur Schleimbildung beitragen.

180 Übereinstimmend nennt auch Hum. 13,2 Husten, Pneumonie und Halsentzündungen als Krankheiten des Winters. Diese können den Patienten sogar noch im Frühling befallen, wenn die klimatischen Verhältnisse winterlich sind. Zu den Winterkrankheiten gehören auch die Hämorrhoiden, vgl. Epid. 4,1,24.

181 Zur medizinischen Klassifizierung der οἰδήματα genannten Geschwülste vgl. die ausführlichen Erläuterungen bei Dönt (1968) 13–27.

182 Vgl. Seite 83, Anm. 65.

Frühling (5,5: ἔοικε ἦρι; 12,6: τοῦ ἦρος ἐγγύτατα) lassen schließen, dass dieser Jahreszeit ein ausgezeichnetes Klima mit gemäßigten Temperaturen und Niederschlägen beigemessen wird.

Auch weitere Schriften des Corpus unterstützen die These, dass der Frühling die gesündeste Jahreszeit darstellt und die geringste Sterblichkeit aufweist (Aph. 3,9; Epid. 2,1,5; Prorrh. 2,39. 41). Vict. 3,68,9f. beschreibt ihn als nahrhaft und gemäßigt (τρόφιμός τε καὶ εὔκρητος).

Der Körper des Menschen ist in der Frühlingszeit durch besonderen Blutreichtum geprägt (Int. 32), der durch die Wärme und Feuchtigkeit der Jahreszeit hervorgerufen wird (Nat.Hom. 7). Wie im Winter fließen jedoch nach Acut.spur. 6 auch im Frühling kalte Flüsse vom Kopf herab. Das Gehirn wird gewöhnlich gelöst und durch Schnupfen und Heiserkeit gereinigt (Aer. 10,7).

Anfälligkeit für Erkrankungen zeigen in dieser Zeit insbesondere warme und feuchte Konstitutionen (Vict. 1,32,4).

Wie im Winter ist auch im Frühling das Körperinnere noch warm, weshalb der Mensch mehr Nahrung benötigt (Aph. 1,15), die er zu der Zeit besonders gut verträgt (Aph. 1,18). Die Verfasser von Vict. 3,68 und Salubr. 1 empfehlen, im Verlauf des Frühjahrs schrittweise die Lebensweise von der winterlichen auf die sommerliche umzustellen, damit sich der Körper allmählich an die neuen Bedingungen gewöhnen kann.

Die Jahreszeit ist die beste Zeit für die Empfängnis (Mul. 218; Superf. 30) und besonders angenehm für das Kindesalter (Aph. 3,18).

Eine explizite Empfehlung betrifft die Reinigung durch Aderlass oder Purgation im Frühling (Aph. 6,47; 7,53), bezüglich deren die Anwendung von Nieswurz empfohlen wird (Aff. 20 und Vict. 1,35,12).

4.3.6.2 Mit dem Frühling verbundene Krankheiten

Die Krankheiten, die laut Aph. 3,20 im Frühjahr am ehesten aufkommen, sind die folgenden: Melancholie, Geisteskrankheiten, Epilepsie,[183] Blutflüsse, Halsentzündungen, Schnupfen, Heiserkeit, Husten, verschiedene Hautausschläge,[184] Geschwüre und Gelenkerkrankungen.

---

183 Die Epilepsie wird im Frühling laut Morb.Sacr. 10 dadurch hervorgerufen, dass zu der Jahreszeit sowohl winterliche Kälte als auch Sonnenwärme herrschen, so dass das Gehirn einer schnell wechselnden Beeinflussung unterliegt.

184 Zur Übersetzung der medizinischen Termini in Aph. 3,20 beachte den Hinweis bei ed. Jones (1931) 129, Anm. 1.

Darüber hinaus lassen sich Hinweise auf Dysenterie (Nat.Hom. 7), Gicht (Aph. 6,55), zwei verschiedene Milzerkrankungen (Int. 32f.), Angststörungen (Morb. II 72,1) und Tuberkulose (Epid. 6,7,9f.) finden.

4.3.7 Faktor „Sommer"

4.3.7.1 Eigenschaften und allgemeine Auswirkungen

In *De aere aquis locis* ist der Sommer (τὸ θέρος) geprägt von Wärme und Sonnenschein (3,1; 6,2; 7,2; 10,3; 19,2; 24,8) der Boden ist in der Tiefe dennoch kühl (7,10). Die Luft (πνεῦμα) ist nach der naturphilosophischen Theorie von Flat. 3 im Sommer mild und ruhig (πρηῢ καὶ γαληνόν).

Die bereits erwähnte Unterteilung des Sommers in zwei Phasen durch den Aufgang des Sirius (Aer. 10,4) zeigt sich auch in den Zuordnungen in Aph. 3,18, demzufolge der Sommeranfang besonders angenehm für das Kindesalter, der Spätsommer hingegen für ältere Menschen ist. Aph. 4,5 und Purg.[185] betonen, dass die Purgation vor und an den Hundstagen schwierig ist.

Nat.Hom. 7 weist darauf hin, dass im menschlichen Körper zur Zeit des Sommers die Galle vorherrscht, was sich in den Ausscheidungen,[186] am Fieber und an der Hautfarbe zeigt. Die Dominanz der Galle wird auch von Hum. 13,2, Salubr. 5, Aff. 20 und Acut.spur. 1 gestützt. Es fließen heiße Flüsse vom Kopf herab (Acut.spur. 6), der Körper ist sehr trocken (Morb. IV 44,1). Laut Aph. 4,4. 7 sind im Sommer besonders die oberen Organe zu purgieren, was gemäß der Differenzierung in die helle und dunkle Form des Körpersafts besonders die gelbe Galle beschreibt. Unklar sind hingegen *status et fortitudo*, die Hebd. 20 zufolge alle Lebewesen durch den Sommer erlangen. Entgegen des zunächst positiven Anscheins ist eher anzunehmen, dass die Körper ausgetrocknet und somit hart und fest werden.[187]

Entsprechend der Trockenheit und Wärme der Jahreszeit sind Konstitutionstypen einer ebensolchen Beschaffenheit besonders gefährdet (Vict. 1,32,5). Aus diesem Grund sind die diätetischen Empfehlungen in Vict. 1,35,12; 3,68,11–13 und Salubr. 1. 3. 7 darauf ausgerichtet, den menschlichen Körper zu kühlen

---

185 Der betreffende Abschnitt findet sich am Ende des Traktats, vgl. den edierten Text bei Schöne (1920/24) 443.

186 So weist auch Epid. 4,1,33 auf eine Stuhlbeschaffenheit hin, die zum Sommer üblich ist, spezifiziert diese jedoch nicht.

187 Anders versteht Ilberg (1894) 28 mit Anm. 2 die Stelle, der annimmt, dass die Krankheiten trotz ihres geschilderten Anstiegs in der warmen Jahreszeit zu deren Höhepunkt nachlassen. Dies widerspricht jedoch deutlich den Beschreibungen des Sommers in Hebd. 22,1–14.

und zu befeuchten.[188] Nahrung wird im Sommer jedoch grundsätzlich schlecht vertragen (Aph. 1,18; Morb. IV 44,3).

4.3.7.2 Mit dem Sommer verbundene Krankheiten

In Aph. 3,21 werden folgende Krankheiten aufgelistet, die gewöhnlich im Sommer entstehen: Langwierige Fieber, Brennfieber, Malaria tertiana, Erbrechen, Dysenterie, Augenkrankheiten, Ohrenschmerzen, Geschwüre der Mundhöhle, Entzündungen der Genitalien, Hitzepickel sowie einige derjenigen Krankheiten, die bereits Aph. 3,20 dem Frühling zuordnete.

Nähere Beschreibungen von sommerlichen Fiebererkrankungen finden sich außerdem in Aff. 14–17: Sie zeigen sich abgesehen von stark erhöhter Körpertemperatur durch Erbrechen, Dysenterie oder Obstipation, starken Durst, Verfärbungen der Zunge, Durchblutungsstörungen und Appetitlosigkeit und werden durch Galle ausgelöst. Der Verfasser führt jedoch auch einige Krankheiten auf Schleim zurück, die sich durch starke Bauchschmerzen äußern.

Die Disposition zu fiebrigen Erkrankungen im Sommer erklärt sich nach Epid. 2,1,2 und Acut.spur. 1 aus der Austrocknung des Körpers.[189]

Darüber hinaus kommen in der heißen Jahreszeit auch diverse Erkrankungen an der Lunge (Int. 7), den Nieren (Int. 17) und der Leber (Int. 28) vor, eine Art von Gelbsucht (Int. 35), eine Art des sogenannten Typhos[190] (Int. 39), Darmverschluss (Int. 45), die sogenannten „dicken Krankheiten“ (Int. 47), Geschwüre (Hebd. 22), die Malaria quartana (Aff. 18), Mandelentzündungen (Dent. 30), πάθεα χολερικά[191] und intermittierende Fieber (Epid. 5,1,71; 7,1,82).

Die Wahrscheinlichkeit, im Sommer an Epilepsie zu erkranken, ist hingegen vergleichsweise gering, da die konstante sommerliche Wärme kaum klimatische Schwankungen aufweist (Morb.Sacr. 10). Außerdem genesen zu der Jahreszeit viele Menschen von ihren chronischen Krankheiten (Prorrh. 2,39. 41).

---

188 Einen abweichenden Ansatz verfolgt Aff. 17 mit der These, dass die menschlichen Körper durch die Erwärmung im Sommer feuchter werden und aus diesem Umstand die Krankheiten entstehen.

189 Vgl. auch Epid. 5,1,73; 7,1,1.

190 Es werden mehrere Erkrankungen als Typhos bezeichnet, eine Verknüpfung mit der bekannten Infektionskrankheit Typhus abdominalis besteht noch nicht, vgl. Di Benedetto (1986) 12f. und Kiple (1993) 1080.

191 Vgl. die Erläuterungen auf S. 76, Anm. 41.

4.3.8 Faktor „Herbst"

4.3.8.1 Eigenschaften und allgemeine Auswirkungen

In Aer. 6,4 wird die nach Westen ausgerichtete Stadt mit dem Herbst (τὸ μετόπωρον oder φθινόπωρον[192]) verglichen, dessen Wirkung auf den Menschen als sehr negativ beurteilt wird. Der Beschreibung ist zu entnehmen, dass eine hohe Luftfeuchtigkeit und Nebel besonders kennzeichnend sind, außerdem zeigen sich am Morgen niedrige Temperaturen, die sich im Laufe des Tages stark erhöhen. Einen derartigen Wechsel von Hitze und Kälte beschreiben auch Hum. 12f. und Aph. 3,4 als die für den Herbst charakteristische Witterung.[193]

Krankheiten verlaufen im Herbst schwerer als in anderen Jahreszeiten (Aph. 3,9) und die Mortalität ist besonders hoch (Prorrh. 2,7). Epid. 2,1,4 erläutert zusätzlich die Verschlechterung des Krankheitszustands anhand einer Analogie von Herbst und Abend, derzufolge die Periode eines Jahres hinsichtlich der Krankheitsentwicklung derjenigen eines Tages gleicht, so dass sich folgende Entsprechungen schließen lassen:

Jahreszeit	Tageszeit
Frühling	Morgen
Sommer	Mittag
Herbst	Abend
Winter	Nacht

Der Herbst gilt als trocken und kalt (Nat.Hom. 7) und ruft im Menschen eine ebensolche Körperbeschaffenheit hervor. Für diejenigen, die bereits diese Konstitution haben, ist das herbstliche Klima besonders schädlich. Es dominiert die schwarze Galle. Nach Acut.spur. 6 fließen jedoch auch im Herbst heiße Flüsse vom Kopf herab. Der Beginn der Jahreszeit ist angenehm für ältere Menschen, ihr Ende für das mittlere Lebensalter (Aph. 3,18).

Die Ratschläge zur Lebensweise im Herbst (Vict. 3,68,14 und Salubr. 1) stehen denen des Frühlings entgegen, da nun eine allmähliche Umstellung des Verhaltens im Sommer zu demjenigen im Winter zu erfolgen hat. Der Körper soll

---

192 In den Bezeichnungen des Herbstes durch μετόπωρον oder φθινόπωρον zeigt sich etymologisch seine zeitliche Einordnung nach der zweiten Sommerhälfte, die ὀπώρη genannt wird. Zu den zwei unterschiedlichen Begriffen vgl. Pohlenz (1937) 101, der zunächst erwägt, ob die Schriften nach ihrem Gebrauch der einen oder anderen Vokabel geschieden werden könnten, anschließend jedoch auf Thukydides verweist, bei dem beide Ausdrücke vorkommen. Der Herbst ist als eigenständige Jahreszeit noch jung, dies erklärt die Unsicherheit in der Namensgebung, vgl. Müri (1953) 28.

193 Zur Parallelität der beiden Textpassagen vgl. Overwien (2009) 126–128.

auf diese Weise von einer allzu abrupten Veränderung verschont werden. Die Jahreszeiten Frühling und Herbst gelten demnach auch in *De diaeta* und *De diaeta salubri* als Übergangsjahreszeiten.[194] Wie im Sommer wird auch im Herbst die Nahrung nur schlecht vertragen (Aph. 1,18).

4.3.8.2 Mit dem Herbst verbundene Krankheiten

Aph. 3,22 zufolge entstehen im Herbst gewöhnlich folgende Krankheiten: Malaria quartana, unregelmäßige Fieber, Milzerkrankungen, Wassersucht, Tuberkulose, Harnzwang, Dysenterie, Ischialgie, Halsentzündungen, Asthma, Darmverschluss, Epilepsie, Geisteskrankheiten, Melancholie und viele derjenigen Krankheiten, die in Aph. 3,21 dem Sommer zugerechnet wurden. Für jeweils einzelne dieser Krankheiten bestätigen auch andere Schriften des C.H. die Entstehung zur Herbstzeit.[195] Zusätzlich zu der Auflistung in dem Aphorismus werden Wurmerkrankungen, Kardialgie (Epid. 2,1,3; 6,1,11), Gicht (Aph. 6,55), eine Art des Typhos (Int. 42) und die sogenannten „dicken Krankheiten" (Int. 47) genannt.

4.3.9 Zusammenfassung

Im Vergleich mit den Untersuchungen der anderen Umweltfaktoren zeigt sich, dass die Jahreszeitentheorie des Traktats *De aere aquis locis* die meisten Berührungspunkte mit den übrigen Schriften des Corpus Hippocraticum aufweist. Dieser Umstand bestätigt, wie es durch die Priorität in Aer. 1,1 nur zu erahnen war, eine große Relevanz des Faktors für die gesamte meteorologische Medizin, derzufolge die hippokratischen Autoren den Auswirkungen der Jahreszeiten eine kaum zu ermessende Bedeutung zuerkannten. Von besonderer Ergiebigkeit

---

194 Langholf (1980) 335–338 weist berechtigterweise auf eine Divergenz der Jahreszeitenlehre von *De natura hominis* und *De diaeta salubri* hin, die zusammen ein gemeinsames Werk bilden. Er weist dem ersten Teil (Nat.Hom.) eine quaternäre Theorie zu, dem zweiten (Salubr.) eine binäre, die weitgehend miteinander kompatibel sind. Bezüglich des Frühjahrs und Herbstes, die zunächst als eigenständige durch die Elementarqualitäten gekennzeichnete Jahreszeiten gelten, anschließend lediglich als Übergangsjahreszeiten, meint er sogar einen Widerspruch zu bemerken, da die Diät trotz der konträren Naturen nicht entgegengesetzt sei. Dieser Schluss vernachlässigt jedoch den Grad der jeweiligen Merkmale (Temperatur und Feuchtigkeit), der zweifellos niedriger als in den extremen Jahreszeiten ist, so dass selbst bei einem quaternären diätetischen Konzept die Lebensweise in diesen schwächeren Zeiten weniger Ausgleich schaffen muss.

195 Dies betrifft Aph. 3,10; Epid. 6,7,9, Int. 25. 34. 46; Morb. III 14, Hebd. 22 und Nat.Hom. 15,5.

waren diesbezüglich die Abschnitte *Aphorismi* 3,1–23, *De natura hominis* 7f., *De diaeta* 1,32; 3,68 und *De hebdomadibus* 4. 18–22.

Das klimatische Ideal besteht demzufolge in einer ausgewogenen Witterung, die mit dem Frühlingswetter zu vergleichen ist. Es zeigt sich in Aer. 5,3 (μετριώτερον ἔχει τὸ θερμὸν καὶ τὸ ψυχρόν), 10,2 (ὁ χειμὼν μέτριος, καὶ μήτε λίην εὔδιος, μήτε ὑπερβάλλων τὸν καιρὸν τῷ ψύχει) und 12,3–6 (Τὸ δὲ αἴτιον τούτων ἡ κρῆσις τῶν ὡρέων. [...] τὴν δὲ αὔξησιν καὶ ἡμερότητα παρέχει πλεῖστον ἁπάντων, ὁκόταν μηδὲν ᾖ ἐπικρατέον βιαίως, ἀλλὰ παντὸς ἰσομοιρίη δυναστεύῃ. [...] εἰκός τε τὴν χώρην ταύτην τοῦ ἦρος ἐγγύτατα εἶναι κατὰ τὴν φύσιν καὶ τὴν μετριότητα τῶν ὡρέων).[196] Diese Verhältnisse schaffen im Menschen den optimalen Gesundheitszustand und einen ausgeglichenen Charakter.

Die pathogenetische Wirkung der vier Hauptjahreszeiten hat ihren Ursprung in der Diskrepanz zwischen den wünschenswerten Bedingungen nach Aer. 10,2 und den spezifischen Charakteristika, wie sie an vielen Stellen in den hippokratischen Schriften und besonders prägnant in Nat.Hom. 7 und Vict. 32 dargestellt werden:

Jahreszeit	ideale Eigenschaften	gewöhnliche Eigenschaften
Sommer	mäßig feucht	warm + trocken
Herbst	feucht	kalt + trocken
Winter	gemäßigt	kalt + feucht
Frühling	mäßig feucht	warm + feucht

Obgleich in Aer. 10,2 der Fokus weniger auf die ideale Temperatur der Jahreszeiten gerichtet wird, zeigte sich in der Analyse, dass die extremen Jahreszeiten, Sommer und Winter, meist in je zwei Hinsichten von den optimalen Bedingungen abweichen: So ist der Sommer gewöhnlich zu heiß und zu trocken, der Winter zu kalt und zu nass. Der Herbst hingegen, der als Übergangsjahreszeit kaum durch seine Temperatur hervortritt, ist oftmals jedoch zu trocken, da der erwünschte Regen ausbleibt. Allein der Frühling kommt seinem Inbild häufig nahe, so dass seine Idealisierung plausibel wird.

196 Vgl. zum Grundsatz der richtigen Mitte auch die Stellen bei Kalchreuter (1911) 35–38 und Jouanna (1996a) 220, Anm. 3. Kalchreuter weist nach, dass die μεσότης-Lehre schon seit Hesiod ein bedeutsames Grundprinzip im griechischen Denken war, das schließlich über die medizinisch-naturwissenschaftliche Literatur Eingang in die Aristotelische Ethik fand. Im Kontext der hippokratischen Schriften wird der Begriff der κρῆσις vornehmlich für die Ausgewogenheit der Körpersäfte, der Elemente oder der Qualitäten verwendet. Zur Bedeutung der μεταβολαί in *De aere aquis locis* vgl. auch Althoff (1993) 11.

Die Jahreszeiten Sommer und Winter werden stets kontrastierend präsentiert, ebenso Frühling und Herbst, so dass sich zwei Gegensatzpaare herausbilden. Diese Verhältnisse werden durch die Beschreibung anhand der vier Elementarqualitäten veranschaulicht, da sich bei jedem Übergang zwischen den Jahreszeiten je eine Qualität verändert, so dass die entgegengesetzten Jahreszeiten keinerlei Übereinstimmung in ihrer natürlichen Beschaffenheit zeigen.

Es bestehen dennoch Differenzen in den Darstellungen der verschiedenen Schriften, da einige eine nahezu neutrale Beschreibung aller Jahreszeiten wählen, während andere bezüglich der Übergangsjahreszeiten die Besonderheit aufweisen, dass der Frühling stark idealisiert und der Herbst abgewertet werden. Dies manifestiert sich insbesondere in der Umweltschrift, da bereits die Vergleiche der Städte in den Kapiteln 5 und 6 einen konträren Charakter aufweisen.

Unterschiede lassen sich auch in der Zuordnung der Säfte zu den vier Jahreszeiten erkennen: Die klare schematische Verknüpfung der *humores* in ihrer Vierzahl findet sich noch nicht in den frühen Schriften, wie es bereits im Abschnitt zur Humorallehre herausgestellt wurde. Dies bedeutet für die Lehre der Jahreszeiten, dass analog der ursprünglichen Zweisäftelehre partiell nur der Sommer und Winter hervorgehoben werden, so dass sich die Entsprechungen „Sommer – Galle" und „Winter – Schleim" abzeichnen.[197]

So wie einzelne Jahreszeiten Einfluss auf den Körperzustand nehmen, wirkt allerdings in noch höherem Grad ein gesamter Jahresverlauf, da eine Abfolge von ungünstigen klimatischen Verhältnissen über einen längeren Zeitraum umso größere Konsequenzen beim Menschen zeigt.

Besondere Einschnitte im Jahr stellen astronomische Phänomene dar, da sich das Klima zu diesen Zeitpunkten ändert, so dass neue Krankheiten auftreten oder bestehende einen neuen Verlauf nehmen (Krisis). Es handelt sich demnach in diesen medizinischen Texten um die Anwendung einer kalendarischen Astronomie, die die Zeitpunkte der Sterndaten und meteorologischen Phänomene bestimmt und für praktische Zwecke nutzt.[198]

---

197 Abweichend nimmt Harig (1959) 67 bezüglich *De aere aquis locis* eine Zuordnung „Sommer – Schleim" und „Winter – Galle" an, die derart nicht im Geringsten anhand des Traktats zu belegen ist. Offenbar bezieht sich sein Irrtum bereits auf die Bezüge zu den Winden, da er (ähnlich wie Engelstätter, vgl. oben S. 116, Anm. 166) zusätzlich zu der Feuchtigkeit ebenfalls die Wärmegrade der Winde als ursächlich für die Herausbildung der Säfte betrachtet und somit fälschlich die Verknüpfungen „Südwind – Wärme – Schleim" und „Nordwind – Kälte – Galle" folgert.

198 Vgl. dazu Hulskamp (2012) 152f.

Von besonderer Bedeutsamkeit ist schließlich das Zusammenwirken der Jahreszeiten und der Winde, aus dem sich die variierenden Eigenschaften einer jeden Jahreszeit ergeben.[199] So wird im gesunden Jahresverlauf von Aer. 10,2 das Auftreten des Nord- oder Südwinds nicht erwähnt, in den weiteren Beispielen von Aer. 10 und auch Aph. 3 wird es stets mit Krankheit verknüpft.[200] Daher ist zu schließen, dass dem νότος und dem βορέης zugeschrieben wurde, einen großen negativen Einfluss auf die klimatischen Bedingungen der Jahreszeiten zu nehmen.[201] Diese Verhältnisse werden in der Untersuchung bezüglich des Zusammenhangs zwischen den Umweltfaktoren noch eingehender dargelegt werden.[202]

4.4 Der Faktor „Boden“

4.4.1 Quellen

Bei der formalen Untersuchung der Schrift *De aere aquis locis* wurde bereits aufgezeigt, dass zahlreiche Interpreten durch den vermeintlichen Themawechsel zwischen Kapitel 11 und 12 veranlasst sind, einen Bruch im Text anzunehmen.[203] Und tatsächlich frappiert, obgleich die Einheit der Schrift nun aufgezeigt werden konnte, dass sich, nachdem die ersten drei Aspekte der Disposition in den Kapiteln 3–11 umfassend abgehandelt wurden, nicht etwa die Erörterung des vierten und fünften Aspekts (Boden und Lebensweise), sondern der Vergleich zwischen Asien und Europa mit den Beschreibungen beispielhafter Völker anschließt. Jedoch lassen sich der zweiten Hälfte des Traktats einige Informationen bezüglich des Faktors „Boden“ entnehmen, deren Darstellungsweise durch die weite Verteilung zwar von denen der ersten drei Faktoren divergiert, aber hinsichtlich der Prägnanz der Systematik nicht zurücksteht.

---

199 Dies deutet auch Thivel (1981) 359f. an.

200 Eine Ausnahme stellen die Etesien dar, die in 10,4 Abkühlung und Linderung bringen.

201 Darauf weist auch eine Zwischenbemerkung innerhalb des dritten Beispiels (10,8) hin, derzufolge diejenigen Städte, die keiner negativen Beeinflussung durch Winde, Sonne und Wasser unterliegen, die durch die μεταβολαί hervorgerufenen Veränderungen weniger stark spüren, *et vice versa*. Die Aussage bietet zusätzlich einen Hinweis auf die ehemals so umstrittene Gliederung des Traktats, da die vorangegangenen Abschnitte über die Winde und die Gewässer in ihrer Reihenfolge aufgeführt werden.

202 Siehe die Analyse auf den Seiten 170–173.

203 Vgl. oben die Darlegung der Forschungsgeschichte des Traktats im Abschnitt 2.2.1.

Diese wird im Folgenden nachvollzogen und hinsichtlich zugrundeliegender theoretischer Konzepte analysiert werden.

Darüber hinaus schildert *De diaeta* (Περὶ διαίτης) 2,37 die Wirkung verschiedener Bodenformen auf die menschliche Natur, deren Darstellung beträchtliche Übereinstimmungen zu den Typenlehren der Umweltschrift aufweist. Die inhaltliche und formale Charakterisierung des Abschnitts sowie des Gesamtwerks ist der Analyse zum ersten Umweltfaktor zu entnehmen.[204]

Ebenso ist erneut der bereits zum Faktor „Wasser" betrachtete Abschnitt *De natura pueri (*Περὶ φύσιος παιδίου*)* 24–26 zu berücksichtigen, da die dargelegte Pflanzenphysiologie in eine enge Verbindung zu meteorologisch beeinflussten Veränderungen des Bodens gestellt wird. Weitere Merkmale der Schrift wurden oben bereits genannt.[205]

Diese Darstellungen sowie weitere kurze Erwähnungen anderer Werke des C.H. sind demzufolge dem Konzept der Bodenausprägungen aus der Umweltschrift gegenüberzustellen.

4.4.2 Der Faktor „Boden" in *De aere aquis locis*

Bereits bei der ersten Erwähnung des Faktors Boden (ἡ γῆ) in der Disposition (1,5), der an vierter Stelle nach den Jahreszeiten, Winden und Gewässern angeführt wird, wird eine Unterscheidung in verschiedene Ausprägungsformen vorgenommen, die der Boden demnach annehmen kann:

1. kahl und wasserarm (ψιλή τε καὶ ἄνυδρος)
2. bewachsen und wasserreich (δασεῖα καὶ ἔφυδρος)
3. in einer Senke und stickig (ἐν κοίλῳ καὶ πνιγηρή)
4. auf einer Erhebung und kalt (μετέωρος καὶ ψυχρή)[206]

Der erste und zweite Aspekt lassen sich als Wassergehalt des Bodens fassen, aus welchem seine Vegetation folgt, die anderen zwei Aspekte bezeichnen das durch die Höhenlage bedingte Klima. Demnach impliziert jede Aussage zugleich eine Konsequenz, so dass die vier Grundausprägungen lauten: 1. wasser-

204 Siehe oben S. 62f.

205 Siehe oben S. 90.

206 Alle vier Aussagen bestehen aus zwei Komponenten, die additiv durch τε καί oder bloßes καί miteinander verknüpft sind. Die verschiedenen Kombinationen werden zudem paarweise disjunktiv durch πότερον – ἤ bzw. εἴτε – εἴτε verbunden, wodurch die Möglichkeiten einander ausschließen. Jouanna (1996a) 188, Anm. 1 weist darauf hin, dass ein zweifaches Homoioteleuton vorliegt: ἄνυδρος – ἔφυδρος; πνιγηρή – ψυχρή.

arm, 2. wasserreich, 3. in einer Senke, 4. auf einer Erhebung. Ebenso sind sie durch die Elementarqualitäten zu beschreiben: 1. trocken, 2. feucht, 3. warm, 4. kalt.

Grensemann weist zusätzlich darauf hin, dass sich durch diese Auflistung bereits logisch schließen lässt, dass vier Kombinationen der Attribute denkbar sind, die den Boden folglich sowohl hinsichtlich seines Wassergehalts als auch seiner Höhenlage beschreiben:

	Höhenlage	
Wasser-gehalt	wasserarmer Boden in einer Senke	wasserarmer Boden auf einer Erhebung
	wasserreicher Boden in einer Senke	wasserreicher Boden auf einer Erhebung

Eine mögliche Relevanz dieser Verknüpfungen ist in der weiteren Analyse des Umweltfaktors zu diskutieren.

Nach der Disposition findet sich die nächste Erwähnung eines Bodentyps in 12,4, wo die Vorzüge Ioniens beschrieben werden. Es konnte bereits gezeigt werden, dass das Lob vornehmlich auf der Ausgewogenheit der Jahreszeiten begründet ist. Zusätzlich wird auch der Boden des Landes charakterisiert, wobei vier Zustände explizit nicht auf das Land zutreffen:

1. stark verbrannt durch Hitze (ὑπὸ τοῦ θερμοῦ ἐκκέκαυται λίην)
2. ausgetrocknet durch Dürre und Wassermangel (ὑπὸ αὐχμῶν καὶ ἀνυδρίης ἀναξηραίνεται)
3. geplagt von Kälte (ὑπὸ ψύχεος βεβιασμένη)
4. nass und aufgeweicht durch Regen und Schnee (νοτίη καὶ διάβροχος ὑπό τε ὄμβρων πολλῶν καὶ χιόνος)

Erneut tritt die Vierzahl in Erscheinung, die in diesem Fall zwar die Höhenlage des Gebiets beiseitelässt, aber dennoch klar die Elementarqualitäten hervorhebt: 1. warm, 2. trocken, 3. kalt, 4. feucht.[207]

Signifikant sind außerdem die aitiologischen Angaben bezüglich der Beschaffenheit des Landes in 12,3, die diese auf das örtliche Klima zurückführen

207 Für die Befeuchtung des Bodens gibt der Text mehrere Möglichkeiten an: Diese könnte durch den Südwind hervorgerufen werden (vgl. Adj. νοτίη) oder auch durch die üblichen Niederschlagsarten Regen und Schnee. Jouanna (1996a) 221, Anm. 1 folgert aufgrund dessen eine Zweiteilung des Satzabschnitts, dessen erster Teil sich auf warme Feuchtigkeit bezieht sowie der zweite auf kalte. Es besteht jedoch keine Veranlassung, den Regen ausschließlich mit Kälte zu verknüpfen, so dass der Schluss etwas überspitzt erscheint.

(Τὸ δὲ αἴτιον τούτων ἡ κρῆσις τῶν ὡρέων), welches seinerseits durch die geographische Lage der Region bedingt ist (ὅτι τοῦ ἡλίου ἐν μέσῳ τῶν ἀνατολέων κεῖται πρὸς τὴν ἠῶ τοῦ τε ψυχροῦ πορρωτέρω). Demnach wird der Faktor „Boden" durch andere Faktoren determiniert. Diese Feststellung berechtigt jedoch nicht zu einer Kritik an der Stringenz, wie sie abfällig von Heinimann ausgesprochen wird,[208] sondern zeigt die Komplexität des Gesamtkonzeptes auf.

Die Menschen, die dieses Land bewohnen (12,5f.), kennzeichnet der Verfasser als wohlgenährt (εὐτραφής), sehr schön (κάλλιστος) und sehr groß (μέγιστος). Darüber hinaus betont er, dass die Bewohner einander ähnlich sind, was erneut seine μεταβολαί-Lehre stützt. Tapferkeit, Kraft und Mut entstehen in einer solchen Natur jedoch nicht.

An dieser Stelle bricht der Text ab, so dass nicht bekannt ist, ob die Beschreibung der Ionier noch ergänzende Informationen enthielt.

Eine weitere bedeutsame Beschreibung enthält der Abschnitt 13,3–5. Dort vergleicht der Verfasser Landschaftsformen mit der Gestalt (μορφή) der Menschen und stellt sie wie bei dem vorherigen Beispiel erneut in Abhängigkeit zum Klima.[209] Es werden vier Landschaftstypen angeführt:[210]

1. bewaldete und wasserreiche Berge (ὄρεσιν δενδρώδεσί τε καὶ ἐφύδροισιν)
2. leichte und wasserarme Böden (λεπτοῖσί τε καὶ ἀνύδροισιν)
3. Gebiete mit Gras und Sümpfen (λειμακωδεστέροισί τε καὶ ἑλώδεσιν)
4. kahle und trockene Ebenen (πεδίῳ τε καὶ ψιλῇ καὶ ξηρῇ γῇ)

In diesen Beispielen könnten erstmals die vier oben angeführten Landschaftstypen zu suchen sein, die sowohl Feuchtigkeit als auch Höhenlage berücksich-

208 Vgl. Heinimann (1945) 14, Anm. 3: „Bald stehen die μεταβολαὶ τῶν ὡρέων und die φύσις τῆς χώρης als selbstständige Ursachen für die Verschiedenheit der Völker nebeneinander (13: 68, 15 ff.), bald ist die Beschaffenheit des Landes ihrerseits von den ὧραι abhängig (12: 67, 20 ff.). Diese Unfähigkeit, einen großen Tatsachenkomplex nach einem einheitlichen Grundgedanken konsequent durchzudenken, hat für diese Zeit nichts Befremdliches."

209 Die Umweltschrift sieht die Landschaft explizit durch das Klima beeinflusst (13,3: Ὅκου γὰρ αἱ ὧραι μεγίστας μεταβολὰς ποιέονται καὶ πυκνοτάτας, ἐκεῖ καὶ ἡ χώρη ἀγριωτάτη καὶ ἀνωμαλωτάτη ἐστί, καὶ εὑρήσεις ὄρεά τε πλεῖστα καὶ δασέα, καὶ πεδία, καὶ λειμῶνας ἐόντας· ὅκου δὲ αἱ ὧραι μὴ μέγαλα διαλλάσσουσιν, ἐκείνοισιν ἡ χώρη ὁμαλωτάτη ἐστίν.), Galen formuliert hingegen den Umkehrschluss: „Wenn das Land ausgeglichen ist, unterscheiden sich die Jahreszeiten dort nicht in ihren Abschnitten. Wenn das Land teils sehr hoch gelegen und teils eingesunken und tiefliegend ist, erleiden dort die Jahreszeiten eine starke Veränderung" (Übers. Strohmaier IV 2,3).

210 Für den Boden wird erneut der Begriff γῆ verwendet, außerdem auch χώρη, da jeweils die Landschaft einer gesamten Region beschrieben sein soll.

tigen, eine sichere Angabe in allen Beispielen ist jedoch lediglich der Wassergehalt des Bodens. Die hohe Lage wird im ersten Fall klar angezeigt, im dritten lässt sie sich hingegen nahezu ausschließen. Zusätzlich legt der Begriff πέδιον im vierten Beispiel eher eine Tiefenlage nahe. Demzufolge ist es möglich, jedoch nicht evident, die folgende Zuordnung abzuleiten:

1. bewaldete und wasserreiche Berge ≙ wasserreicher Boden auf einer Erhebung
2. leichte und wasserarme Böden ≙ wasserarmer Boden auf einer Erhebung
3. Gebiete mit Gras und Sümpfen ≙ wasserreicher Boden in einer Senke
4. kahle und trockene Ebenen ≙ wasserarmer Boden in einer Senke

Eine andere Möglichkeit der Interpretation besteht m.E. darin, hier vier Abstufungen der Bodenfeuchte zu sehen. Demnach stünde Beispiel 3 für besonders nassen Boden, 1 für feuchten, 2 für eher trockenen und 4 für sehr ausgetrockneten. Die Beispiele 3 und 1 divergieren dementsprechend bezüglich ihrer Vegetation (Bäume vs. Gras und Sumpfpflanzen).

Es ist jedoch zu berücksichtigen, dass die Typologie an dieser Stelle primär dazu dient, in einer Makrokosmos-Mikrokosmos-Analogie unterschiedliche Körperformen von Menschen zu beschreiben.[211] Die entsprechenden physischen Erscheinungsbilder werden nicht aufgeführt.[212]

Schließlich lassen sich dem 24. Kapitel, welches in Hinblick auf seine Struktur bereits analysiert wurde,[213] einige wertvolle Informationen bezüglich des Faktors „Boden" entnehmen. Besonders beachtlich ist die Beschreibung der Einflussnahme der verschiedenen Bodentypen auf die Gestalten und Charaktere der Bewohner.

Hinsichtlich des Bezugs der insgesamt sechs Beispiele in 24,2–9 zu den möglichen Bodenausprägungen gemäß der Disposition liegen unterschiedliche

211 Das Vergleichsobjekt besteht eindeutig in der physischen Gestalt (13,5: τῆς μορφῆς ἡ φύσις und διαφοραὶ εἴδεσιν). Unverständlich ist daher die These bei Flashar (1966) 27: „Es leuchtet ein, daß hier vier verschiedene seelische Temperamente anschaulich gezeichnet sind".

212 In seinem Kommentar zu der Stelle ergänzt Galen bereits die den Landschaftsformen entsprechenden menschlichen Staturen: „Er vergleicht nämlich die mit großem Körperbau und viel Fleisch mit bewaldeten und wasserreichen Bergen, die langen und dünnen Leute vergleicht er mit dünnen und wasserarmen Bergen, die dicken Leute von kleiner Statur vergleicht er mit dem sumpfigen Erdreich, das wegen seiner vielen Feuchtigkeit Blumen hervorbringt, und die Leute mit kleinen, mageren und trockenen Körpern vergleicht er mit dem trockenen und kahlen Erdreich" (Übers. Strohmaier IV 2,4).

213 Siehe oben S. 26f. 34–36.

Interpretationsansätze vor, die durch eine mögliche Textverderbnis in 24,2 und den disputablen Sinngehalt der Modelle in 24,8f. bedingt sind. Die Beispiele sollen daher zunächst vorgestellt werden:

Als erster Bodentyp (24,2) wird ein raues Gebirge beschrieben, in dem die μεταβολαί der Jahreszeiten große Unterschiede aufweisen. Die Menschen, die in dieser Gegend wohnen, sind groß, zäh, tapfer und wild. Zusätzlich wird das Gelände durch die meisten Textzeugen als εὔυδρον oder ἔνυδρον, also wasserreich, bezeichnet, jedoch bietet Agostino Gadaldini (1515–1575) die Variante ἄνυδρον, die er nach einem uns nicht bekannten griechischen Codex an den Rand einer Druckausgabe der editio Basileensis schrieb.[214] Eben dieser Text findet sich auch um 1560 in dem ps.-galenischen Kommentar zu *De humoribus*[215] und eine ähnliche Randnotiz wie bei Gadaldini auch 1579 in der Ausgabe von Theodor Zwinger.[216] Darüber hinaus vermerkt Johan Ludvig Heiberg, dass sogar in der ältesten Handschrift *Vaticanus gr. 276* εὐ- aus ursprünglich ἀν- korrigiert sein könnte.[217] Inhaltliche Gründe, die die Richtigkeit jeweils einer der Lesarten indizieren, sind im Vergleich zu den anderen Bodentypen zu erkennen, die zuvor ebenfalls kurz darzustellen sind:

Das zweite Beispiel (24,3f.) skizziert ein stickiges, tiefgelegenes Wiesenland mit warmem Wasser und warmen Winden. Die Bewohner sind klein, breit, dick, dunkelhaarig und dunkelhäutig.[218] Von Natur aus sind diese Menschen außerdem eher feige, das politische System kann jedoch Widerstandskraft in ihnen wecken. Sie werden darüber hinaus eher als Galletypen gekennzeichnet, diese Angabe ist jedoch im Folgenden noch zu prüfen.

Über diese erste Beschreibung hinaus wird das Aussehen der Menschen in Abhängigkeit von dem Wasservorkommen des Landes gestellt: In der Nähe von Flüssen sind diese Menschen gesund; wenn sie jedoch auf Trinkwasser aus Seen, Sümpfen und Quellen angewiesen sind, sind sie beleibter und leiden an Krankheiten.

---

214 Zum Codex des Gadaldini vgl. Heiberg (1904) 133–140, Diller (1932) 2. 45f., Grensemann (1996) 19f. und Strohmaier (2006) 233–244.

215 Vgl. ed. Kühn, CMG XVI,318,6. Siehe auch Wellmann (1927) 493.

216 Zwinger (1579) 257B,174.

217 Vgl. ed. Heiberg (1927) 76,29. Bei Gundermann (1929) 44,33, der den Text von V abdruckt, ist auf diese Besonderheit nicht hingewiesen.

218 Bezüglich des ungewöhnlichen Ausdrucks κανονίας im Sinne von „normalgebildet“ vgl. Wilamowitz (1902) II,2,137. Die Angabe, dass der hier beschriebene Menschentyp nicht κανονίας sei, hebt erneut die geringe Körpergröße und breite Statur hervor.

Der dritte Bodentyp (24,5) ist hochgelegen, eben, windig und wasserreich, die Menschen sind großgewachsen, einander ähnlich, mutlos und freundlich. Derartige Gestalten und Charaktere bewertet der Verfasser als gut.

Anschließend (24,6) schildert er einen leichten Boden, der wasserarm und kahl ist. Das Klima ist unausgewogen, die Bewohner sind dürre, straffe Menschen mit blonden Haaren, die stur und eigensinnig sind. Sie unterscheiden sich jedoch stark voneinander.

Nach einem kurzen Einschub (24,7) schließen sich die letzten zwei Beispiele an: In einem Gebiet mit ausgewogenem Klima, in dem die Erde fett, weich und wasserreich ist und die Gewässer an der Oberfläche liegen, so dass sie sich der Lufttemperatur der jeweiligen Jahreszeit annähern, sind die Menschen demnach fleischig, feucht, feige und stumpfsinnig (24,8). In Gebieten mit extremen Temperaturen hingegen, in denen die Erde kahl, wasserarm und rau ist, haben die Menschen hagere, dürre, straffe und stark behaarte Körper, sie sind arbeitsam, wach, stur, eigensinnig, wild, scharfsinnig und kriegerisch (24,9).

Bezüglich der verschiedenen Bodenarten versucht Merz die vier Ausprägungen der Disposition (1. kahl und wasserarm, 2. bewachsen und wasserreich, 3. in einer Senke und stickig, 4. auf einer Erhebung und kalt) in den sechs Beispielen wiederzuerkennen:[219] Er ordnet mit Bestimmtheit das stickige, tiefe Wiesenland in 24,3f. dem Aspekt 3 sowie den kahlen, wasserarmen Boden in 24,6 dem Aspekt 1 zu. Darüber hinaus nimmt er auch eine Entsprechung des fünften Beispiels in 24,8, in dem die fette und wasserreiche Erde beschrieben ist, zum Aspekt 2 an. Den vierten Aspekt sieht er verstreut in den anderen Schilderungen. Die Verknüpfungen der verschiedenen Umweltfaktoren sind allerdings seiner Ansicht nach willkürlich gewählt.

Palm hebt lediglich die enge Beziehung des 24. Kapitels zur Disposition hervor und weist auf die besondere Berücksichtigung der Bodenbeschaffenheit hin, ohne die einzelnen Typen zu analysieren.[220]

Einen neuen Ansatz verfolgt Grensemann, der in den Beispielen des 24. Kapitels nicht allein die Ausprägungen entweder der Bodenfeuchtigkeit oder der Höhenlage, sondern ihre vier Kombinationen in Form der Landschaftstypen sucht.[221] Es ergeben sich sodann folgende Zuordnungen:

219 Vgl. Merz (1923) 48–50.
220 Vgl. Palm (1937) 306. Ähnlich argumentiert auch Gelzer (1937) 97–99.
221 Vgl. Grensemann (1979) 425–434.

24,2: wasserarmer Boden auf einer Erhebung; 24,3f.: wasserreicher Boden in einer Senke; 24,5: wasserreicher Boden auf einer Erhebung; 24,6: wasserarmer Boden in einer Senke.

Um diese klare Einteilung durchführen zu können, ist in 24,2 jedoch die Variante ἄνυδρον anzunehmen, zusätzlich ist für 24,6 eine Tiefenlage zu vermuten, die derart nicht zum Ausdruck gebracht wird. Weiterhin nimmt Grensemann die Umstellung des Abschnitts 24,7–10 hinter das elfte Kapitel vor, die bereits dargelegt und zurückgewiesen wurde.[222]

Jouanna wählt eine ähnliche Interpretation wie Merz, indem er die sechs Beispiele als gleichrangig auffasst und Entsprechungen in den grundlegenden Ausprägungen der Disposition sucht.[223] Abweichend bezieht er jedoch nicht das vierte, sondern das sechste Beispiel auf den Aspekt 1. Darüber hinaus definiert er drei Gegensatzpaare, da die ersten zwei Beispiele durch die Höhenlage und die Ausgewogenheit des Klimas sowie durch Körpergröße und Tapferkeit der Bewohner differierten, die Beispiele 3 und 4 durch ihre Gemütsart und Unterschiedlichkeit, die Beispiele 5 und 6 in jeglicher Hinsicht.[224] Diese Interpretation scheint jedoch übermäßig gezwungen, wie sich im Folgenden zeigen wird.

Um ein adäquates Textverständnis zu erlangen, ist zunächst zu prüfen, ob die sechs Beispiele auf gleicher Stufe stehen, was die Analysen durch Merz und Jouanna supponieren. Diesbezüglich konnte jedoch bereits aufgezeigt werden, dass die ersten vier Beispiele in 24,2–6 einzelne europäische Volksstämme darstellen, sodass sich dieser Abschnitt an die große Abhandlung über das Land und die Menschen Europas anfügt, während die zwei Beispiele in 24,8f. die größte Gegensätzlichkeit in zwei fiktiven Modellen zeigen.[225] Diese Untergliederung ist zusätzlich durch die äußere Form des Textes zu stützen: Der Verfasser trennt die zwei Gruppen durch einen Einschub (24,7), in dem er abschließend konstatiert, dass die bisher genannten Faktoren sowie das Land und das Wasser die größten Veränderungen in der menschlichen Natur bewirken (Μέγισται μὲν οὖν εἴσιν αὗται τῆς φύσιος αἱ διαλλαγαί.). Erst nach einem weiteren Hinweis auf die Umwelt-Mensch-Analogie schließen sich die letzten zwei Beispiele an, die durch eine Feststellung, dass diese Boden- und Menschentypen einander in jeglicher Hinsicht entgegengesetzt sind (Αἱ μὲν ἐναντιώταται φύσιές τε καὶ ἰδέαι ἔχουσιν οὕτως), beendet werden. Ein weiteres ergänzendes Indiz für die be-

222 Siehe oben S. 35f.
223 Vgl. Jouanna (1996a) 43f.
224 Vgl. Jouanna (1996a) 245, Anm. 3. 4; 247, Anm. 2; 249, Anm. 3.
225 Siehe oben S. 26. 34–36.

schriebene Struktur des Kapitels ist die syntaktische Form der einzelnen Beispiele: Die ersten Sätze werden sämtlich durch einen Relativsatz eingeleitet, durch den die Menschen, die ein detailliert geschildertes Land bewohnen, in das Zentrum der Proposition gerückt werden (Ὁκόσοι ... οἰκέουσι ...); dementgegen fokussieren beide Glieder der Gegenüberstellung in 24,8f. die örtlichen Gegebenheiten und leiten die Eigenschaften der Bewohner als Folgerung ab (Ὅκου ..., ἐνταῦθα ... .). Somit gilt als unzweifelhaft, dass sich die insgesamt sechs Beispiele in zunächst vier (24,2–6) und anschließend zwei (24,8f.) untergliedern.

Im Vergleich der beiden Beispielgruppen lassen sich sodann zahlreiche Entsprechungen finden, die weitere Hinweise bezüglich der Interpretation liefern. Zu trennen sind dabei durchgängig die Schilderungen der Böden und die Charakterisierungen der Menschen, wobei sich in letzterer zwei Konstitutionstypen abzeichnen, die hinsichtlich Gestalt und Gemüt dargestellt werden:[226]

1. Der „weiche“ Typ:
Der weiche Typ gilt äußerlich als „beleibt“ und „ungestalt“ (σαρκώδης, παχύς, ἄναρθρος), hinsichtlich seines Gemüts außerdem als „sanft“, „feige“ und „kraftlos“ (ἄνανδρος, ἥμερος, ἀταλαίπωρος), es zeigen sich bei ihm Apathie und Schläfrigkeit (ῥᾴθυμον, ὑπνηρόν).

2. Der „harte“ Typ:
Der harte Typ weist eine geringe Körperfülle auf, so dass er mit Attributen wie „dünn“, „straff“ und „hart“ (σκληρός, ἔντονος, ἰσχνός, διηρθρωμένος) bezeichnet wird. Sein Sinn ist von Tapferkeit, Fleiß und Wildheit (ταλαίπωρον, ἀνδρεῖον, ἄγριον, θηριῶδες, ἐργατικόν, ἄγρυπνον) geprägt, so dass Menschen dieses Typs eigensinnig und stur (αὐθάδης, ἰδιογνώμων) sind.

Der weiche Konstitutionstyp zeigt sich in 24,3. 5. 8, der harte in 24,2. 6. 9. Ihre Charakterisierung wird durch Hinzuziehung weiterer Aspekte ergänzt (Körperlänge, Haut- und Haarfarbe, Verschiedenartigkeit innerhalb der Population). In dieser Gegenüberstellung gipfelt zugleich auch der Vergleich zwischen Asien und Europa, da die Bewohner der zwei Kontinente zuvor jeweils durch die Eigenschaften eines Typs beschrieben werden (12,2; 16,1f., 23,1–3).

226 Auch Lenfant (1996) 111 entnimmt dem Text eine grundlegende Lehre von zwei Boden- und Menschentypen, beschreibt diese jedoch lediglich anhand 24,8f. und bezieht die vier vorangehenden Beispiele nicht ein. Aus diesem Grund äußert er sich auch nicht zu der unsicheren Angabe des Wassergehalts in 24,2.

Da die Menschentypen der ersten vier Beispiele folglich den Extremtypen am Ende des Kapitels zugeordnet werden können (3 + 5 → 8; 2 + 6 → 9), stellt sich infolgedessen die Vermutung ein, dass auch die entsprechenden Bodentypen Übereinstimmungen aufweisen, was im Folgenden zu prüfen ist:

Der weiche Konstitutionstyp ist nach 24,8 in einem Land zu finden, in dem der Boden fett, weich und wasserreich (πίων, μαλθακός, εὔυδρος), das Klima ausgewogen (καλός) und das Wasser an der Oberfläche (μετέωρος) ist. Diese Merkmale finden sich in 24,5 durch die wörtliche Entsprechung in εὔυδρος sowie sinngemäß in εὔκρητος wieder. Auch kann die Flachheit des Landes (λεῖος) als Pendant zum weichen Boden gelten, da sie dem felsigen Gebirge entgegensteht.[227] Die Übereinstimmung in 24,3 ist weniger evident, dennoch tritt auch in diesem Beispiel der Wasserreichtum hervor. Das Klima ist zwar nicht gemäßigt, aber in seiner Hitze dennoch konstant, also nicht von starken Umschwüngen geprägt,[228] so dass tatsächlich beide Beispiele in 24,3. 5 sowohl in Boden- als auch Menschentyp mit dem extremen Modell in 24,8 korrespondieren. In 24,6 findet dies keinerlei Entsprechung; in 24,2 käme je nach Textfassung als einzige Übereinstimmung der Ausdruck εὔ- oder ἔνυδρον in Betracht, im Übrigen unterscheidet sich die Schilderung der Landschaft stark von derjenigen in 24,8.

Als Gegenprüfung ist auch das Land des harten Konstitutionstyps zu betrachten, das nach 24,9 kahl, wasserarm und rau (ψιλός, ἄνυδρος, τρηχύς) ist und großen Temperaturunterschieden unterworfen ist. Nahezu identisch ist die Beschreibung des Bodens in 24,6, die klimatischen Verhältnisse werden dort durch die μεταβολαί ausgedrückt. In 24,2 gilt das Land, in dem nachweislich ebenfalls der harte Konstitutionstyp beheimatet ist, zwar auch als rau und klimatisch wechselhaft, zusätzlich kommt aber hier der fragliche Wassergehalt zum Tragen: Nach der vorangegangenen Analyse muss es zwingend als Widerspruch gelten, wenn der Verfasser des Traktats, der die Typenlehre des 24. Kapitels in ausnahmslos allen Beispielen akkurat in zwei Gruppen scheidet, den eng mit dem rauen, wasserlosen Land verknüpften, harten Menschentyp allein in 24,2 in Beziehung zu Wasserreichtum setzt. Darüber hinaus ist das Attribut τρηχύς kaum mit εὔυδρος in Einklang zu bringen.

---

227 Jouanna und Magdelaine (1999) 286 sehen die Ebenmäßigkeit des Landes als ursächlich zu den analog ebenmäßigen Charakteren. Dieser Aspekt scheint jedoch eher zweitrangig zu sein, da in der Typologie des Bodens der Wassergehalt im Vordergrund steht.

228 Es ist eine scharfe Unterscheidung zwischen den Begriffen der Beständigkeit und der Ausgewogenheit bzw. Mäßigung des Klimas vorzunehmen, die oftmals miteinander vermengt werden. Richtig erkennt Lenfant (1996) 111: „Ainsi, un climat uniforme peut être équilibré ou déséquilibré".

So steht schließlich außer Zweifel, dass bezüglich der divergenten Überlieferungen an dieser Stelle ἄνυδρον zu rekonstruieren ist. Grensemann konjiziert zusätzlich ψιλήν aus ὑψηλήν,[229] allerdings ist dieser Eingriff, obgleich sich der konstruierte Text gut in das Konzept einfügen würde und ὀρεινήν und ὑψηλήν nahezu synonym sind, haltlos und somit wohl zu weitreichend.

Ebenso ist gewiss, dass das Grundmuster des Umweltfaktors „Boden“ in einem Zweierschema besteht.[230] Zu Recht weist bereits Dittmer darauf hin, dass in den zwei Menschenbildern in 24,8f. „die schon bekannten Typen des Phlegmahaltigen und des Gallereichen“[231] zu finden sind. Diese lassen sich nun im Generellen den zwei bezeichneten Typen zuweisen, so dass sich folgende Entsprechung ergibt:

Der „weiche“ Typ = Schleimtyp[232]
Der „harte“ Typ = Galletyp

An dieser Stelle ist jedoch erneut auf die Erwähnung der Galle in 24,3 hinzuweisen. Es erweist sich nach der vorangegangenen Analyse nun als vollkommen undenkbar, dass in einem so weichen und wasserreichen Boden, wie er am Beispiel des stickigen Wiesenlandes geschildert wird, die Galle der vorherrschende Saft in den menschlichen Körpern ist. Zwar könnte ein konstant warmes Wetter gemäß der Humorallehre durchaus eine starke Produktion von Galle ermöglichen, allerdings ist stets die Feuchtigkeit bzw. Trockenheit einer Witterung maßgeblich, da sich die zwei Konstitutionen ebenfalls vorrangig durch den Feuchtigkeitsgehalt ihrer Körper unterscheiden. Es haben daher bereits mehrere Interpreten Anstoß an der Erwähnung der Galle in 24,3 genommen, und sich um eine geeignete Konjektur bemüht.[233] Eine Legitimation findet dieses Ringen nun in der Sekundärüberlieferung durch Galens Kommentar, der an der entsprechenden Stelle besagt: „Sie haben das Phlegma, keine gelbe Galle.“[234] So lässt sich schließlich auch diese Unstimmigkeit ausräumen.

Es lassen sich jedoch nicht alle Merkmale der Böden und Bewohnergruppen allein durch das Zwei-Typen-Modell beschreiben, da die Beispiele zusätzlich durch weitere Informationen ergänzt werden, durch die der individuelle Cha-

229 Vgl. Grensemann (1979) 427.
230 Inkorrekt ist hingegen die These bei Diller (1962b) 102: „Die Freude am Experiment hat in diesem Schlußkapitel vielleicht sogar einen anderen dazu verführt, dem ursprünglichen Viererschema noch ein Zweierschema hinzuzufügen.“
231 Vgl. Dittmer (1940) 75.
232 Die Feuchtigkeit des „weichen“ Typs wird zudem in 24,8 klar angezeigt.
233 Vgl. Dittmer (1940) 74, Anm. 204 und Harig (1959) 97.
234 Nach Übers. Strohmaier IV 7.

rakter jedes Typs herausgebildet wird. Die Auswirkungen der weiteren Aspekte sind daher ebenfalls zu analysieren:

Ein bedeutendes und mehrfach wiederkehrendes Kennzeichen der Bodentypen ist ihre Höhenlage, die in einem direkten Zusammenhang mit der Körperlänge der Bewohner steht: Eine hohe Lage zeigt sich in 24,2 und 5, wo die Menschen von großer Gestalt sind. In dem tiefgelegenen Land von 24,3 sind sie klein. In 24,6 wird dagegen ebenso wie in den Extrembeispielen weder Höhenlage noch Körperlänge erwähnt. Das zugehörige Konzept dieses Zusammenhangs ist demnach sicher in der Makrokosmos-Mikrokosmos-Analogie zu finden, das bereits in 13,3–5 erläutert und in 24,7 erneut aufgegriffen wird: εὑρήσεις γὰρ ἐπὶ τὸ πλῆθος τῆς χώρης τῇ φύσει ἀκολουθέοντα καὶ τὰ εἴδεα τῶν ἀνθρώπων καὶ τοὺς τρόπους. Demzufolge entspricht also der Mensch bezüglich der Größe seiner Gestalt seiner natürlichen Umgebung.

Grensemanns Versuch, die ersten vier Beispiele in das starre Schema der Landschaftstypen zu zwingen, muss hingegen abgelehnt werden. Der erste Irrtum seiner Analyse besteht in der Annahme, dass aufgrund der Verknüpfungen hoch-kalt sowie tief-warm in 1,5 offenbar ungeachtet der klimatischen Bedingungen und Landschaftsformen jede Höhenlage mit Kälte sowie jede Tiefenlage mit Wärme verbunden werden könne.[235] Dementgegen ist die hohe Berglage in 24,2 aber von μεταβολαί, also starken Temperaturunterschieden der Jahreszeiten, betroffen, während die Hochebene in 24,5 gemäßigte Temperaturen erfährt. Ein konstant kaltes Klima schildert der Verfasser de facto in keinem der Beispiele.

Eine weitere Schwäche in Grensemanns Argumentation liegt in seinem Bestreben, dem Beispiel in 24,6 ebenfalls eine Tiefenlage zuzuordnen. Motiviert ist dieser Zugang durch die vorgefasste Vorstellung einer vollkommenen Entsprechung der Beispiele zu den aus der Disposition konstruierten Landschaftstypen, die in dieser Form jedoch nicht besteht. Ergo ist es nicht möglich, die vier Kombinationsmöglichkeiten der Elementarqualitäten in den Beispielen 24,2–6 wiederzufinden.

Obgleich die allgemeine Lufttemperatur hier also nicht unmittelbar durch die Höhenlage der Gebiete bedingt ist, ist diese dennoch ein weiteres bedeutendes Merkmal, das das jeweilige Profil prägt. Kennzeichnend sind diesbezüglich erneut die μεταβολαί, die bereits im zehnten und elften Kapitel und anderen Passagen große Relevanz bewiesen. In den Landschaftsmodellen des 24. Kapitels kommen ihnen zweierlei Funktionen zu: Zum einen prägen die starken klimatischen Unterschiede die Wesenheit des harten Menschentyps, die sich in

235 Vgl. Grensemann (1979) 427: „eine Höhenlage – die an sich als kalt zu gelten hat".

seiner Gestalt und seinem Charakter manifestiert. Zum anderen bewirken sie auch große Verschiedenheit der Bevölkerungsgruppe innerhalb eines Gebiets, wie es als Regel in 13,2. 5; 16,5 und 24,6 formuliert ist. Entsprechend vermag ein ausgewogenes Klima sowohl die Herausbildung des weichen Typs als auch Ähnlichkeit unter den Menschen zu evozieren.

Auch am Beispiel des Bodens tritt demnach die μεσότης-Lehre hervor, die das ausgewogene Maß eines Aspektes seinen extremen Ausprägungen entgegensetzt.

Anhand einer Übersicht über die Merkmale seitens des Bodens und der Menschen in den einzelnen Beispielen wird nun die jeweilige Einflussnahme der verschiedenen Faktoren erkennbar:

	menschliches Merkmal	**natürliche Ursache**	**zugrunde liegendes Prinzip**
24,2	starkes Gemüt	Wasserarmut und μεταβολαί	Zwei-Typen-Lehre
	große Körperlänge	Höhenlage	Makrokosmos-Mikrokosmos-Analogie
24,3	beleibte Gestalt und schwaches Gemüt	Wasserreichtum und konstantes Klima	Zwei-Typen-Lehre
	kleine Körperlänge	Tiefenlage	Makrokosmos-Mikrokosmos-Analogie
24,5	große Körperlänge	Höhenlage	Makrokosmos-Mikrokosmos-Analogie
	Ähnlichkeiten	ausgewogenes Klima	μεταβολαί- bzw. μεσότης-Lehre
	schwaches Gemüt und beleibte Gestalt	Wasserreichtum und konstantes Klima	Zwei-Typen-Lehre
24,6	straffe Gestalt und starkes Gemüt	Wasserarmut und μεταβολαί	Zwei-Typen-Lehre
	Unterschiedlichkeiten	wechselhaftes Klima	μεταβολαί- bzw. μεσότης-Lehre

Das einzige physische Merkmal, das in der Übersicht nicht erscheint, ist die Haar- bzw. Hautfarbe, die in den Beispielen 24,3 und 6 erwähnt wird. In diesen Einzelfällen wird der weiche Menschentyp als dunkelhaarig und dunkelhäutig sowie der harte Typ als blond dargestellt. Eine unmittelbare Kausalität ist aufgrund der singulären Verwendung jedoch nicht zu konstatieren, vielmehr scheinen diese Schilderungen deutliche Indizien dafür zu sein, dass der Verfasser sich tatsächlich auf verschiedene griechische Poleis bezieht.[236]

236 Vgl. die Ansätze der Identifikation der Volksgruppen auf Seite 26, Anm. 58.

Überdies wird in der obigen Zusammenstellung auch die Unzulänglichkeit der schlichten Zuordnungen von Grundqualitäten zu den Modellen ersichtlich, wie sie von Merz und Jouanna vollzogen wurden. Diese erfassen mitnichten die Komplexität der miteinander verwobenen Konzepte.

Ebenso greift Jouannas Einteilung der sechs Beispiele in drei Gegensatzpaare offenkundig zu kurz. Zwar weisen die durch ihn selektierten Attribute der Paare 2–3, 5–6 und 8–9 tatsächlich disparate Ausprägungen auf, dennoch trügt der erweckte Anschein, es würden vollkommen antithetische Bilder entworfen. So finden beispielsweise der Schleimreichtum und die Beleibtheit der Menschen in 24,3 keine Entsprechung im zweiten Paragraphen, ebenso stehen die Höhenlage des Gebiets und die Körpergröße der Bewohner von 24,5 ohne Gegenstück im folgenden Beispiel. Die Gegensätzlichkeiten, die die Beispiele dennoch bieten, beruhen auf der Zwei-Typen-Lehre des Bodens.

Abschließend ist zu bemerken, dass in *De aere aquis locis* 24, dem Schlusskapitel des Traktats, durch ein komplexes Konstrukt der Umweltfaktor „Boden“ mit klimatischen Aspekten verknüpft ist. Wie bereits in 12,3f. und 13,3–5 zeigen Winde, Wetter und Jahreszeiten (einschließlich ihrer μεταβολαί) Einfluss, so dass die Beschaffenheit des Bodens zu großem Anteil als Produkt dieser Bedingungen erscheint. Demgemäß ließ sich die Vegetation in einen unmittelbaren Zusammenhang mit dem Wasserreichtum bringen (ebenso Kahlheit mit Wasserarmut), dieser Wasseranteil ist jedoch durch Niederschläge determiniert und somit wie Wärme und Kälte ein klimatischer Aspekt, der entsprechend den vorangegangenen Analysen durch Winde und Jahreszeiten bedingt ist. Auch in 24,3. 5 werden Winde erwähnt, die gemäß ihrer feuchten Natur den wasserreichen Bodentyp prägen. In den Beispielen des wasserarmen Bodens finden die Winde deshalb keine Erwähnung.

Die Beeinflussung durch die anderen Umweltfaktoren stellt sich demnach sogar als ein möglicher Grund heraus, aus welchem sich die Behandlung des Bodens als sekundärem Umweltfaktor nicht unmittelbar an die systematische Darstellung in den Kapiteln 1–11 anschließt.[237] Der Verfasser wählt zunächst die anschauliche Schilderung anhand einiger Beispiele asiatischer und europäi-

---

Galen bezieht die dunkle Haut- und Haarfarbe in 24,3 auf die Wärme des Landes, vgl. Übers. Strohmaier IV 7. In 24, 6 hingegen liegt ihm ein Wortlaut vor, demzufolge die Haarfarbe der Bewohner „ins Helle oder ins Schwarze“ geht. Er erläutert: „Wenn sie mehr Wärme als Trockenheit aufweist, tendieren die Hautfarbe und das Haar ihrer Bewohner zum Schwarz. Wenn ihre Wärme weit unter dem Ebenmaß liegt, gehen die Hautfarbe und das Haar ihrer Bewohner ins Helle“ (IV 8,2).

237 Diesen Grund führt schon Gelzer (1937) 99 in seiner Argumentation für die Schrifteinheit an.

scher Volksgruppen, um abschließend die Ursachen ihrer Unterschiedlichkeit durch Gegenüberstellung der Boden- und Menschentypen zusammenzufassen.

Allein in der Topographie der beschriebenen Beispiele, die im Schlusskapitel in der Höhen- und Tiefenlage der Gebiete zu erkennen ist, besteht keine Abhängigkeit von den klimatischen Faktoren, sondern eine bloße Gegebenheit.

4.4.3 Der Faktor „Boden“ in *De diaeta*

De diaeta 2,37 befasst sich mit der Lage und Gestalt der Länder (χωρέων θέσις καὶ φύσις) und unterscheidet zunächst allgemein (κατὰ παντός) die Unterschiedlichkeit von Gebieten im Norden und im Süden: Durch die Nähe zur Sonne sind die südlichen Länder, wie z.B. Libyen, wärmer und trockener als die nördlichen, wie z.B. am Pontos.[238] Entsprechend sind auch die dortigen Pflanzen und Menschen trockener, wärmer und stärker.

Der Verfasser schließt die Untersuchung spezieller (καθ' ἑωυτάς) Bodentypen an (2,37,2).[239] Er unterscheidet:

1. hohe, wasserarme Länder, die aufgrund des Gefälles sehr trocken sind,
2. wasserarme Ebenen, die weniger trocken sind, da sich das Wasser in ihnen sammelt,
3. Länder in einer Senke mit Seen und Sümpfen und
4. Länder in einer Senke mit wasserarmem Boden.

Bezüglich der zwei letztgenannten Typen wird zusätzlich zur Beschreibung des Bodens auch dessen Auswirkung auf den menschlichen Körper angegeben. Demzufolge bedingt die Lage in einer Senke die Unerreichbarkeit durch Winde und somit Wärme, die auch die Menschen betrifft. Auch bewirkt die Feuchtigkeit des Bodens im dritten Beispiel mittelbar Feuchtigkeit im Menschen, da die Pflanzen einen höheren Feuchtigkeitsgehalt aufweisen und die Luft dichter ist. Die Pflanzen und die Luft im vierten Beispiel trocknen dementsprechend die Menschen aus.

Das Fehlen der Winde in den tiefgelegenen Gebieten lässt vermuten, dass der Verfasser dem bergigen Land des ersten Beispiels und der Ebene des zweiten die Abkühlung durch Winde zuspricht, jedoch gelten beide Länder durch

238 Vgl. diesbezüglich die obige Diskussion der Ausrichtung eines Gebiets *zu* einer Himmelsrichtung auf S. 66–71.

239 Zu der scharfen Trennung zwischen generellen und differenzierenden Aussagen vgl. Kühn (1956) 80 mit Anm. 1.

die starke Wirkung der Sonne als warm.[240] So ist unter Berücksichtigung beider Faktoren ein gemäßigtes Klima anzunehmen.

Es ist unverkennbar, dass diese Passage überaus große Übereinstimmungen mit den Bodentypen aus *De aere aquis locis* aufweist. Dazu ist schon der deskriptive Ansatz, eine Landschaft mittels ihrer Höhenlage und ihres Wassergehalts zu schildern, um ihren Einfluss auf die Konstitution der Menschen zu bestimmen, zureichend. Diese Feststellung, die bereits Pohlenz trifft,[241] ist trotz der erheblichen Einwände durch Joly, der sie zwar der instinktiven Auffassung beim ersten Lesen zuerkennt,[242] jedoch signifikante Unterschiede in den Techniken der Verfasser zu erkennen meint,[243] nicht zu entkräften. Nicht zwingend ist jedoch Pohlenz Schluss zu folgen, dass „Über die Umwelt" dem Diätetiker als Quelle diente. Die Anschauungen sind aber sicherlich verwandt.

Es folgen in Vict. 2,37,3f. Bemerkungen zu den stets trockenen und schädlichen Fallwinden, die von Bergen herabwehen. Hingegen wirkt ein vorgelagertes bergiges Gebiet mit Taleinschnitten (Ὅκου δὲ βορέηθεν κοῖλα χωρία τοῖσιν ἄστεσι πρόσκειται,...) als Strömungsbarriere, so dass das dahintergelegene

---

240 Es wurde oben (S. 68, Anm. 23) bereits darauf hingewiesen, dass Pohlenz (1937) 84 den Ausdruck πρὸς μεσημβρίην κειμένη, der in Vict. 2,37,1 eindeutig ein *im* Süden gelegenes Land bezeichnet, im folgenden Abschnitt als ein *nach* Süden geöffnetes Gebiet auffasst. Diese semantische Umwertung lässt sich nicht am Text belegen, jedoch ist für die Analyse der Bodentypen ohnehin allein die Qualität der Wärme maßgeblich, die beide Interpretationsmöglichkeiten gemein haben.

241 Vgl. Pohlenz (1937) 85: „Bei der Schilderung der Landschaften kehren in π. διαίτης die einzelnen Kategorien von π. ἀέρων wieder, z.B. die 'hohlen' Tallandschaften (κοῖλα) p. 76,32) und die λιμναῖα καὶ ἑλώδεα,..."

242 Vgl. Joly (1960) 95: „L'attitude de M. Pohlenz est, malgré tout, l'attitude spontanée du lecteur moderne."

243 Vgl. Joly (1960) 94: „Dans son paragraphe 37, l'auteur est surtout préoccupé de déduire de la situation d'une région ses caractères de chaleur, de froid, d'humidité ou de sécheresse. Quant à l'influence de ces facteurs sur l'homme, ils sont omis ou mentionnés d'une façon ultrarapide. *Airs, eaux, lieux* est tout autre: il se donne d'emblée les caractères d'une région et constate ensuite longuement et avec un grand détail – c'est ce qui l'intéresse dans toute l'œuvre – les maladies qui atteignent la population."
Tatsächlich sind die Ausführungen in Vict. 2,37 recht knapp gestaltet, jedoch ist Jolys zweites Argument unzutreffend und somit zurückzuweisen. Der Verfasser der Umweltschrift gibt bekanntlich im Gegensatz zu seinen Ausführungen in den Kapiteln 3–11 in den theoretischen Abschnitten bezüglich des Faktors „Boden" nahezu keine medizinischen Erläuterungen. Auch in den ethnographischen Beschreibungen finden sich nur sehr wenige, so dass Harig (1959) 103 sogar veranlasst war, festzustellen: „[...] so müssen wir sagen, daß der zweite Teil der Schrift offenbar von einem allgemeingebildeten Menschen geschrieben wurde, daß es aber unwahrscheinlich ist, daß er ein Arzt war, weil ein solcher im einzelnen andere Interessen gehabt hätte".

Land nicht von Winden aus dieser Richtung erreicht wird. Eben diese Wirkung erzielt auch eine Insel vor einer an der Küste gelegenen Stadt.

Der Verfasser beendet die Darstellung über die Lage und Gestalt der Länder mit den klimatischen Bedingungen von Inseln, die in *De aere aquis locis* keine Erwähnung finden. Er stellt fest, dass Hochseeinseln mildere Winter haben als Inseln, die nahe dem Festland liegen, und deutet so die Unterscheidung von kontinentalem und maritimem Klima an.

Die meteorologischen Erklärungen von 2,37f., die seit Fredrichs Analyse als späterer Zusatz zu dem diätetischen Lehrbuch angesehen werden,[244] wurden durch Verweise auf die Einflussnahme der Umwelt mittels der Ernährung dennoch in ihren spezifischen Kontext eingepasst (τὰ φυόμενα ..., οἷσι τρέφονται οἱ ἄνθρωποι). In den Darstellungen der Bodentypen der Umweltschrift wird die δίαιτα, obgleich sie ebenfalls als einer der Faktoren der Disposition angeführt wird, nicht berücksichtigt.

4.4.4 Der Faktor „Boden" in *De natura pueri*

Bereits in den ersten zwei Kapiteln des botanischen Exkurses (22–27) der Schrift *De natura pueri* wird die Erde als ein Nährboden der Pflanzen eingeführt, der Feuchtigkeit zu speichern vermag. Die Kapitel 24–26 stellen anschließend die Erde wiederum in Abhängigkeit zu klimatischen Einflüssen. Demzufolge ist der Boden in zwei horizontale Schichten zu unterteilen, die je nach Jahreszeit unterschiedliche Qualitäten aufweisen:

	Winter	Sommer
oberer Boden	kalt	warm
unterer Boden	warm	kalt

Die Wärme der oberen Bodenschicht resultiert aus einer unmittelbaren Angleichung an die Temperatur der Umgebung sowie aus der Sonneneinstrahlung. Hingegen zeigt bezüglich der unteren Erde die Feuchtigkeit der Jahreszeit großen Einfluss: Da im Winter reichlich Niederschlag fällt, wird der Boden feucht und schwer, so dass infolge einer Komprimierung Luftundurchlässigkeit und schließlich Wärme entsteht.[245] Vice versa durchziehen in der sehr trockenen Jahreszeit des Sommers die kalten Dünste den tiefen Boden, der sich deshalb

244 Vgl. Fredrich (1899) 159–167, Pohlenz (1937) 83 und Joly (1960) 94.
245 Zur Interpretation dieser Stelle vgl. die Ausführungen bei Lonie (1969) 407.

abkühlt. Ein trockener Boden wird in diesem Zusammenhang als „locker“ (ἀραιός) und „leicht“ (κοῦφος) bezeichnet.

Die Bodenlehre aus Nat.Puer. 24–26 berücksichtigt im Gegensatz zu der Umweltschrift und *De diaeta* keine Auswirkungen der Bodenverhältnisse auf den Menschen, so dass die Zielrichtungen der Werke, zwar ohne manifeste Widersprüchlichkeiten, dennoch divergieren. Es ließen sich gleichwohl Gemeinsamkeiten in der grundsätzlichen Unterscheidung von wasserreichem und wasserarmem Boden erkennen, das Augenmerk gilt in *De natura pueri* jedoch der inneren Wärme bzw. Kälte des Bodens für die Pflanzenphysiologie.

4.4.5 Weitere Erwähnungen des Faktors „Boden“ im C.H.

Ergänzend zu den oben dargestellten Bodenkonzepten sind schließlich noch *De diaeta* 2,56,4, *De affectionibus* 60[246] und *De humoribus* 12[247] heranzuziehen.

In Vict. 2,56,4 gibt der Verfasser des diätetischen Werks den Hinweis, dass für eine gute Ernährung nicht allein die Verträglichkeit und Wirkung der Speisen und Getränke zu beachten ist, sondern auch ihre Herkunft: Οὔκουν δεῖ τὴν δύναμιν αὐτοῦ μόνον γνῶναι τοῦ τε σίτου καὶ τοῦ πόματος καὶ τῶν ζῴων, ἀλλὰ καὶ τὰς πατρίδας ὁκόθεν εἰσίν. Er differenziert zwei Bodentypen und deren Auswirkungen auf die ihnen entstammenden Pflanzen und Tiere:

1. Eine wasserlose, trockene und stickige Gegend bringt Trockenes, Warmes und Schweres hervor. Eine solche Speise gilt als nahrhaft (πολύνοστος).
2. Ein feuchtes, wasserreiches und kaltes Land erzeugt Feuchtes, Kaltes und Leichtes.

Es zeigt sich demnach auch in diesen Bemerkungen die Einflussnahme der Umwelt, die wie bereits in Vict. 2,37 mittels der Ernährung auf den Menschen wirkt. Überdies werden erneut zwei grundsätzliche Landtypen kontrastierend gegenübergestellt, die sich in Wassergehalt und Wärmegrad unterscheiden. Von größerer Relevanz ist für den Autor jedoch der Wassergehalt des Bodens, wie die Konklusion erhellt:

> Ὅταν μὲν οὖν βούλωνται τροφὴν ἰσχυροτέρην τῷ σώματι προσενεγκεῖν ἀπὸ τῶν αὐτῶν σίτων, τοῖσιν ἐκ τῶν ἀνύδρων χωρίων χρηστέον καὶ σιτίοισι καὶ πόμασι καὶ ζώοισιν· ὁκόταν δὲ κουφοτέρην τροφὴν καὶ ὑγροτέρην, τοῖσιν ἐκ τῶν ἀρδομένων χρηστέον.

246 Zu *De affectionibus* vgl. die Erläuterungen zu Inhalt und Datierung oben auf S. 107.
247 Zu *De humoribus* finden sich grundlegende Angaben auf S. 64.

> Wenn man dem Körper von denselben Speisen eine stärkere Ernährung zukommen lassen möchte, nehme man Speisen, Getränke und Tiere aus wasserarmen Ländern; für leichtere und feuchtere Speisen, aus bewässerten Ländern.

Ebenso weist auch Aff. 60, wenngleich sehr konzis, auf die Unterschiedlichkeit der Herkunft von Speisen hin. Erwähnung finden hier die Begriffspaare „wasserreich – wasserarm“ (εὔυδρος – ἄνυδρος), „sonnig – schattig“ (εὐήλιος – πολύσκιος) und „gut – schlecht“ (ἀγαθὴ – φλαύρη).

Schließlich listet Hum. 12 unter möglichen Krankheitsauslösern auch die Ausdünstungen sumpfiger und mooriger Gegenden (ἀπὸ ὀδμέων βορβορωδέων ἢ ἑλωδέων) auf, spezifiziert jedoch nicht die Auswirkungen.

4.4.6 Zusammenfassung

Die vorangegangene Analyse ergab, dass der Verfasser des Traktats über die Umwelt den in 1,5 angekündigten Faktor „Boden“ in der zweiten Hälfte der Schrift und insbesondere im letzten Kapitel ausgiebig darstellt. Ohne dass an dieser Stelle bereits die Beispiele einzelner Völker einbezogen wurden, in denen sich weitere Bodenausprägungen zeigen, wurde bereits die grundlegende Theorie erhellt: Der Verfasser kennt demzufolge zwei gänzlich verschiedene Bodentypen, die maßgeblich durch ihren Wassergehalt und ihr Klima bestimmt werden. Als Grundmodell wird ein wasserreicher Boden in konstanten klimatischen Bedingungen einem wasserarmen Boden gegenübergestellt, der großen Temperaturunterschieden ausgesetzt ist. Analog werden zwei stereotype Menschenbilder entworfen, die in Körperfülle, Tapferkeit und Tatkraft kontrastieren. Diese Zwei-Typen-Lehre, die der Zweisäftelehre gänzlich entspricht, wird zusätzlich durch eine Makrokosmos-Mikrokosmos-Analogie hinsichtlich der Körperlänge und durch die μεσότης-Lehre hinsichtlich der Verschiedenartigkeit der Population ergänzt.[248]

Es wird sich zeigen, dass sich auch die ethnographischen Beispiele der Kapitel 12–23 in das theoretische Konzept einfügen. Am Bild der Ionier, das hier bereits aufgrund der prinzipiellen Hinweise der Bodenbeschaffenheit berührt

---

248 Wie bei den zuvor erläuterten Umweltfaktoren beschränkt sich die Darstellung des Bodens erneut auf die Beschreibung vorliegender Tatsachen. Die Interpretation bei Rosen (1993) 10 ist daher zurückzuweisen: „Thus, the author advises that before a place is colonized physicians should be questioned and the character of the soil should be subjected to detailed investigation.“ Derartige Ratschläge enthält der Text nicht.

wurde, lassen sich Entsprechungen erkennen, die in der folgenden Analyse der Völkerbeschreibungen ausführlicher dargestellt werden.

Die grundsätzliche Unterscheidung von wasserarmem und wasserreichem Boden wird zusätzlich durch die Schilderungen in Vict. 2,37. 56, Nat.Puer. 24–26 und Aff. 60 gestützt. Insbesondere die Abschnitte aus *De diaeta* stellten wie *De aere aquis locis* die Bodentypen unter den Einfluss des Klimas und zeigten eine Wirkung auf die menschliche Konstitution auf.[249] In keiner der Darstellungen findet sich jedoch eine direkte Verknüpfung zu Krankheiten, so dass der vierte Umweltfaktor kaum eine medizinische Orientierung aufweist. Dieser Umstand indiziert ebenfalls, dass der Boden in der meteorologischen Medizin des C.H. als sekundärer Faktor angesehen wird.

249 Eine starke Verbindung sieht hier auch Palm (1933) 102–105. Desautels (1982) 56 urteilt hingegen, dass der Verfasser von Vict. 2,37 das Gebiet allein hinsichtlich der Ausrichtung nach Norden oder Süden betrachte und somit die Vielfalt der bedingenden Faktoren auf einen reduziere, wenngleich auf sehr scharfsinnige Weise. Diese Kritik lässt sich nach der eingehenden Analyse nicht bestätigen, da gerade die Schrift über die Lebensführung zu drei von vier Faktoren durch erhebliche Beiträge die Umweltschrift zu ergänzen vermag.

5 Die Fallbeispiele in *De aere aquis locis* und den *Epidemien*

In die vorangegangene Analyse der Umweltfaktoren wurden die Inhalte von Aer. 12–23 nur in eingeschränktem Maße einbezogen, da dort oftmals mehrere Aspekte miteinander zu komplexen Landschaftsbildern verknüpft sind. Diese unterstützen jedoch die zuvor im theoretischen Konzept erläuterten Funktionen durch die Schilderungen „realer“ Gegebenheiten.[1] Daher wird nun im Folgenden aufgezeigt, wie die analysierten Muster dort widergespiegelt werden. Unerheblich ist in diesem Kontext der tatsächliche Realitätsbezug dieser Entwürfe, da für die Theorie der meteorologischen Medizin allein diese konzipierten literarischen Landschaften maßgeblich sind. So stellt sich nicht die Frage, ob die klimatischen Verhältnisse oder die Physiologie und Anatomie der Völker „richtig“ oder „falsch“ beschrieben werden und welche Aussagen vergleichend die Darstellungen anderer Autoren enthalten.[2]

Zusätzlich zu den Völkerbeschreibungen in *De aere aquis locis* werden auch fünf Katastaseis aus den Epidemien herangezogen, da sie ebenfalls zahlreiche Umweltfaktoren nennen und entstandene Krankheiten zu diesen in Beziehung setzen.[3]

5.1 Ionien (Aer. 12,4–6)

In der Beschreibung derjenigen Region Asiens, die in Aer. 12,4–6 geschildert wird und als Ionien identifiziert werden konnte, werden zahlreiche Details der Landschaft, des Klimas und der menschlichen Konstitution erwähnt, die einen Rückschluss auf die herrschenden Umweltfaktoren ermöglichen:

Das Land liegt „in der Mitte zwischen der Wärme und der Kälte“ und zeichnet sich durch die beste Vegetation, Tierreichtum, das mildeste Wetter und das

1 So erfasst es auch Grensemann (1979) 436: „Es sind Naturgesetze, die überall, in Europa und Asien, im Großen und im Kleinen wirken, sie prägen Städte wie Kontinente und sogar den einzelnen (23,3), je nach den vorherrschenden Bedingungen. Diese Bedingungen an großen Beispielen zu zeigen ist der Sinn des zweiten Teiles.“

2 Entsprechende Vorwürfe gegen den hippokratischen Verfasser finden sich in der Geschichte der Erforschung des Textes zahlreich, vgl. z.B. die „Falschmeldungen über das Skythenland“ bei Lorenz (1990) 196.

3 Vgl. Deichgräber (1933) 15: „Der Zusammenhang zwischen Witterung und Säfteentwicklung ist das entscheidende Merkmal der Epidemien.“

schönste Wasser aus, das es sowohl aus dem Himmel als auch aus der Erde bezieht (ὕδασι καλλίστοισι κέχρηται τοῖσί τε οὐρανίοισι καὶ τοῖσιν ἐκ τῆς γῆς). Ergänzt wird die Beschreibung durch den Abschnitt über die Beschaffenheit des Bodens, die bereits bei dem betreffenden Umweltfaktor wiedergegeben wurde. Demzufolge ist das ionische Land vor Wärme, Kälte, Trockenheit und Nässe geschützt. Die Bewohner sind einander ähnlich, wohlgenährt, sehr schön und groß, jedoch kraft- und mutlos. Es werden keinerlei Krankheiten erwähnt, was zum einen auf die hervorragenden klimatischen Umstände zurückzuführen sein könnte, zum anderen ist jedoch zu bedenken, dass der Text unmittelbar nach der Schilderung abbricht und möglicherweise ein Teil der Darstellung Ioniens verloren ist.

Die genannten Umweltbedingungen verweisen folgendermaßen auf die Faktoren der meteorologischen Medizin:

Es ist zunächst auszuschließen, dass der Nord- und der Südwind jeglichen Einfluss ausüben, da ihre spezifischen Qualitäten „kalt“ und „trocken“ bzw. „warm“ und „feucht“ auf das Land nicht zutreffen. Große Ähnlichkeiten weist die Darstellung hingegen mit der Ost-Stadt auf, allerdings wird eine Einwirkung der Morgensonne oder der Ostwinde nicht dargetan.

Bezüglich des „schönen“ Wassers ist offenkundig, dass die Bewohner der Region das Trinkwasser des Typs I verwenden. Zusätzlich deutet die Bemerkung, dass dieses vom Himmel und aus der Erde kommt, sowohl auf Flüsse als auch auf Regenwasser hin, die beide zu dem „guten“ Wassertyp zählen.

Das besonders milde Wetter und die Ausgewogenheit der Jahreszeiten (μετριότης τῶν ὡρέων) beschreiben ideale klimatische Bedingungen ohne Schwankungen der Temperaturen, so dass der Vergleich mit dem Frühling nur allzu plausibel ist. Auf das konstante Klima ist die Ähnlichkeit der Bewohner zurückzuführen.

Schließlich lässt sich das Land auch dem wasserreichen, weichen Bodentyp zuordnen, der bekanntlich in einem so ausgewogenen Klima zu finden ist. Aus diesem Umstand heraus erklären sich die einzigen negativen Erwähnungen in der sonst so idealen Landschaft: Die Menschen entsprechen gemäß dem Zwei-Typen-Modell des Bodens dem „weichen“ Typ, der über größere Leibesfülle, Feigheit und Kraftlosigkeit verfügt.[4] Da das ionische Land jedoch nicht übermäßig nass ist, gelten die Bewohner dennoch als „schön“. Ebenfalls scheint der

4 Die negative Konnotation der Feigheit stellt schon Müri (1947) 73 heraus: „Beherztheit, Tapferkeit sind also erwünschte Qualitäten; man spürt das Bedauern, wenn der Ethnograph feststellt, daß die Lebensbedingungen ihnen nicht förderlich sind; man merkt die Genugtuung, wenn die Umwelt sie begünstigt und hervorbringt.“

Schleimgehalt ihrer Körper aus diesem Grunde noch gemäßigt zu sein. Allein die Körpergröße findet keine Erklärung in der Landschaftsbeschreibung. Sie könnte auf ein hochgelegenes Land verweisen oder auch ein weiteres ideales Körpermerkmal hervorheben.

Zusätzlich kommt in dieser Beschreibung erstmals der fünfte Faktor der Disposition zum Tragen: Die Lebensweise (ἡ δίαιτα), die sich im Beispiel Ioniens durch die Kultivierung des Landes und den Genuss der Früchte zeigt.

5.2 Ägypten und Libyen (Aer. 12,7)

Bezüglich der Darstellung der Ägypter und Libyer stellt der Textverlust eine erhebliche Schwierigkeit in der Analyse der Umweltbeschreibung dar. Anhand der bereits vollzogenen Rekonstruktion einiger Aussagen sind dennoch Ansätze zu erhellen:

Die Ähnlichkeit der Bewohner untereinander, die sie von Menschen anderer Länder unterscheidet, resultiert aus einem konstant heißen Klima (18,1). Die Jahreszeiten weisen demnach kaum Schwankungen auf, so dass zunächst angenommen werden könnte, dass erneut der „weiche" Menschentyp beschrieben wurde, der keinen Mut und Fleiß zeigt. Ein weiterer Anhaltspunkt besteht jedoch im Kinderreichtum, dessen Erwähnung zwar nicht zu belegen, aber aufgrund der Skythendarstellung dennoch zu vermuten ist (19,1). Die Kinderarmut der Skythen wird auf die Feuchtigkeit ihrer Körper zurückgeführt, die durch das nasskalte Klima erzeugt wird. Es kann entsprechend angenommen werden, dass das afrikanische Klima durch die Sonneneinstrahlung als sehr trocken dargestellt wurde, so dass die Körper der Menschen ebenfalls in trockenem Zustand und somit zeugungsfähiger sind.[5] Dieser Schluss würde entgegen dem „weichen" Menschentyp klar auf eine gallige Konstitution hinweisen. In diesem Fall stünde das konstante Klima, das gemäß der Bodenlehre sowohl Einfluss auf die Verschiedenartigkeit der Menschen als auch auf den Menschentypus entsprechend der Körpersäfte nehmen kann, hier allein in Verbindung zum ersten Aspekt. Das Säfteverhältnis dürfte hingegen zu stark durch die trockene Hitze zugunsten der Galle beeinflusst sein.

Zweifellos müssen derartige Schlüsse aufgrund des Textverlusts spekulativ bleiben. Dennoch gibt es ein weiteres Indiz in der Skythenbeschreibung, das das entworfene Bild m.E. überaus plausibel macht: Das Klima im Land der Skythen wird wie ein dauerhafter Winter dargestellt: ὥστε τὸν μὲν χειμῶνα ἀεὶ

5 Vgl. auch Harig (1959) 85.

εἶναι. Analog gilt die Witterung als kalt und feucht. Entsprechend ist daher aufgrund der gegensätzlichen Darstellung der zwei Volksgruppen zu mutmaßen, dass das Klima Ägyptens und Libyens mit dem Sommer verglichen wurde, der trocken und heiß ist und mit Galle verknüpft wird.[6]

Weitere Angaben über das Land sind leider nicht erhalten, so dass insbesondere Informationen zum Gehalt und zur Qualität des Wassers fehlen. Die Übertragung ethnographischer Schilderungen anderer Autoren, wie sie z.B. West vornimmt,[7] ist unzulässig, da alle Völker wie auch die Landschaften mit dem Konzept der meteorologischen Medizin verknüpft werden, so dass nicht zwingend davon auszugehen ist, dass die Beschreibung mit denen der ethnographischen Literatur übereinstimmt.

Bezüglich der schönen Gestalt der Ägypter ließ sich dennoch in 20,2 ein Hinweis auf das Wickeln finden. Es wird also zusätzlich zu der Natur auch einem Brauch Einfluss auf den Menschen beigemessen.

5.3 Sonnenaufgang bis Maiotis (Aer. 13,1f.)

Die Gegend, die in Kapitel 13 beschrieben wird und sich bis hin zur Maiotis erstreckt, wird hinsichtlich der Unterschiedlichkeit ihrer Bewohner in ein klares antithetisches Verhältnis zu den zwei vorangegangen Beispielen gestellt: διάφορα μᾶλλόν ἐστι τῶν προδιηγημένων. Hier wird demnach ein Gegenbeispiel konstruiert, in dem sehr unterschiedliche Menschen ein ungleichmäßiges Land bewohnen, das großen Temperaturschwankungen unterliegt. Die Einflussnahme wird zum einen direkt durch das Klima ausgeübt, zum anderen durch die Natur, die ihrerseits durch das Klima geprägt wird.

Weitere Informationen gibt der kurze Abschnitt nicht. Er dient jedoch als Einleitung der Kapitel 14 und 15, da aus den zahlreichen Völkern die Makrokephalen und die Anwohner des Phasis herausgegriffen werden.

---

6 Vgl. auch Vict. 2,37: Länder im Süden sind wärmer und trockener als Länder im Norden, da sie der Sonne näher sind. Ebenso sind die Menschen wärmer und trockener, wofür die libysche Bevölkerung als Beweis angeführt wird. Den Vergleich zieht auch Trüdinger (1918) 39, Anm. 1.

7 Vgl. West (1999) 22f. Auch Zeugswetter (1939) 100–102 begibt sich bei seiner Rekonstruktion auf eine stark spekulative Ebene und unterscheidet zudem Ägypten und Afrika.

5.4 Die Makrokephalen (Aer. 14)

Bezüglich des aufgrund der Kopfform „Makrokephalen" genannten Volks wurde bereits herausgestellt, dass in ihrer Darstellung die φύσις-νόμος-Antithese erstmals in der griechischen Literatur in Erscheinung tritt.[8] Die beiden Aspekte weisen keine entgegengesetzte, sondern eine harmonische Wirksamkeit auf, wobei der Brauch deutlich im Vordergrund steht.

Die Landschaft der Makrokephalen wird jedoch abgesehen von der allgemeinen Charakterisierung des Gebiets in 13,1f. nicht geschildert. Es werden analog aber auch keinerlei physische oder psychische Besonderheiten erwähnt, die auf Landschaftsfaktoren zurückzuführen wären, so dass das 14. Kapitel jeglichen Bezug zu der meteorologischen Medizin vermissen lässt. Dennoch stellt es eine Ergänzung des theoretischen Konzeptes dar, indem es offenbart, dass über die natürlichen Bedingungen hinaus auch kulturelle Umstände die körperliche Verfassung der Menschen bestimmen, über die sich ein Wanderarzt ebenfalls bewusst sein muss.

5.5 Phasis-Region (Aer. 15)

Überaus ergiebig sind jedoch die Details der Landschaft und ihrer Bewohner der Region am Phasis:

Das Land ist sumpfig (ἑλώδης), feucht (ὑδατεινός) und bewachsen (δασύς), das gesamte Jahr hindurch fällt starker Regen. Die Temperaturen sind konstant warm, jedoch nicht heiß. Die vorkommenden Winde sind überwiegend feucht, der Nordwind erreicht das Land kaum. Der κέγχρων, ein regionaler Wind, ist ebenfalls warm und zeigt eine negative Wirkung. Die Bewohner trinken stehendes Wasser aus den Sümpfen, das durch den ständigen Regen gespeist wird und aufgrund des warmen Klimas schnell fault. Aus diesen Sümpfen steigt außerdem Nebel auf, so dass die Luft feucht und trüb ist. Die Statur der Menschen ist groß und sehr beleibt, sie haben gelbliche Haut[9] und tiefe Stimmen. Für jegliche körperliche Anstrengung sind sie zu träge.

---

8 Siehe oben S. 18.

9 Harig (1959) 78 nimmt aufgrund der gelblichen Hautfärbung erneut einen Hinweis auf Malaria an. Es zeigt sich an dieser Stelle bereits die Erkenntnis der besonderen Verbreitung der Malaria in Sumpfgebieten. Die Erreger und die Übertragungsformen sind jedoch erst seit dem 19. Jahrhundert bekannt.

Ähnlich wie im Beispiels Ioniens kommen auch in dieser Darstellung die Faktoren der meteorologischen Medizin zur Geltung:[10]

Demnach werden die Winde als νότιος bezeichnet, so dass ihre Feuchtigkeit klar hervortritt. Durch diese Wortwahl liegt außerdem die Vermutung nahe, dass der Verfasser auf den Südwind zielt, jedoch kommt auch die Westrichtung in Betracht, da beide Richtungen Wärme und Feuchtigkeit repräsentieren.[11]

Das Trinkwasser der Stadt wird deutlich dem Wassertyp II zugewiesen, der durch seine Trübe gekennzeichnet ist und zu jeglicher Verwendung schlecht ist. Obgleich gewöhnlich Flusswasser zum besten Trinkwasser zählt, hat der Phasis diese positive Wirkung nicht, da er nur sehr langsam fließt.[12] Auch das beschriebene Aufkommen von Nebel stützt das negative Bild des Faktors Wasser, da bei der Nebelbildung die trüben Wasserteile abgespalten werden und die Luft somit von ebenso schlechter Qualität ist wie das Wasser am Boden. Auf den Nebel lässt sich die Tiefe der Stimmen zurückführen.

Die Erwähnung des Nebels könnte als ein weiterer Hinweis auf die Westausrichtung der Stadt gedeutet werden, da auch bei deren Beschreibung im sechsten Kapitel dieses meteorologische Phänomen benannt wird. Mit Sicherheit zeigt er in diesem Beispiel jedoch allein eine geringe Wirkung der Sonne auf, die imstande wäre, den Nebel aufzulösen.

Da die Jahreszeiten kaum ausgeprägt sind, herrschen konstante klimatische Bedingungen, die durch die Wirkung der Winde Wärme und Feuchtigkeit aufweisen.

Hinsichtlich des Bodens wird der wasserreiche Typ geschildert, der weich und fett ist. Diesem entspricht der ebenfalls „weiche“ Schleimtyp, der durch seine Körperfülle und Trägheit am Beispiel der Phasis-Anwohner klar angezeigt ist.[13] Deren feuchte Konstitution ist somit aber durch alle Faktoren bedingt, die ihre ungewöhnliche äußere Erscheinung evozieren. Wie bereits am Beispiel

10 Ein Ansatz einer Analyse der Umweltfaktoren im Phasis-Kapitel findet sich bei Grensemann (1979) 436–438. Grensemann erkennt textuelle Bezüge der Beschreibung zu den Kapiteln 6; 7; 24,3–4. 8, ergänzt jedoch leider nicht die enthaltenen Informationen zur systematischen Analyse des Gesamtkonzepts.

11 Insofern ist die Aussage von Zeugswetter (1939) 55 nicht korrekt, die besagt: „Im Phasiskapitel ist ja nicht von den Winden [...] als den Ursachen bestimmter Krankheiten und somatischer Eigenschaften die Rede, sondern von dem Faktor der δίαιτα.“

12 So fasst es auch Galen auf: „Dieser Fluss bringt diesen Leuten keinen Nutzen, weil seine Strömung stagnierendem Wasser gleicht, das sich nicht bewegt“ (Übers. Strohmaier IV 3,9).

13 Diller (1934) 103f. sucht vergeblich eine Begründung für „die Aufgeschwemmtheit der Phasisanwohner“ „in den Theorien des ersten Teils“, beschränkt seine Suche jedoch ausschließlich auf Aer. 1–11 und bezieht die Informationen zum Boden im 24. Kapitel nicht ein.

Ioniens gibt jedoch die Landschaftsbeschreibung keine Begründung für die Körperlänge.

Zusätzlich findet auch in diesem Beispiel die Lebensweise Erwähnung, die in der Wohnkultur und der Fortbewegung ungewöhnliche Formen aufweist. Die Ernährung der Bewohner ist offenbar von unreifen, wässrigen Früchten geprägt.

5.6 Asien allgemein (Aer. 16)

Das Abschlusskapitel der Asienabhandlung bildet gemeinsam mit deren Beginn (12,2f.) einen Rahmen, in dem das allgemeine asiatische Klima und die Menschen dargestellt werden. Der Verfasser hebt zusätzlich jedoch hervor, dass einzelne Völker einen andersgestalteten Charakter aufweisen.

Im Ganzen schreibt er dem Kontinent ein konstantes Klima zu, das die Bewohner zu feigen und sanften Menschen macht. Dieser Grundsatz entspricht vollkommen der μεταβολαί-Lehre und bildet einen Rückbezug zu den Darstellungen Ioniens, Ägyptens und Libyens sowie der Region am Phasis, da all diese Gebiete auf die entsprechende Weise gekennzeichnet wurden. Auch wurde in 12,3 bereits auf die gute „Mischung der Jahreszeiten" hingewiesen.

Eine Ergänzung weist jedoch das Kap. 16 darin auf, dass zusätzlich zu den natürlichen Bedingungen auch das politische System den menschlichen Charakter prägt (16,3–5). Erneut tritt das Wortpaar Physis-Nomos hervor: ὥστε καὶ εἴ τις φύσει πέφυκεν ἀνδρεῖος καὶ εὔψυχος, ἀποτρέπεσθαι τὴν γνώμην ὑπὸ τῶν νόμων. Dem Nomos als sekundärem Faktor wird in diesem Zusammenhang eingeräumt, die zuvor schon bestehenden natürlichen Anlagen zu verändern.

5.7 Die Sauromaten (Aer. 17)

Bei dem europäischen Skythenvolk der Sauromaten ist ähnlich wie schon bei den Makrokephalen der Fokus auf den ungewöhnlichen Nomos gerichtet, so dass den Umweltfaktoren keine Beachtung beigemessen wird.

Der einzige Hinweis auf die Landschaft findet sich in der Lokalisierung an der Maiotis (περὶ τὴν λίμνην τὴν Μαιῶτιν), mit der jedoch keine weiteren Angaben z.B. über die Bodenbeschaffenheit oder das Trinkwasser verknüpft werden.

Erneut hebt die Schilderung des Brauches hervor, wie durch gewaltsame Einwirkung die menschliche Natur verändert werden kann.

5.8 Die übrigen Skythen (Aer. 18–22)

Die Wirkung der Landschaftsfaktoren bei den übrigen Skythen, deren ausführliche Darstellung bereits analysiert wurde, hat in der Vergangenheit für zahlreiche Unstimmigkeiten gesorgt, die auch für die Erörterung der Schrifteinheit herangezogen wurden. Es sind daher erneut zunächst die Angaben des Textes zusammenzutragen und anschließend zu prüfen:

Die Hochebene, die die Skythen bewohnen, liegt weit im Norden am Fuße des Rhipäengebirges, aus dem der Nordwind herabweht. Dieser Wind ist durch Schnee und Eis kalt, so dass das ganze Jahr hindurch Winter herrscht. Die Sonne und der Südwind erreichen das Gebiet hingegen kaum. Die Luft ist feucht und dicht und es liegt täglich Nebel über dem Land. Der Boden des Landes ist nur mäßig bewässert und eher kahl, da Flüsse das Wasser ableiten. Die Menschen entnehmen ihr Trinkwasser jedoch nicht den Flüssen, sondern getautem Schnee und Eis. Ihre Körper sind beleibt, feucht und kalt. Sie sind träge, einander sehr ähnlich, haben rötliche Haut, krumme Beine und bekommen nur wenige Kinder.

Diller bemerkt zu dieser Schilderung: „Die Winde dort wehen vom Norden. [...] Aber die Skythen haben in ihrer Konstitution nichts mit den Leuten zu tun, deren Stadt dem Nordwind ausgesetzt ist (Kap. 4). Sie sind nicht straff, dürr und hartleibig [...], sondern im Gegenteil fleischig, feucht und schlaff und ihre Bauchhöhlen sind die feuchtesten von allen. [...] Da besteht also keinerlei Übereinstimmung.“[14] Palm wendet dagegen ein, dass sie „nicht nur vom Einfluß des Nordwindes, sondern wesentlich noch von anderen Faktoren bestimmt“ werden, und erläutert diese anhand der geschilderten Witterung.[15] Harig erhebt jedoch erneut den Einwand, dass der Nordwind „hier völlig neue Eigenschaften und Funktionen“ bekommt, die sich von denen des vierten Kapitels unterscheiden. „Dort war er trocken-kalt und hatte eine reinigende Wirkung, hier ist er feucht-kalt und hat dieselbe Wirkung wie der Südwind – er bewirkt eine feucht-schleimige Konstitution.“[16]

Nach unserer vorangegangenen Analyse jedoch ergibt sich ein neues Bild, das den scheinbaren Widerspruch auflöst: Der Vergleich mit anderen Schriften des C.H. erhellte, dass dem Nordwind wie allen anderen Winden ursprünglich ebenfalls die Eigenschaften „kalt“ und „feucht“ zukommt, da er in einer kalten und feuchten Gegend entsteht. Seine trockene Beschaffenheit und klärende

14 Diller (1934) 104.
15 Palm (1937) 305.
16 Harig (1959) 83f.

Wirkung, wie sie in Aer. 4 beschrieben wird, erhält er hingegen erst, nachdem er größere Landmassen überströmt und von der Sonne getrocknet wurde. In diesem Zustand erreicht er Griechenland.

Es dürfte nun zu fragen sein, ob diese Lehre, wie sie derart in *De diaeta* 2,38 zu finden ist, auch als geistige Grundlage des zwei bis drei Jahrzehnte früher entstandenen Traktats *De aere aquis locis* angenommen werden darf. Dass dies durchaus legitim ist, zeigen Stellen aus der älteren Schicht von Schriften, die sich mit dem Austausch von Wasserbestandteilen zwischen Luft und anderen Stoffen befassen, z.B. Morb.Sacr. 10 und auch Aer. 8. Ein weiteres bedeutendes Moment manifestiert sich in der Wirkung der Sonne, die nach der Lehre der Umweltschrift Feuchtigkeit anzuziehen vermag, jedoch das nördlich gelegene Skythien nicht erreicht. Auch wird die lokale Begrenztheit von Winden in eben der Skythenabhandlung anhand des Notos verdeutlicht. Demzufolge ist die Anschauung über die Winde mit derjenigen in *De diaeta* mit großer Wahrscheinlichkeit identisch.[17]

So ist also der Wind, der im Land der Skythen vorwiegend weht, kalt und feucht, so dass es nicht länger verwundert, dass die Menschen eine schleimige Konstitution haben, da diese gerade durch Feuchtigkeit hervorgerufen wird. Der Nebel, der aufgrund des fehlenden Sonnenscheins nicht aufgelöst werden kann, erhöht darüber hinaus die Feuchtigkeit der Luft.[18] Die Attribute „kalt" und „feucht" kommen außerdem auch dem Winter zu, so dass sich der Vergleich des skythischen Klimas mit dieser Jahreszeit erklärt.[19] Da sich diese Witterungsbedingungen konstant über das gesamte Jahr halten, sind die Menschen einander ähnlich. Auch die rötliche Hautfarbe führt der Verfasser auf die Kälte zurück.[20]

17 Dies räumt sogar Desautels (1982) 56f. ein, der die konzise Darstellung von *De diaeta* kritisiert: „entre les deux (sc. auteurs) on peut reconnaître une affinité de pensée et même, au point de vue géographique, le souci de l'un de compléter la pensée de l'autre."

18 Das Aufkommen des Nebels, das für Rausch (2013) 41 einen „Fehler [...] im Hinblick auf die innere Stimmigkeit des Nord-Bildes" darstellt, erklärt sich aus der soeben dargelegten feuchten Natur des Nordwindes in dieser wasserreichen Region, so dass die Diskrepanz aufgelöst ist. Die Entstehung und Auflösung von Nebel steht gemäß der Theorie der meteorologischen Medizin vornehmlich im Zusammenhang mit der Sonne, weniger mit Winden, wie Rausch annimmt. Siehe dazu die Analyse im Kapitel 4.2.4.1 „Nebel".

19 Vgl. Galens Kommentar: „Denn er will uns damit belehren, dass die Kälte in diesem Land das ganze Jahr über herrscht. So hat er die Jahreszeiten insgesamt in eine einzige Jahreszeit eingeteilt" (Übers. Strohmaier IV 5,11).

20 Galen kommentiert ausführlich die Veränderung der Hautfarbe unter Einwirkung von Kälte, vgl. Übers. Strohmaier IV 5,18.

Das Trinkwasser, das die Skythen durch das Schmelzen von Schnee und Eis gewinnen, zählt zum Typ II, das in seiner kalten Form ebenfalls den Schleim erregt und daher von äußerst schlechter Qualität ist.

All die genannten Faktoren, die die Ausbildung von kalten und feuchten Konstitutionen evozieren, begründen auch die physische Behäbigkeit und die geringe Fertilität. Dies erweist eine vollkommene Übereinstimmung mit dem „weichen“ Menschentyp, der durch Schleim geprägt ist.[21]

Auffallend sind jedoch das mäßige Wasservorkommen des Landes sowie die daraus resultierende geringe Vegetation, da in einer solchen Natur gewöhnlich der harte Galletyp verortet ist. Es zeigt sich jedoch, dass die Skythen trotz dieser Widrigkeit über ausreichend, wenngleich schlechtes Trinkwasser verfügen, so dass sie nicht unmittelbar von der Trockenheit des Bodens betroffen sind. Diese erklärt aber ihr Nomadentum, da für ihr Vieh die Nahrung knapp ist. Zusätzlich illustriert das karge Landschaftsbild die Schutzlosigkeit der Menschen und Tiere vor der eisigen Kälte.

Über all die Beschreibungen der Landschaft hinaus wird auch dem Nomos großer Einfluss auf die menschliche Natur beigemessen: So verzichten die Skythen bewusst auf die in Ägypten angewandte Wickeltechnik und nehmen in Kauf, dass die Kinder krumme Beine entwickeln, da diese eine geeignetere Sitzhaltung zu Pferde ermöglichen. Ohnehin zeigt das Reiten einen großen Bereich der Lebensführung, also dem fünften Faktor der Disposition, die in diesem Beispiel größte Ausführlichkeit erlangt. Zu ihr zählen auch die nomadische Wohnweise und die Ernährung. Weitere Nomoi zeigen sich in der Zufügung von Brandzeichen und das Aufschneiden der Adern bei den Ἀναριεῖς. Wie bei den Beispielen der anderen Völker prägen diese Bräuche nicht die grundsätzliche Konstitution der Menschen, sondern justieren lediglich einzelne Facetten.

5.9 Europa allgemein (Aer. 23)

Gänzlich parallel zu der Asienabhandlung schließt auch die Beschreibung Europas mit einem allgemeinen Teil, der das Klima des Kontinents und die Eigenheiten der Bewohner im Allgemeinen kennzeichnet.[22] Im Unterschied zu der

21 Angesichts dieser medizinischen Erklärung der Schlaffheit der skythischen Männer führt die ästhetisch-soziologische Interpretation bei Rausch (2013) 42f. zu weit.

22 Es bestätigt sich hiermit erneut die Sonderstellung Skythiens, die sich durch die mehrmalige Ankündigung des Verfassers, dass er besondere Völker herausgreifen wolle, erklärt. Dieses Volk ist somit in der umfassenden Charakterisierung des Kontinents nicht zwingend einbegriffen, so dass der Einwand bei Schubert (2010) 123, das „physiologisch-geographische“ und das

Schilderung Asiens werden anschließend jedoch noch einzelne Charakteristiken der Poleis angefügt.

Das generelle europäische Klima ist in jedem einzelnen Gebiet durch μεταβολαί bestimmt, die für heiße Sommer, kalte Winter, Regen- und Trockenzeiten sorgen.[23] Auslöser dieser Veränderungen sind die Winde, die häufig aufkommen und starke Wirkung zeigen. Demzufolge weisen sogar einzelne Städte verschiedenartige menschliche Gestalten auf, hinsichtlich des Charakters ist jedoch der „harte" Typ vorherrschend. Dieser wird deutlich durch folgende Attribute ausgewiesen: wild (ἄγριος), unerbittlich (ἀμείλικτος), temperamentvoll (θυμοειδής), mutig (εὔψυχος) und kriegerisch (μάχιμος). Erneut findet sich die Ergänzung durch das Wortpaar Physis-Nomos, dass auch das politische System zur Ausbildung des so gearteten Charakters beiträgt.

5.10 Die Witterungsbeschreibungen der *Epidemien*

5.10.1 Die Katastaseis der *Epidemien* I und III

Das erste Buch des Werks über die epidemischen Krankheiten enthält drei sogenannte Katastaseis (καταστάσεις), die jeweils die Witterung eines Jahres auf der Insel Thasos und später aufkommende Erkrankungen darstellen.[24] Eine weitere Katastasis folgt im dritten Buch, das dem ersten inhaltlich so nahesteht, dass die vier Beschreibungen hier zusammenhängend betrachtet werden können.[25] Die erste, die zugleich den Beginn der Schrift bildet, lautet wie folgt (Epid. 1,1,1–3):

> Ἐν Θάσῳ φθινοπώρου περὶ ἰσημερίην καὶ ὑπὸ πληϊάδα ὕδατα πολλά, συνεχέα μαλθακῶς, ἐν νοτίοις. χειμὼν νότιος, σμικρὰ βόρεια, αὐχμοί· τὸ σύνολον ἔς γε χειμῶνα οἷον ἔαρ γίνεται. ἔαρ δὲ νότιον ψυχεινόν, σμικρὰ ὕσματα. θέρος ὡς ἐπὶ τὸ πολὺ ἐπινέφελον. ἀνυδρίαι. ἐτησίαι ὀλίγα, σμικρά, διεσπασμένως ἔπνευσαν.

„kulturelle" Schema ließen sich nicht in Einklang bringen, verfehlt ist. Unverständlich ist in diesem Zusammenhang ohnehin ihre Zuordnung der Skythen zum „ersten Teil der Schrift".

23 In diesen vier Ausprägungen treten erneut die Elementarqualitäten in Erscheinung. Galens Kommentar liegt zusätzlich ein weiterer Satz vor, nach dem gemäß der landschaftlichen Verschiedenartigkeit des Landes in Partien auch ein gleichmäßiges Klima herrscht, siehe oben S. 25, Anm. 54.

24 Dass sich der Begriff der Katastasis, also des „Zustands", sowohl auf die Witterungsbedingungen als auch auf die Krankheitsverhältnisse bezieht, legen Deichgräber (1933) 9 und Langholf (1990b) 169 dar.

25 Vgl. z.B. Langholf (1980) 343.

Auf Thasos [fiel] im Herbst zur Zeit der Tag- und Nachtgleichen und der Plejaden viel Regen, stetig mild, unter Einfluss des Südwinds. Im Winter Südwind, kaum Nordwind, Trockenheit; insgesamt war der Winter wie ein Frühling. Im Frühling Südwind, frisch, kaum Regen. Im Sommer meist bewölkt. Niederschlagsfrei. Die Etesien wehten selten, schwach, mit Unterbrechungen.

Diese Darstellung beschließt der Verfasser selbst mit dem Fazit, das Jahr sei also unter Wirkung des Südwinds und trocken gewesen.

Es fügen sich Beschreibungen von Erkrankungen an, die im darauffolgenden[26] Frühling ihren Anfang nehmen und durch einen plötzlich eintretenden Nordwind ausgelöst werden: Angeführt werden insbesondere Mumps[27] und einige Fälle von Brennfieber und Nasenbluten. Zu Beginn des Sommers traten Erschöpfung und letale Tuberkulose auf, andere befiel zu einem späteren Zeitpunkt langanhaltendes Fieber, das jedoch nicht tödlich war.[28]

Die zweite Katastasis der *Epidemien* (Epid. 1,2,4–12) schließt sich mit einer stark gegensätzlichen Witterungslage an:

Ἐν Θάσῳ πρωὶ τοῦ φθινοπώρου χειμῶνες οὐ κατὰ καιρόν, ἀλλ' ἐξαίφνης ἐν βορείοισι καὶ νοτίοισι πολλοῖς ὑγροὶ καὶ προεκρηγνύμενοι. ταῦτα δὴ ἐγένετο τοιαῦτα μέχρι πληϊάδος δύσιος καὶ ὑπὸ πληϊάδα. χειμὼν δὲ βόρειος· ὕδατα πολλά, λάβρα, μεγάλα, χιόνες· μειξαίθρια τὰ πλεῖστα. ταῦτα δὲ ἐγένετο μὲν πάντα, οὐ λίην δὲ ἀκαίρως τὰ τῶν ψυχέων. ἤδη δὲ μεθ' ἡλίου τροπὰς χειμερινὰς καὶ ἡνίκα ζέφυρος πνεῖν ἄρχεται, ὀπισθοχειμῶνες μεγάλοι, βόρεια πολλά, χιών, καὶ ὕδατα πολλὰ συνεχέως, οὐρανὸς λαιλαπώδης, καὶ ἐπινέφελος. ταῦτα δὲ συνέτεινε καὶ οὐκ ἀνίει μέχρι ἰσημερίης. ἔαρ δὲ ψυχρόν, βόρειον, ὑδατῶδες, ἐπινέφελον. θέρος οὐ λίην καυματῶδες ἐγένετο· ἐτησίαι συνεχέες ἔπνευσαν. ταχὺ δὲ περὶ ἀρκτοῦρον ἐν βορείοισι πολλὰ πάλιν ὕδατα.

Auf Thasos kamen zur Zeit des Herbstes früh am Morgen Stürme auf, nicht zur rechten Zeit, sondern plötzlich mit vielen Nord- und Südwinden, feucht und früh in Regen ausbrechend. Dieses geschah bis zum Untergang der Plejaden und währenddessen. Im Winter Nordwind; viel Regen, heftig, reichlich, Schneefall; meist wechselhaft. Bei all diesem trat der Frost nicht frühzeitig ein. Aber schon nach der Wintersonnenwende, sobald der Zephyros zu wehen begann, strenger Spätwinter, viel Nordwind, Schnee und stetig reichlicher Niederschlag, stürmischer und bedeckter Himmel. Dieses Wetter hielt an und ließ bis zur Tag- und Nachtgleiche nicht nach. Der Frühling war kalt, Nordwind, regenreich,

26 Es zeigt sich hier der prognostische Charakter der Schrift, vgl. Deichgräber (1933) 10f. und Langholf (1990b) 171f.

27 Erwähnt wird eine Schwellung an den Ohren, die von Husten und Hodenentzündung begleitet war, zur Diagnose vgl. Graumann (2000) 208f.

28 Aufgrund der ausführlich geschilderten Symptome ist die Erkrankung mit Brucellose oder Typhus zu identifizieren, vgl. Graumann (2000) 208f.

> bewölkt. Der Sommer war nicht übermäßig hitzereich; die Etesien wehten stetig. Bald aber zur Zeit des Arktur fiel wieder reichlich Regen unter Einfluss des Nordwinds.

Diese zweite Katastasis beschreibt der Autor zusammenfassend als feucht, kalt und durch Nordwind geprägt.

Der folgende Winter war gesund, zu Beginn des Frühjahrs setzten jedoch feuchte Augenentzündungen ein, im Sommer und Herbst Dysenterie[29], im Spätherbst außerdem Fiebererkrankungen, die bei den meisten Patienten lang andauerten und bei manchen den Tod zur Folge hatten.[30]

Die dritte Katastasis des ersten *Epidemienbuches* (Epid. 1,2,13–26) zeigt schließlich folgendes Gepräge:

> Ἐν Θάσῳ πρὸ ἀρκτούρου ὀλίγον καὶ ἐπ' ἀρκτούρου ὕδατα πολλὰ μεγάλα ἐν βορείοις. περὶ δὲ ἰσημερίην καὶ μέχρι πληϊάδος νότια ὕσματα ὀλίγα. χειμὼν βόρειος, αὐχμοί· ψύχεα, πνεύματα μεγάλα, χιόνες. περὶ δὲ ἰσημερίην χειμῶνες μέγιστοι. ἔαρ βόρειον, αὐχμοί, ὕσματα ὀλίγα, ψύχεα. περὶ δὲ ἡλίου τροπὰς θερινὰς ὕδατα ὀλίγα, μεγάλα ψύχεα μέχρι κυνὸς ἐπλησίασε· μετὰ δὲ κύνα, μέχρι ἀρκτούρου θέρος θερμόν· καύματα μεγάλα καὶ οὐκ ἐκ προσαγωγῆς, ἀλλὰ συνεχέα καὶ βίαια· ὕδωρ οὐκ ἐγένετο· ἐτησίαι ἔπνευσαν. περὶ ἀρκτοῦρον ὕσματα νότια μέχρι ἰσημερίης.

> In Thasos fiel kurz vor und während der Zeit des Arktur reichlich Regen unter Einfluss des Nordwinds. Um die Tag- und Nachtgleiche bis zur Zeit der Plejaden fiel nur wenig Regen durch Südwind. Im Winter Nordwind, Trockenheit; Frost, viele Stürme, Schnee. Um die Tag- und Nachtgleiche heftigste Stürme. Im Frühling Nordwind, Trockenheit, wenig Regen, Frost. Um die Sommersonnenwende fiel wenig Regen, viel Frost bis zur Zeit des Sirius; nach der Zeit des Sirius bis zum Arktur heißer Sommer; große Hitze, nicht allmählich, sondern stetig und massiv; kein Regen; die Etesien wehten. Um die Zeit des Arktur Regen unter Einfluss des Südwinds bis zur Tag- und Nachtgleiche.

Obgleich diese Witterung im Gegensatz zu den ersten zwei Beispielen durch den Autor nicht zusammengefasst charakterisiert wird, zeichnet sie sich dennoch unverkennbar durch den Einfluss des Nordwinds und Trockenheit aus.[31] Sie zog im Winter Lähmungen[32] nach sich, im Frühling traten Brennfieber und Dysente-

29 Auch die weiteren Symptome wie Stuhlzwang, Durchfall und Schweißausbrüche fügen sich in das Krankheitsbild der Dysenterie ein, vgl. Graumann (2000) 208f.

30 Die Beschreibungen werden Malaria, Typhus und Mumps zugeordnet, vgl. Graumann (2000) 208f.

31 So interpretiert es auch Langholf (1980) 343.

32 Ob diese Lähmungen als Poliomyelitis identifiziert werden können, ist nicht sicher, vgl. Graumann (2000) 210f.

rie auf. Im Herbst kamen Phrenitis und andere Krankheiten hinzu, die in vielen Fällen tödlich waren. Viele Patienten waren von Rückfallfieber betroffen.[33]

Im dritten Buch der *Epidemien* ist die Katastasis (Epid. 3,3,2–15) zwischen zwei Blöcken von zunächst zwölf, anschließend sechzehn Krankengeschichten eingeschoben. Die Witterungsbeschreibung gestaltet sich wie folgt:

> Ἔτος νότιον ἔπομβρον· ἄπνοια διὰ τέλεος· αὐχμῶν δὲ γενομένων τοὺς ὑπόπροσθεν χρόνους ἐν νοτίοισι περὶ ἀρκτοῦρον ὕδατα πολλά. Φθινόπωρον σκιῶδες, ἐπινέφελον, ὑδάτων πλήθεα. χειμὼν νότιος, ὑγρὸς, μαλθακὸς μετὰ ἡλίου τροπάς· ὕστερον πολλῷ, πλησίον ἰσημερίης, ὀπισθοχειμῶνες, καὶ ἤδη περὶ ἰσημερίην βόρεια, χιονώδεα, οὐ πολὺν χρόνον. ἦρ πάλιν νότιον, ἄπνοον· ὕδατα πολλὰ διὰ τέλεος μέχρι κυνός. θέρος αἴθριον, θερμόν, πνίγεα μεγάλα· ἐτησίαι σμικρὰ διεσπασμένως ἔπνευσαν· πάλιν δὲ περὶ ἀρκτοῦρον ἐν βορείοισιν ὕδατα πολλά.
>
> Das Jahr war regnerisch unter Einfluss des Südwinds; windstill bis zum Ende; da in der vorangegangenen Zeit Trockenheit geherrscht hatte, fiel zur Zeit des Arktur viel Regen. Der Herbst war bedeckt, wolkig, reichlich Regen. Im Winter Südwind, feucht, nach der Sonnenwende mild; lange Zeit später, nahe der Tag- und Nachtgleiche, spätes Winterwetter, und bei der Tag- und Nachtgleiche Nordwind, Schnee, aber nicht langanhaltend. Frühling wieder warm[34], windstill; stetig viel Regen bis zur Zeit des Sirius. Sommer heiter, warm, große Hitze; Etesien wehten schwach mit Unterbrechungen; um die Zeit des Arktur regnete es wieder stark unter Einfluss des Nordwinds.

Diese letzte Katastasis der ältesten *Epidemienbücher* beschreibt der Verfasser als feucht, mild und durch Südwind geprägt.

Im folgenden Winter waren die meisten Menschen gesund, zu Beginn des Frühjahrs befielen sie jedoch Erysipele in Verbindung mit zahlreichen tödlichen Krankheitserscheinungen. Besonders häufig traten außerdem Brennfieber, Hirnentzündungen und Tuberkulose auf. An all den Erkrankungen starben die meisten Patienten im Frühjahr, der Sommer verschaffte ihnen hingegen Linderung.

---

33 Vgl. Graumann (2000) 210f.

34 Da das Adjektiv νότιον hier zugleich mit ἄπνοον verknüpft ist, ist auszuschließen, dass ein Einfluss des Südwindes angezeigt werden soll. Die Übersetzung mit „warm“ erklärt sich im Folgenden durch die Analyse der spezifischen Windattribute.

5.10.2 Die Katastasis der *Epidemien* II

Aus den jüngeren Büchern der Epidemien lässt sich eine weitere Witterungsbeschreibung ebenfalls als Katastasis bezeichnen.[35] Sie findet sich mitten im zweiten Buch (Epid. 2,3,1), das eine klare Strukturierung des Aufbaus vermissen lässt.[36] Die Wetterschilderung gestaltet sich deutlich knapper als in den älteren Büchern:

> Ἐς Πέρινθον περὶ ἡλίου τροπὰς ὀλίγον τὰς θερινὰς ἤλθομεν. ἐγεγόνει δὲ ὁ χειμὼν εὔδιος νότιος· τὸ δὲ ἔαρ καὶ τὸ θέρος πᾶν ἄνυδρον μέχρι Πληϊάδων δύσιος· εἰ γάρ τι καὶ ἐγένετο, ὅσον ψεκάς· καὶ οἱ ἐτησίαι οὐ κάρτα ἔπνευσαν, καὶ οἱ πνεύσαντες διεσπασμένως.
>
> Wir kamen etwa zur Zeit der Sommersonnenwende für kurze Zeit nach Perinthos. Der Winter war unter dem Einfluss des Südwinds mild gewesen; der Frühling und der Sommer waren gänzlich trocken bis zum Untergang der Plejaden; wenn es regnete, nur Schauer; und die Etesien wehten nicht stark und mit Unterbrechungen.

Die Folgen der Witterung waren epidemische Brennfieber mit Zuständen von Bewusstlosigkeit und weiteren Symptomen.[37]

5.10.3 Weitere Witterungsbeschreibungen der *Epidemien*

Über die fünf Katastaseis hinaus enthalten die Epidemienbücher einige weitere Darstellungen von Witterungseinflüssen auf die Gesundheit einzelner Städte oder Patienten: So befiel die Einwohner von Kranon zur Sommerzeit bei starken Regengüssen und Südwind Milzbrand (ἄνθραξ) (Epid. 2,1,1).[38] In einem anderen Fall trat bei Nordwind zur Wintersonnenwende Gelbsucht auf (Epid. 4,1,7). Nach Windwechsel, Schneefall und anschließendem Regen kamen auch Erkältungskrankheiten hinzu.[39] In einen unmittelbaren Zusammenhang mit den Witterungsverhältnissen wird auch Dysenterie gestellt, die ausbrach, als beim

---

35 Vgl. Deichgräber (1933) 26: „... lassen sich die folgenden Bemerkungen über den Witterungszustand durchaus mit den Witterungsschilderungen in Epidd. I und III und besonders etwa Epid. I 1 (181,8) vergleichen."

36 Laut Deichgräber (1933) 69 befinden sich große Teile der Bücher II, IV und VI „noch ganz im Rohzustand der ersten Niederschrift".

37 Die Erkrankung ist mit Denguefieber oder Typhus zu identifizieren, vgl. Graumann (2000) 218f.

38 Zur Diagnose vgl. Graumann (2000) 216f.

39 Graumann (2000) 228–231 verzeichnet eine Epidemie von benigner Gelbsucht sowie unter den Erkältungskrankheiten auch eitrige Sinusitis.

Untergang der Plejaden Südwind wehte und starker Regen fiel (Epid. 4,1,18). Bei abweichender Witterung zum selben Zeitpunkt kamen entsprechend andere Krankheitserscheinungen auf: Fieber bei heiterem Wetter mit Nebelaufkommen und Nasenbluten bei stärkerem Südwind (Epid. 4,1,20). Bei starker Hitze zu den Hundstagen herrschten Fieber mit Schweißausbrüchen sowie Mumps (Epid. 5,1,94; 7,1,105). Mumps trat auch auf, als zu kalten Frühlingswinden feuchte Südwinde hinzukamen; noch stärker war dann Husten im Volk verbreitet (7,1,105).[40] Häufiger Wechsel von Nord- und Südwind zur Wintersonnenwende verbunden mit Schneefällen führte außerdem in einem Fall zu einer Influenza-Epidemie (Epid. 6,7,1).[41]

5.10.4 Analyse der Witterungsbeschreibungen der *Epidemien*

In den zuvor dargestellten Witterungsbeschreibungen der Epidemienbücher wird erkenntlich, dass auch diese Schriften der meteorologischen Medizin große Bedeutung beimessen. Schon Deichgräber wies sie als maßgebliches Referenzwerk für diese bedeutende Sparte der hippokratischen Medizin aus,[42] wenngleich ihre Darstellungsform von derjenigen der Umweltschrift divergiert.

Im Gegensatz zu den Fallbeispielen aus *De aere aquis locis* beschränken sich die Berichte der Epidemien lediglich auf die klimatischen Faktoren „Wind" und „Jahreszeiten". Wie in Aer. 10 ist das Wetter der spezifischen Jahresverläufe in großem Maße durch die Winde geprägt, die die Temperatur und die Feuchtigkeit der Luft bestimmen. Erneut treten in diesem Zusammenhang die zwei bekannten Hauptwinde aus dem Süden und dem Norden in Erscheinung, jedoch wird erst bei genauer Prüfung der Katastaseis evident, inwieweit ihre Qualitäten mit dem theoretischen Bild der Umweltschrift übereinstimmen: Zunächst wird in 1,1,1 der Südwind mit Regen und milden Temperaturen verbunden, anschließend jedoch mit Trockenheit. In 1,2,4 bringt der Nordwind reichlich Niederschlag und Kälte mit sich. In 1,2,13 und 3,3,2 zeigt sich, dass beide Winde sowohl mit Feuchtigkeit als auch mit Trockenheit zu verknüpfen sind. Besonders kalte Temperaturen, Schnee und Frost werden jedoch stets zum Nordwind in Verbindung gesetzt. So resultiert, dass die Tendenz der Winde zu den extremen Wärmegraden mit dem Prinzip der Umweltschrift zu vergleichen ist, hin-

40 Es wird von Schwellungen an den Ohren berichtet, zur Diagnose vgl. Graumann (2000) 258f.

41 Vgl. Graumann (2000) 246f.

42 Vgl. Deichgräber (1933) 12f. 16.

sichtlich der Feuchtigkeit ist jedoch keine klare Zuordnung zu erkennen. Es ist daher nicht nachvollziehbar, weshalb Langholf auch die Temperatur der Winde als beliebig variabel auffasst und sie darüber hinaus mit dem System von *De diaeta* vergleicht,[43] das doch überregionale Windverläufe betrachtet, während die Katastaseis der Epidemien eindeutig ortsgebunden sind.

Tatsächlich aber, so weit ist Langholf beizupflichten, ist das Prinzip der Epidemien weniger starr als das der Umweltschrift, wie schon an den verschiedenartigen Ausprägungsformen der Witterung sowie an den flexiblen Kombinationen der Elementarqualitäten zu erkennen ist.[44] Vor diesem Hintergrund ist jedoch besonders auffällig, dass die vier Witterungsbeschreibungen der Epid. I+III in ihren Zusammenfassungen exakt die vier Kombinationsmöglichkeiten der Qualitäten abbilden:

Katastasis	Klima
I	warm + trocken
II	kalt + feucht
III	kalt + trocken
IV	warm + feucht

Es ist aufgrund dieses unnatürlichen Schemas anzunehmen, dass der Verfasser der Epidemienbücher I+III die vier Beschreibungen bewusst auswählte, um möglichst verschiedenartige klimatische Bedingungen und ihre Auswirkungen aufzuzeigen.[45] Als eine weitere Abweichung von *De aere aquis locis* zeigt sich an den vier Katastaseis darüber hinaus, dass hier die Witterung für ein gesamtes Jahr zusammengefasst wird und als Ganzes ihren Effekt auf die menschliche Gesundheit zeigt, während in der Umweltschrift insbesondere die μεταβολαί und die Ausprägung einzelner Jahreszeiten maßgeblich sind. Entsprechend liegt der Fokus des meteorologischen Prinzips in diesem Fall auf der Gleichmäßigkeit, während die Umweltschrift Kontraste hervorhebt und ihnen besondere Bedeutung beimisst.

Trotz dieser Unterschiede entsprechen sich die Schriften dennoch in ihrem prognostischen Grundprinzip, das die Witterungsverhältnisse als wichtigste Ursache für die Entstehung von Krankheiten erachtet, und auch in vielen der Gesetzmäßigkeiten: Es kommen durch das warme und trockene Klima der ersten Katastasis Krankheiten wie Brennfieber und Tuberkulose auf, die viele andere Belegstellen des C.H. ebenfalls einem trockenen und heißen Klima zuord-

43 Vgl. Langholf (1980) 344.
44 Vgl. Langholf (1980) 344 und ders. (1990b) 178.
45 Dies vermutet auch Langholf (1980) 344.

nen. Ebenso bewirkt das kalte und feuchte Klima im zweiten Fall typisch „feuchte" Krankheiten wie nässende Augenentzündungen und Dysenterie.[46] Diese Beispiele werden durch die kürzeren Beschreibungen der übrigen Epidemienbücher ebenfalls bestätigt. Allein die Katastaseis III und IV zeigen weniger Klarheit in ihrer Aitiologie, insb. da es sich bei Lähmungen und Erysipele um seltenere Erkrankungen handelt.

Die Witterungsbeschreibungen der Epidemien stützen demnach wie schon die Fallbeispiele in Aer. 12–23 die Theorie der meteorologischen Medizin,[47] und geben „praktische Hinweise [...], die wegen der Breite ihrer Darstellung als Kommentar zu unserer Schrift sehr nützlich sind".[48]

---

46 Vgl. zu den Prinzipien der Pathogenese auch Deichgräber (1933) 12.

47 Vgl. auch Licciardi (1990) 324f. Lloyd (1991) 217 meint hingegen große Unterschiede zwischen *De aere aquis locis* und den Epidemien festzustellen, die seiner Ansicht nach darin bestehen, dass in den Epidemien nicht der Versuch unternommen wird, die aufgelisteten Erkrankungen von den geschilderten Witterungsbedingungen abzuleiten. Tatsächlich fehlt eine theoretisch fundierte Ableitung, wie sie in der Umweltschrift an zahlreichen Stellen zu finden ist, allerdings entspräche ein derartiges Konzept in keiner Weise der Anlage solch einer Notizensammlung von behandelnden Ärzten. Dennoch unterliegen dem pathogenetischen Konzept der Epidemien dieselben Gesetze, die in der Umweltschrift und anderen Werken so ausführlich dargelegt werden.

48 Harig (1959) 43.

6 Gesamtkonzept: „Die meteorologische Medizin"

Im Anschluss an die Ergründung der Qualitäten und Effekte der einzelnen Umweltfaktoren zeigten in der vorigen Analyse auch die Fallbeispiele aus Aer. 12–23 im umfassenden Maße Übereinstimmung mit der Theorie der meteorologischen Medizin auf. Anhand dieses langen Abschnitts, der *prima facie* nur einen Vergleich zwischen den Kontinenten Asien und Europa vollzieht, konnte schlussendlich erwiesen werden, dass der Verfasser von *De aere aquis locis* das im theoretischen Teil aufgestellte Konzept der Beeinflussung des Menschen durch seine natürliche Umwelt auch auf den ethnographischen Teil der Schrift ausdehnt, und somit der Traktat ein geschlossenes Konstrukt bildet.[1] Die eingehende Schilderung der Völker dient insbesondere der Veranschaulichung der Lehre und ist nicht von den ersten elf Kapiteln der Schrift zu trennen.

Ein Großteil der meteorologischen Medizintheorie ließ sich diesbezüglich bereits durch die generalisierten Aussagen des theoretischen Teils der Schrift über die Umwelt nachvollziehen und rekonstruieren. Unerlässliche Beiträge leisteten jedoch darüber hinaus die zahlreichen weiteren Texte des C.H., die ebenfalls eine starke Verbundenheit zu dem Konzept zeigen und die Inhalte zusätzlich ergänzen. Zu den bedeutendsten gehören, wie oben dargelegt werden konnte, die *Aphorismen, De diaeta, De humoribus, De morbo sacro, De natura hominis, De natura pueri* und *De hebdomadibus*. Zusätzlich konnten auch die Katastaseis und Witterungsbeschreibungen der Epidemien in eine enge Verbindung zur meteorologischen Medizin gebracht werden, da sich in ihnen, obgleich die ärztlichen Tätigkeitsberichte im Gegensatz zu den theoretischen Traktaten kaum den Fokus auf generelle Gesetzmäßigkeiten und medizinische Lehrinhalte legen, dennoch die Wirksamkeit der klimatischen Faktoren und die Grundprinzipien der meteorologisch-physiologischen Pathogenese widerspiegeln.[2]

---

1 Somit ist die Behauptung von Diller (1962b) 102 widerlegt, gemäß der im zweiten Teil „andere klimatische Faktoren in den Vordergrund treten", nämlich „vor allem die Gleichmäßigkeit und Ungleichmäßigkeit des Klimas". Diese ließ sich auch im ersten, „medizinischen" Teil, wie Diller ihn bezeichnet, nachweisen. Die Bedeutung der μεταβολαί in beiden Werkabschnitten bestätigt Thivel (1981) 344, Anm. 1.

2 Es zeigt sich hier eine Ausweitung der schlichten, ärztlichen Erfahrungsberichte, wie es auch Diller (1962b) 99 beobachtete: „Der Verfasser scheint sich darum zu bemühen, die ärztliche Empirie der Epidemien-Bücher ebensowohl in ein faßliches Schema zu bringen wie die

All die genannten Texte, unter denen sich mehrere der berühmtesten Werke des C.H. befinden (z.B. die programmatische Schrift über die früheste Form der „Viersäftelehre“, das Buch über die Epilepsie oder die große Sammlung medizinischer Lehrsätze), zeigen mit den unzähligen weiteren Belegstellen die Größe der Relevanz auf, die die meteorologische Medizin innerhalb der hippokratischen Lehre einnimmt. Trotz der zahlreichen Divergenzen, die diese bisweilen mit großem zeitlichem Abstand zueinander abgefassten Schriften aufweisen, bildet die Theorie von den Umwelteinflüssen eine gemeinsame Konstante und somit einen zentralen Kern der hippokratischen Lehre.

Da nunmehr alle relevanten Texte zusammengetragen und analysiert sind, lassen sich die zuvor getrennten Faktoren im Gesamtkonzept verknüpfen und ihr Verhältnis zueinander aufzeigen.

6.1 Der Zusammenhang zwischen den Umweltfaktoren

Es ist an dieser Stelle erneut festzuhalten, was nach der eingehenden Analyse der relevanten Textpassagen fast schon selbstverständlich erscheint, jedoch durchaus bemerkenswert ist: Die Verfasser der hippokratischen Texte erfassen die Einflussnahme der Umwelt auf den Menschen nicht anhand reiner Qualitäten oder erläutern sie allein durch beispielhafte Städte und Regionen, sondern sie nehmen eine präzise Differenzierung der äußeren Bedingungen hinsichtlich verschiedener spürbarer Kräfte vor, die allesamt der Physis als der äußeren Umwelt zugeordnet werden können: die Umweltfaktoren. Diese sind innerhalb der rekonstruierten Theorie jedoch weder vollkommen gleichwertig noch unabhängig voneinander, sondern üben Einflüsse aufeinander aus und bestimmen bisweilen sogar die Beschaffenheit und Wirksamkeit anderer Faktoren.

Jouanna unterscheidet lokale und klimatische Faktoren, wobei er anhand der Umweltschrift allein die Jahreszeiten dem Klima zuordnet,[3] die übrigen Aspekte, i.e. die Winde, Gewässer und den Boden, fasst er hingegen als lokale Größen, die ein Arzt an jedem Ort, den er erreicht, zu erkennen hat.[4] Darüber hinaus meint er eine wechselseitige Beeinflussung der klimatischen und lokalen Faktoren zu erkennen, so dass sich die Physis als ein verworrener Komplex darstellt.[5]

---

reiche geographische und ethnographische Anschauung, die das Werk des HERODOT dargeboten hatte.“

3 Ebenso fasst López Férez (1994) 97 den Begriff des Klimas auf.

4 Jouanna (1996a) 24–44.

5 Jouanna (1996a) 44–46.

Übereinstimmend ergab auch unsere Analyse einen Bereich innerhalb der meteorologischen Medizin, der durch den Begriff des Klimas zu erfassen ist. Abweichend von Jouannas These stellte sich allerdings eine enge Verknüpfung der Faktoren „Wind“ und „Jahreszeiten“ heraus, die gemeinsam diesem Feld zuzuordnen sind: Wie die Jahreszeiten werden auch die Winde als überregional wirksame Kräfte verstanden, die schnelle Veränderungen erfahren und die Beschaffenheit der die Menschen umgebenden Luft bestimmen. Zwar sind auch an einzelnen Orten aufgrund der Topographie verschiedene Winde vorherrschend, wie es der Verfasser am Beispiel der vier Städte veranschaulicht, jedoch entwickeln sich die Luftbewegungen global über große Landmassen hinweg, so dass eine Zuordnung zu „lokalen“ Faktoren unzutreffend ist.

Ferner erbrachte die Analyse der Jahreszeiten eine besonders starke Abhängigkeit dieses Faktors von den Winden, so dass das Auftreten eines Windes eine eminente Veränderung der ursprünglichen Qualitäten der Jahreszeit zu bewirken vermag. Eine Einflussnahme in entgegengesetzter Richtung ließ sich indessen kaum feststellen. Lediglich die Beschaffenheit eines jeden Windes variiert innerhalb des Jahres, da sich seine Wärme und sein Feuchtigkeitsgehalt durch die Einstrahlung der Sonne und die damit zusammenhängende Wärme des Bodens bemisst. So ist beispielsweise der grundsätzlich kalte Nordwind im Sommer etwas weniger kalt als im Winter, wo er oftmals sogar Schneefall und Eis verursacht.

Es ergibt sich somit nun ein Zusammenhang zwischen den Faktoren, der folgendermaßen veranschaulicht werden kann:

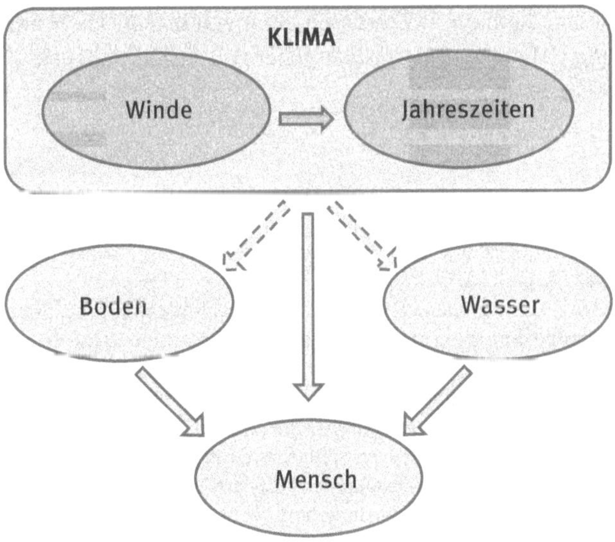

In dem Diagramm manifestiert sich die zuvor beschriebene, enge Verbundenheit der klimatischen Faktoren „Winde“ und „Jahreszeiten“, die gemeinsam die Witterung, also die Beschaffenheit der Luft, bestimmen und einen direkten Einfluss auf den Menschen ausüben. Weitere Auswirkungen haben sie auch auf den Boden, wie es sich insbesondere in dessen Feuchtigkeitsgehalt und der Vegetation zeigt, sowie auf das Wasser, was an den Gewässern der vier Modellstädte sowie an jeglicher Beschreibung eines Wasserzustandes gemäß einer Jahreszeit ersichtlich wird. Jedoch zeichnen sich diese zwei genannten Faktoren darüber hinaus auch durch eine unabhängige Wesensart aus, aus welchem Grund eine Einschränkung der klimatischen Beeinflussung durch die gestrichelten Pfeile im Diagramm kenntlich gemacht ist. Beispielsweise wird das Flusswasser stets mit positiven und das Sumpfwasser mit negativen Attributen versehen, da sie sich gemäß ihrer Grundbeschaffenheit einem guten bzw. schlechten Wassertyp zuordnen lassen. Ebenso konnte die Höhenlage eines Gebietes nicht in eine unmittelbare Abhängigkeit zu den klimatischen Bedingungen gesetzt werden. Eine Verbindung stellt hier jedoch die Makrokosmos-Mikrokosmos-Analogie dar, die im Folgenden noch erläutert werden wird. Auch die Faktoren „Boden“ und „Wasser“ üben ihrerseits Einfluss auf den Menschen aus.[6]

Bezugspunkt seitens des Menschen ist stets seine Gesundheit, darüber hinaus aber auch seine körperliche Gestalt und sein inneres Wesen. Die zahlreichen Textstellen, die auf das theoretische Konzept der meteorologischen Medizin hinweisen, präsentieren diesbezüglich eine Vielzahl von möglichen Ausprägungsformen, die in der Analyse der Faktoren angeführt wurden. Darüber hinaus stellen auch die Völkerbeschreibungen in Aer. 12–23 entsprechende Beispiele großen Ausmaßes in anschaulicher Weise vor, wobei sie ebenfalls auf die Theorie rekurrieren.[7]

---

6 Die Interpretation bei Naim-Gesbert (1999) 71–73, nach der die Luft das wichtigste Element darstellt und vorrangig für die Krankheitsübertragung verantwortlich ist, lässt sich derart nicht bestätigen. Diese ist eher jedoch in der Miasmentheorie und der Pneumalehre von *De flatibus* zu finden, vgl. dazu Kapitel 4.1.3.1 „Allgemeine Kennzeichen der Winde“.

7 Es zeigt sich hier, dass Hartmann (1982) 124. 127 Unrecht hat, wenn er hinsichtlich der kosmologischen Anthropologie in der antiken Medizin zwei Ebenen unterscheidet und konstatiert: „Die eine ist die Erfahrungsebene, die zugleich die der Handlungsanweisungen für den praktizierenden Arzt ist. Sie ist am anschaulichsten dargestellt in der hippokratischen Schrift von der Umwelt, genauer Über Winde, Wässer und Örtlichkeiten. […] Die zweite Ebene ist die der erklärenden Theorie: die Elementenlehren, die Säftelehren, die Lehre von den Eigenschaften und Qualitäten, schließlich von den Temperamenten.“ Tatsächlich ist das Prinzip der meteorologischen Medizin ebenfalls eine Theorie, die innerhalb der hippokratischen Lehre denselben Rang wie die angeführten Konzepte einnimmt. Als medizinische Lehre ist jedoch die Verknüpfung

Die Theorie der meteorologischen Medizin sieht mehrere Weisen des Einflusses vor, die bisweilen ineinander greifen, jedoch auch nach den Faktoren variieren. Als die wichtigsten Wirkmechanismen erwiesen sich die μεσότης-Lehre, die Makrokosmos-Mikrokosmos-Analogien sowie das Grundprinzip *contraria contrariis*. Die physiologische Grundlage hinsichtlich jeder nosologischen Aitiologie bildet dabei stets die Humorallehre, deren Grundstruktur innerhalb der hippokratischen Medizin zu Beginn der Untersuchung bereits nachvollzogen wurde. Im Folgenden ist ihre Bedeutung und Stellung innerhalb des meteorologischen Konzepts zu erhellen.

6.2 Die Humorallehre

Da die Theorie der meteorologischen Medizin bereits in den ältesten Schriften des C.H. auftritt, ist sie dementsprechend mit einer sehr frühen Form der Humorallehre verbunden, die lediglich zwei Säfte, Galle und Schleim, kontrastierend gegenüberstellt. Da jedoch so viele Schriften der Sammlung zu dem Konzept beitragen, von denen einige zu einem späteren Zeitpunkt abgefasst wurden, als bereits eine höhere Zahl an Körpersäften als Träger der menschlichen Physiologie angesehen wurden, sind Divergenzen innerhalb der meteorologischen Humorallehre unvermeidlich. Das Grundschema besteht jedoch in dem besagten Zwei-Säfte-Modell, an das analog auch Zweier-Schemata der einzelnen Faktoren anknüpfen:[8]

- Bezüglich der Winde werden βορέης und νότος, der Nord- und der Südwind, einander entgegengesetzt. Der Nordwind zeigt eine Verbundenheit zur Galle auf, die insbesondere durch seine trockene Natur begründet ist. Hingegen fördert der feuchte Südwind die Bildung des ebenfalls feuchten Schleims. Windstille sorgt für ein ausgewogenes Säfteverhältnis.
- Bei den Jahreszeiten sind es der heiße, trockene Sommer und der kalte, feuchte Winter, die polarisierend das Zweier-Modell prägen. Analog zu den Windverhältnissen wird durch die trockene Jahreszeit der menschliche Körper ausgetrocknet und Galle produziert. Ebenso befeuchtet die hohe Nässe des Winters die Menschen, in denen der Schleim überhandnimmt.

zur praktischen Anwendung, wie auch bei der Humorallehre, vollkommen unabdingbar. Daher greift auch das Urteil von Harig (1959) 20 „Die Schrift π.ἀ.ὑ.τ. ist rein theoretisch." zu kurz. Diesbezüglich ist schon die praxisbezogene Zielsetzung der Umweltschrift, die dem zweiten Kapitel zu entnehmen ist, richtungsweisend.

8 Darauf deutet auch schon Thivel (1985) 137 hin, führt das Konzept jedoch nicht weiter aus: „C'est ce qui nous a amené à l'appeler un système bipolaire."

Wenn hingegen die Feuchtigkeit und Wärme der Jahreszeit ein konstantes, ausgewogenes Maß annimmt, sind die Menschen am gesündesten.

- In den Gegenden, in denen der Faktor „Boden“ eine weiche, feuchte Gestalt annimmt, leben Menschen, deren Körper feucht sind und viel Schleim enthalten. Sie sind kraftlos und sanft. In trockenen Gebieten mit hartem Boden hingegen dominiert die Galle. Die Menschen sind eigensinnig und tapfer und haben harte Körper.
- Bei den Gewässern sind es gemäß der Theorie diejenigen, die hartes, den menschlichen Körper schnell erhitzendes Wasser führen, die die Galle hervorrufen. Trübes Wasser erregt aufgrund seiner dickflüssigen Konsistenz im Winter den Schleim, im Sommer hingegen die Galle. An dieser Stelle wird der starke Schematismus des Verfassers der Umweltschrift leicht durchbrochen. Auch bei diesem Faktor gibt es jedoch ein gutes Maß, das in dem klaren, leichten, süßen Wasser besteht, das zur Verwendung empfohlen wird.

Die beschriebenen Übereinstimmungen erhellen somit einen aitiologischen Zusammenhang zwischen dem Feuchtigkeitsgehalt der Umwelt und dem Säfteverhältnis der Menschen. Da sich indessen erwiesen hat, dass die Bodenbedingungen zu einem großen Teil von den klimatischen Bedingungen, also den Winden und den Jahreszeiten, abhängen, lässt sich das Grundschema der Humorallehre allein mittels des Klimas bestimmen, wie es die folgende Abbildung darstellt:

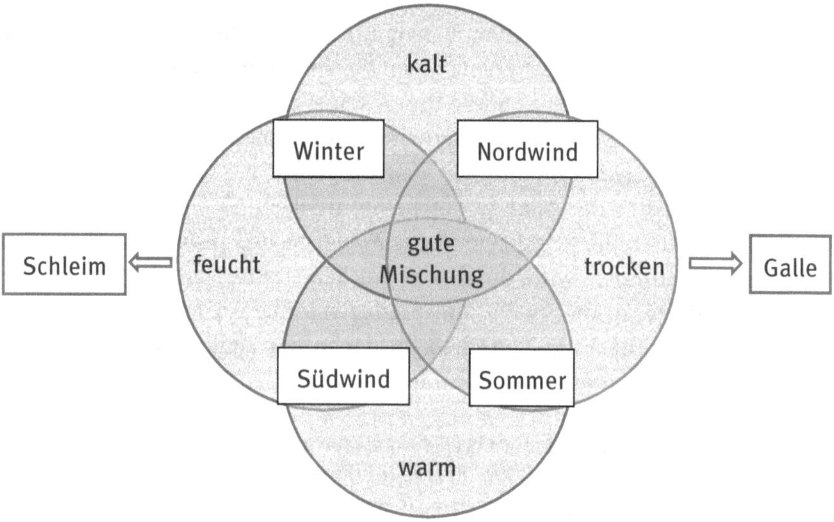

Das Diagramm visualisiert die vier Elementarqualitäten, die in den Klimabeschreibungen der meteorologischen Medizin wiederholt zutage treten. Die insgesamt vier Ausprägungen der Kardinalwinde und -jahreszeiten zeichnen sich jeweils durch eine der vier Kombinationsmöglichkeiten der Qualitäten aus, die in den Schnittmengen sichtbar werden. Im Zentrum des Schaubildes wird die perfekte Mischung der Qualitäten und Klimafaktoren erkennbar, die gleichsam eine ebenso ausgewogene Mischung der Körpersäfte bewirkt. Allein in diesem schmalen Bereich ist keiner der genannten Aspekte besonders vorherrschend. Solche idealen Bedingungen werden in den hippokratischen Schriften durch den Frühling, die östliche Himmelsrichtung, gut verträgliches Wasser oder ausgewogene Bodenverhältnisse versinnbildlicht. Es zeigt sich hier das Prinzip der μεσότης-Lehre, das im Folgenden noch ausführlicher behandelt werden wird.

Hinsichtlich der zwei im Schaubild fehlenden Umweltfaktoren ist folgendes zu erläutern: In dem Bereich des „Feuchten" könnte sinngemäß zusätzlich ein Bodentyp angeführt werden, der durch Südwind, Winter oder Niederschläge eine hohe Feuchtigkeit aufweist. Ebenso gehört ein durch Nordwind, Sommer oder Sonneneinstrahlung ausgetrockneter Boden zum Bereich des „Trockenen". Auf diese Angaben kann jedoch aufgrund der Determinierung durch die klimatischen Aspekte verzichtet werden. Das Wasser hingegen ist seiner Beschaffenheit nach selbstverständlich niemals trocken, dennoch zeigt sogar das dauerhaft feuchte Element Bezüge zu den verschiedenen Elementarqualitäten der Säfte auf, indem z.B. das harte Wasser des Typs III den Körper austrocknet und die Galle fördert.

Dass den zwei Säften abgesehen von der Feuchtigkeit bzw. Trockenheit auch ein Wärmegrad zugeordnet wird, ist, wie die Analyse deutlich zeigte, für die Abhängigkeit von den Umweltfaktoren unerheblich. So wird z.B. der stets kalte Schleim durch den heißen Südwind hervorgerufen, ebenso die warme Galle durch den kalten Nordwind. Maßgeblich sind allein die zuvor genannten Aspekte.

Es bestätigt sich demnach die Hypothese, die zu Beginn der gesamten Untersuchung aufgestellt wurde, dass die hippokratische Humorallehre eine unerlässliche Grundlage zum Verständnis der meteorologischen Medizin bildet. Die Krankheiten, die die Menschen unter Beeinflussung eines Umweltfaktors befallen, erklären sich nur aus der Herausbildung von Konstitutionen, die entstehen, wenn einer der Körpersäfte über einen längeren Zeitraum hinweg ein erhöhtes Maß aufweist. Auf diese Weise entwickelten sich auch Bezeichnungen wie die „Feuchtigkeit" (ὑγρότης) der Skythen (Aer. 19,5–20,1), die einem Leser der Umweltschrift ohne Kenntnis der Säftelehre seltsam anmuten muss.

Somit ergibt sich schließlich eine Kausalkette, die die Entstehung der Krankheiten aufgrund der Umweltbedingungen expliziert:

Umwelt ⇨ Säfte ⇨ Konstitution ⇨ Krankheit

Anhand dieser aitiologischen Zusammenhänge kann überdies aufgezeigt werden, dass die grundlegende Lehre, die der Verfasser des Traktats seinen Schülern vermittelt, sich im Rahmen des Gesamtkonzepts bewahrheitet und die Intention der Schrift erfüllt ist: Wenn ein Wanderarzt die Umweltbedingungen einer fremden Stadt erkennt, z.B. ein ungewöhnlich trockenes Klima, kann er präzise bestimmen, welche Krankheiten bei den Bewohnern zu erwarten sind, z.B. in diesem Fall Entzündungskrankheiten. Mittels der Humorallehre konnte die direkte Verbindung zwischen Umwelt und Medizin hergestellt werden.[9]

6.3 Drei Grundprinzipien der meteorologischen Medizin

Auf der Grundlage der Humorallehre lassen sich nun die Prinzipien der Einflussnahme darlegen, die die Veränderungen des Säfteverhältnisses anhand der Umweltbedingungen begründen.

6.3.1 Die μεσότης-Lehre

Ein zentraler Grundsatz der hippokratischen Säftelehre besteht in dem Ideal der ausgewogenen Mischung. Am bekanntesten dürfte diesbezüglich wohl die Formulierung aus Nat.Hom. 4 sein:

> Ὑγιαίνει μὲν οὖν (sc. τὸ σῶμα τοῦ ἀνθρώπου) μάλιστα, ὁκόταν μετρίως ἔχῃ ταῦτα τῆς πρὸς ἄλληλα κρήσιος καὶ δυνάμιος καὶ τοῦ πλήθεος, καὶ μάλιστα μεμιγμένα ᾖ.
>
> Der Körper des Menschen ist am gesündesten, wenn diese Säfte zueinander bezüglich der Mischung, der Stärke und der Menge ausgewogen und am besten gemischt sind.

Die Grundlehre des ausgewogenen Ideals tritt jedoch auch mehrfach bezüglich der Witterung in der Umweltschrift auf, die sich besonders in dem hohen Lob der Ost-Stadt sowie im Preis Ioniens manifestiert. Demzufolge besteht das per-

---

9 Vgl. Vegetti (1995) 613: „Essi (sc. fluidi organici) sono a loro volta sensibili alle variazioni climatiche e dietetiche, sicché formano il tramite fra ambiente esterno e costituzione somatica di individui e popoli.”

fekte Klima in einer konstant milden Wetterlage, die mit dem Frühling zu vergleichen ist. Explizit werden die vier Elementarqualitäten genannt, von denen keine eine starke Ausprägung vorweist (Aer. 12,4),[10] wie es auch das Schaubild soeben darstellte. Das Wasser ist in dieser perfekten Lage gut verträglich, und es kommt kein Nebel auf. In geographischer Hinsicht sind solche Verhältnisse nur in Gebieten vorzufinden, die sowohl von der eisigen Kälte des hohen Nordens als auch von der glühenden Hitze Afrikas im Süden weit entfernt sind. Eine solche Region zeichnet sich überdies durch hervorragende Vegetation und Tierreichtum aus. Die Bewohner sind sehr gesund, haben reine Stimmen, milde Charaktere und einen klaren Verstand. Die Frauen sind dort sehr fruchtbar und gebären leicht.[11]

Es ist nach der Wiedergabe dieser zwei Bilder von Ausgewogenheiten in der hippokratischen Medizin unverkennbar, dass eine direkte Verknüpfung herzustellen ist. Da die Menschen unter den gemäßigten Umweltbedingungen vollkommen gesund sind, sie jedoch diesen Zustand nur erlangen, wenn ihre Säfte sich in einem ausgewogenen Verhältnis befinden, lässt sich logisch schließen, dass sich bei μεσότης der natürlichen Umgebung auch das Innere des menschlichen Körpers analog in diesem selben Status befindet.

Die Analyse des Umweltfaktors „Boden“ erwies darüber hinaus, dass die klimatische Ausgewogenheit gemäß der Lehre der meteorologischen Medizin einen Sonderfall des konstanten Klimas darstellt. Sie ist daher maßgeblich dadurch bestimmt, dass keine Schwankungen, also μεταβολαί, der Temperatur und Feuchtigkeit auftreten. Der Verfasser der Schrift über die Umwelt kennt demzufolge zwei grundsätzlich unterschiedliche Klimata: wechselhafte Wetterbedingungen sowie konstante Verhältnisse der Temperatur und Feuchtigkeit, wobei letzteres dahingehend unterschieden wird, ob die Beständigkeit ein günstiges oder ungünstiges Maß aufweist.

Den μεταβολαί werden demgegenüber zwei Funktionen zugesprochen: Sie prägen durch die herbeigeführten rauen Bedingungen das Wesen des harten Galle-Typs, das sich in seiner dünnen und straffen Gestalt und seinem tapferen,

10 Vgl. die detaillierten Ausführungen in der Analyse des Faktors „Boden“ im Abschnitt 4.4.2 auf den Seiten 133f.

11 Eine ausführlichere Darlegung der optimalen Empfängnisvoraussetzungen nach dem Prinzip der μεσότης-Lehre bietet auch der gynäkologische Aphorismus 5,62. Vgl. diesbezüglich auch Triebel-Schubert (1989) 195, die sich jedoch darum bemüht, hier den mathematischen Symmetrie-Begriff einzubinden, der m.E. unpassend ist. Weitere Stellen der μεσότης-Lehre in den hippokratischen Schriften sind aufgezeigt bei Kalchreuter (1911) 35–38. Vgl. außerdem Keus (1914) 58–66, der in der Darstellung seiner „Idee des Gleichgewichts“ dem Prinzip fast schon platonische Züge verleiht.

fleißigen, jedoch auch wilden Charakter zeigt. Zusätzlich evozieren die starken Schwankungen auch große Verschiedenheit der Population, die durch die Veränderung des menschlichen Samens entsteht (Aer. 23,2). Entsprechend ruft ein ausgewogenes Klima sowohl Ähnlichkeit unter den Menschen als auch die Herausbildung des Schleim-Typs hervor, der beleibt, sanft und kraftlos ist.

Hinsichtlich des Spezialfalls eines konstanten und zudem ausgewogenen Klimas, wie es sich im Beispiel Ioniens zeigt, streiten daher zwei Theorien miteinander: Aufgrund der Ausgeglichenheit aller Qualitäten werden die Voraussetzungen für einen optimalen Gesundheitszustand und einen ausgeglichenen Charakter geschaffen, jedoch bedingt die Konstanz der Witterung eine Verweichlichung des Menschen in jeglicher Hinsicht.[12] In der Charakterisierung der Einwohner Ioniens lassen sich beide Prinzipien erkennen, da die Menschen in vielen Aspekten überaus positiv geschildert werden, der Verfasser jedoch darauf hinweist, dass in dieser Natur Tapferkeit nicht entstehen kann. Erneut ist es sehr bedauerlich, dass der unmittelbar folgende Textabschnitt nicht überliefert ist, da es zur Rekonstruktion der meteorologischen Medizin äußerst interessant gewesen wäre, auf welche Weise der Verfasser das diffizile Verhältnis der zwei Grundsätze löste. Auch ein Vergleich zwischen den Menschenbildern eines konstant-feuchten Klimas, wie z.B. in Skythien, und des konstant-gemäßigten Klimas Ioniens hätte bei Erhalt des Endes der Ionien-Beschreibung unter Umständen ausführlicher erfolgen können.

Die soeben zitierte Aussage, dass das perfekte Klima Ioniens durch seine Lage „in der Mitte zwischen der Wärme und Kälte“ (ἐν μέσῳ [...] τοῦ θερμοῦ καὶ τοῦ ψυχροῦ) bedingt ist (12,4), hat über die zuvor dargestellte klimatisch-physiologische Auffassung des μεσότης-Prinzips hinaus dazu geführt, in diesem nicht allein die ideale Mischung, sondern auch einen Hinweis auf die Weltmitte angezeigt zu sehen. Es ist nun zunächst zu konstatieren, dass der Ausdruck insofern tatsächlich Informationen über das geographische Weltbild des Verfassers erteilt, dass er die Annahme eines kalten Gebiets im Norden und einer heißen Region im Süden rechtfertigt. Diese Sicht bestätigte sich bereits in der Analyse der Wirkung der Sonne, da diese den Norden nur selten erreiche, jedoch im Süden dauerhaft ihre Hitze verbreite.

Zwischen den zwei benannten Gebieten, die sich durch extreme Temperaturen auszeichnen, scheint der Autor nun einen großen Bereich anzunehmen, in dem das Verhältnis von Hitze und Kälte vorteilhaft ist. Es herrscht jedoch Uneinigkeit in der Forschung, ob sich diese Mitte genauer ausgestalten lässt: Berger

12 Schubert (1993) 160 beschreibt diese Diskrepanz als Verbindung der „Gegensatzlehre“ und der „Mischungsmetapher“.

unterscheidet insgesamt vier Segmente, wobei er darauf aufmerksam macht, dass diese „Erdstreifen“ nichts mit den klimatischen Weltzonen des Parmenides gemein haben.[13] Die zwei äußeren Bereiche sind die soeben angeführten, die klimatisch ausgewogenere Mitte trennt er zusätzlich in einen nördlichen und einen südlichen Streifen, da seiner Meinung nach im mittleren Asien weniger klimatische Umschwünge zu spüren seien als im nördlicheren Asien an der Maiotis. Thomson nimmt hingegen für den gesamten mittleren Bereich ein wechselhaftes Klima an, so dass er alle Unterschiede zwischen Mitteleuropäern und -asiaten allein auf die unterschiedlichen Herrschaftsformen zurückführt,[14] und Glacken übersteigert den Gedanken sogar so weit, dass er die Makrokephalen und die Phasis-Anwohner der eiskalten nördlichen Zone zuweist.[15] Desautels geht zu einem Weltbild von fünf Zonen über, deren nördlichste und südlichste vollkommen unbewohnbar ist, in die mittlere setzt er Griechenland und Kleinasien mit den Makrokephalen, die übrigen erwähnten Völker verteilen sich in eine nördliche kalte und eine südliche heiße Zone.[16] Jouanna hingegen belässt es schlicht bei dem Modell der drei Segmente,[17] Schubert verknüpft eben diesen Gedanken der drei Zonen, der ja eine Nord-Süd-Einteilung vermittelt, mit einer Unterscheidung der Kontinente im Osten und Westen und begreift die beschriebene Region des idealen Klimas zugleich als Zentrum der Welt, die sich zwischen der nördlichen und der südlichen Zone sowie zwischen den Kontinenten befinde.[18]

Da jedoch der Text der Umweltschrift nur für wenige Völker, deren Klima geschildert wird, auch eine Lokalisierung vorgibt, enthalten alle bisherigen Welteinteilungsversuche, die über das evidente Drei-Zonen-Schema hinausgehen, doch einen erheblichen spekulativen Anteil. Insbesondere birgt unabhängig von ihrer historisch-realen Verortung die Zuweisung der Phasis-Anwohner

---

13 Berger (1903) 121f.

14 Thomson (1948) 106.

15 Vgl. Glacken (1967) 84: „The first, the northern region of extreme cold, is inhabited by the Scythians and the Longheads (μακροκέφάλοι [sic]) (in Eastern Europe roughly equivalent to the southern half of the Ukrainian S.S.R.) and the people of the Phasis River region [...].“

16 Desautels (1982) 115–118 sowie die Karte 143. Diese Aufteilung beschreibt auch Pinna (1988) 17.

17 Jouanna (1996a) 220, Anm. 6.

18 Schubert (2000) 212–216 und dies. (2009) 266f. Auf die zweifache Einteilung der Welt auf der Nord-Süd- sowie der Ost-West-Achse haben zuvor schon andere Interpreten hingewiesen, vgl. z.B. Diller (1962a) 60 und Schmidt (1980) 37f. Diesbezüglich ist jedoch zu berücksichtigen, dass eine Interpretation Europas als „Kontinent im Westen“ und Asiens als „Kontinent im Osten“ eine starke Schematisierung darstellt, da diesen auch der Norden bzw. Süden zugeordnet wird, vgl. diesbezüglich oben S. 12, Anm. 15.

in den kalten Norden einen starken Widerspruch zu der Darstellung des stickigheißen Klimas ihres Lebensraumes. Ebenso ist es nicht möglich, innerhalb der mittleren, gemäßigten Zone zu unterscheiden, in welchen Bereichen die Schwankungen besonders stark sind. Tatsächlich gibt es jedoch auch in diesem Erdsegment Regionen mit konstantem Klima, so dass Thomsons Ansatz ebenfalls fehlgeht.

So ist es schließlich ratsam, das Modell bei der nördlichen Kälte, der südlichen Hitze und dem großen Bereich der Mitte zu belassen.[19] Für letzteren scheint sogar der Zonenbegriff problematisch zu sein, da offenbar große klimatische Unterschiede einzelner Regionen und Städte festzustellen sind, die Beschreibung einer einzigen, großen „Zone“ jedoch die Anmutung von Einheitlichkeit hat. Der Verfasser der Umweltschrift stellt hingegen mehrfach die Verschiedenartigkeit der Völker heraus und betont, dass Städte, auch wenn nur ein Stadion zwischen ihnen liegt, aufgrund der jeweils wirksamen Faktoren unterschiedlich gesund sind (Aer. 5,2).

Diese „Mitte“ ist jedoch nicht als Zentrum der Welt aufzufassen. Die im 12. Kapitel beschriebene Region gehört definitiv dem asiatischen Kontinent an und liegt aus diesem Grund gen Osten (πρὸς τὴν ἠῶ) in Richtung der Sonnenaufgänge. Aus diesem Grund ist der Ausdruck ἐν μέσῳ lediglich als Verortung des unbenannten Gebietes auf der Nord-Süd-Achse anzusehen.

6.3.2 Die Makrokosmos-Mikrokosmos-Analogie

Einige wenige Interpreten der hippokratischen Schriftensammlung haben bereits auf die vereinzelte Adaption des naturphilosophischen Makrokosmos-Mikrokosmos-Gedanken[20] aufmerksam gemacht, der einer wissenschaftlichen Disziplin des 5. Jahrhunderts, die zu begreifen beginnt, welche natürlichen Umstände die Verfassung des Menschen prägen, offensichtlich nicht fernliegt. Besonders im Fokus war bislang insbesondere die Schrift *De hebdomadibus*, die entsprechend den Ursprüngen der Theorie den Aufbau des Gesamtkosmos und den des menschlichen Körpers zu erfassen versucht und beide zueinander in Beziehung setzt.[21] Die meteorologische Medizin anhand der Umweltschrift und

---

19 Rausch (2013) 96f. lehnt aufgrund einer scharfen semantischen Trennung von „Klimazonen-“ und „Milieu-Theorie“ selbst diese grobe Einteilung für *De aere aquis locis* ab.

20 Für einen Abriss über die philosophiegeschichtliche Definition und Entwicklung des Prinzips vgl. Meyer (1900). Meyer geht jedoch nicht auf die Anwendung des Terminus in der Medizin ein.

21 Vgl. Kranz (1938) 121–161 und Le Blay (2005) 251–269.

anderer relevanter Werke wurde jedoch nur hinsichtlich einzelner Aspekte oder in sehr allgemeiner Form für dieses grundlegende Prinzip einbezogen.[22] Dieser Umstand gibt erneut einen Hinweis darauf, dass eine exakte Erfassung der Wirksamkeit der Umweltfaktoren sowie die Herstellung des Zusammenhangs zwischen der meteorologischen Medizin und der Humorallehre bislang fehlten.[23]

Obgleich der Traktat *De aere aquis locis* im Gegensatz zu *De hebdomadibus* keinen Abschnitt zum Aufbau des menschlichen Körpers enthält, lassen sich in ihm und den übrigen Belegstellen zur meteorologischen Medizin dennoch zahlreiche Anklänge an das Prinzip der Makrokosmos-Mikrokosmos-Analogie finden: Der Mensch wird demzufolge in das große Ganze der ihn umgebenden Umwelt gestellt. Sein Körper lässt sich aufgrund der in ihm enthaltenen Säfte durch die Elementarqualitäten warm, kalt, feucht und trocken beschreiben und bildet auf dieser Grundlage eine spezifische Konstitution heraus. Es handelt sich diesbezüglich jedoch nicht um einen statischen Zustand, der alle Menschen gleichermaßen beträfe, sondern um dynamische, individuelle Ausprägungen.[24] Ebenso hat die Analyse der Umweltfaktoren ergeben, dass auch die physische Umwelt maßgeblich durch diese Qualitäten bestimmt wird, wie es in dem Schaubild der Mischung angezeigt werden konnte. Die entstehenden Witterungsverhältnisse, Katastaseis und Klimata sind voneinander sehr verschieden und ebenfalls dynamisch veränderbar. Es zeigt sich demzufolge eine strenge Parallelität des Menschen- und des Weltbildes.[25]

Darüber hinaus erhellten die Textstellen bezüglich des Faktors „Boden“, dass die Pflanzen und Tiere unmittelbar von der Beschaffenheit der Natur be-

---

22 Kudlien (1967) 131 deutet beispielsweise die Entstehung von Rupturen zur warmen Jahreszeit vor dem Hintergrund der Bildung von Rissen im Eis bei Tauwetter; Le Blay (2005) 253 wählt für seine Betrachtung die Verknüpfung von Jahreszeiten und Säften aus *De natura hominis* aus und Grensemann (1979) 436 beschreibt umfassend das Werk *De aere aquis locis*: „Der übergreifende Gedanke ist die vielfache Abhängigkeit des Menschen von dem ihn umgebenden Kosmos; es ist eine medizinische Anthropologie aufgrund des Makro-Mikrokosmosgedankens.“ Vincentelli (1990) macht darauf aufmerksam, dass die Analogie den Werken *De aere aquis locis* und *De morbis I* gemeinsam ist.

23 Vgl. z.B. die scharfe Trennung bei Kollesch (1976) 274: „So begegnen wir der Vorstellung, daß die menschliche Physis außer von dem individuellen Mischungsverhältnis der Körpersäfte auch von natürlichen Umwelteinflüssen, bewußten Eingriffen des Menschen und Erbeigenschaften bestimmt wird.“

24 Vgl. Kollesch (1976) 271 und Lo Presti (2012) 177.

25 Diesbezüglich ist auch auf die Ambiguität des Begriffes der Katastasis hinzuweisen, der sowohl auf den Gesundheitszustand als auch auf die Witterungsverhältnisse zu beziehen ist, vgl. Langholf (1990b) 169f.

troffen sind und eben diesen Zustand auch selbst annehmen. Der Mensch wird auf zweierlei Arten von diesem Umstand berührt, indem er zum Einen seine Nahrung direkt aus der Natur bezieht und mittels der Diaeta den Zustand der von ihm konsumierten Pflanzen und Tiere ebenfalls annimmt, zum Anderen bringen zahlreiche weitere Belege zum Ausdruck, dass der Mensch sogar selbst als Teil der Umwelt anzusehen ist und sich wie bei den Tieren sein innerer Zustand direkt mit dem Wetter verändert,[26] vgl. z.B. Aer. 2,3: ἅμα γὰρ τῇσιν ὥρῃσι καὶ αἱ κοιλίαι μεταβάλλουσι τοῖσιν ἀνθρώποισιν. (Denn zugleich mit den Jahreszeiten verändern sich die Organe der Menschen.)

Einen besonders deutlichen Hinweis auf die Makrokosmos-Mikrokosmos-Analogie schafft der Verfasser außerdem durch den Vergleich der Körper- mit den Landschaftsformen in 13,3–5. Dort werden vier Typen beschrieben (1. bewaldete und wasserreiche Berge, 2. leichte und wasserarme Böden, 3. Gebiete mit Gras und Sümpfen, 4. kahle und trockene Ebenen), die stark voneinander verschieden sind. Vier entsprechende physische Erscheinungsbilder seitens des Menschen werden nicht geschildert, daher wurden mögliche Übertragungen oben diskutiert.[27] Im 24. Kapitel greift der Autor diesen Analogie-Lehrsatz erneut auf und erweitert ihn zusätzlich durch ein weiteres menschliches Ausprägungsfeld: Die Bewohner gleichen demzufolge ihrem Land sowohl in der äußeren Erscheinung als auch in ihrem Charakter (24,7: τὰ εἴδεα τῶν ἀνθρώπων καὶ τοὺς τρόπους). Ebenfalls ergab sich eine mögliche Ausgestaltung der Analogie hinsichtlich der menschlichen Gestalt aus der Analyse der Bodentypen: Demzufolge wird die Körperlänge unmittelbar auf die Höhenlage eines Gebiets zurückgeführt, so dass Menschen in einer hohen Lage von großer Gestalt sind (24,2. 5), in einer tiefen Lage hingegen klein (24,3). Bezüglich der Charaktere ließ sich erkennen, dass die Zwei-Typen-Lehre des Bodens mit der Zweisäftelehre gleichzusetzen ist. Da diese wie oben angezeigt durch die Elementarqualitäten des Klimas bestimmt werden und eine entsprechende Konstitution gebildet wird, bestätigt sich die Stringenz der Lehre.

Es ließe sich allerdings aus naturphilosophischer Sicht einwenden, dass sich die angeführten Aspekte nicht aus strenger Sicht als Makrokosmos-Mikrokosmos-Analogie werten lassen, da diese tatsächlich bedingte, dass der Mensch „ein Abbild der Welt“ und die gesamte Welt „ein Abbild des Menschen“

26 Vgl. Ángel y Espinós (2003) 474: „No obstante, antes de tratar sobre la influencia que sobre el ser humano ejerce la meteorología, sería interesante reseñar que ésta también influye en los animales. Este hecho constituye un claro ejemplo de que el hombre, para la mente griega, se incluye en un macrocosmos en el que él es tan sólo una parte integrante.”

27 Vgl. den Abschnitt 4.4.2 auf den Seiten 134f.

darstellt,[28] die Theorie der Umweltschrift die Analogie jedoch nur für einzelne Aspekte vollzieht. Meyer macht jedoch darauf aufmerksam, dass sich die Theorie erst im Laufe der Zeit entwickelte und die ältesten Quellen lediglich Spuren der Vorstellungsweise bieten.[29] So bleibt also dennoch festzuhalten, dass die Verbindung der Natur und des Menschen, wie sie in den angeführten Beispielen durch eine Übertragung einzelner charakteristischer Elemente geschieht und sogar in Form eines Lehrsatzes generalisiert wird, nicht nur „a kind of 'sympathy'"[30] ist, sondern eine frühe Form der Makrokosmos-Mikrokosmos-Analogie abbildet,[31] die demzufolge ebenfalls zu den wirkungsmächtigen Prinzipien der meteorologischen Medizin zu zählen ist.

6.3.3 *contraria contrariis*

Anhand der Humorallehre und der zuvor erläuterten Wirkungsprinzipien konnte bereits aufgezeigt werden, dass in der Theorie der meteorologischen Medizin die Beschaffenheit der Umweltfaktoren auf den Menschen übertragen wurde, so dass seine Verfassung der Natur gleicht. Im Falle der ausgeglichenen Umweltbedingungen bedeutet dies für ihn ein günstiges Moment, da auch sein Inneres einen optimalen Gesundheitszustand annimmt. Für jegliche negative Kondition ist der Umstand der Anpassung jedoch nachteilig, da ein erkrankter Patient nur schwerlich genesen kann, wenn das Klima das pathogene Säfteverhältnis zusätzlich verstärkt. So kommt in diesem Zusammenhang das dritte Grundprinzip zum Tragen, das der Therapeutik zuzuordnen ist: das Prinzip *contraria contrariis*.

Diese Gesetzmäßigkeit ist bezogen auf das medizinische Fachgebiet auch als Allopathie zu fassen und beschreibt die Heilung einer Krankheit, die durch bestimmte Einflüsse ausgelöst wurde, durch Mittel, die das exakte Gegenteil bewirken.[32] Auf diese Weise wird das Extrem kompensiert und ein gemäßigter Zustand erreicht.

In der meteorologischen Medizin lässt sich die Allopathie beispielsweise an dem Jahresverlauf in Aer. 10,12 aufzeigen, wo beschrieben wird, dass nach einem trockenen Sommer ein trockener Herbst folgt, was bei Galletypen Krank-

28 Meyer (1900) 1.
29 Meyer (1900) 2.
30 Sassi (2001) 109.
31 Vgl. auch Fausti (2012) 201: „Infatti alla natura della regione corrispondono aspetto e carattere degli uomini, fra la terra e gli uomini che là abitano esistono rapporti di somiglianza."
32 Vgl. Müller (1965) 142–145.

heiten verursacht. Der physiologische Zusammenhang ist nach Ergründung der Humorallehre trivial: Galletypen haben grundsätzlich trockene Körper, die schnell erhitzen. Wenn nun über ein halbes Jahr hinweg das Klima von Trockenheit bestimmt ist, trocknen analog auch ihre Körper stark aus, so dass Krankheiten entstehen, die für diesen Zustand typisch sind. Dazu zählen unter anderem Fieber und Entzündungskrankheiten, die in 10,12 explizit benannt sind. Der Verfasser ergänzt: τοῖσι μὲν φλεγματίῃσι φύσει οὕτως ἂν ξυμφέροι μάλιστα. (Den Schleimtypen nützt dies von Natur aus am meisten.) Die Schleimtypen haben eine den Galletypen entgegengesetzte Konstitution, die sich durch stark erhöhte Feuchtigkeit kennzeichnen lässt. Die überaus große Trockenheit des geschilderten Klimas stellt demzufolge das *contrarium* ihrer Natur dar und lindert daher ihre Beschwernis.

Aufgrund der therapeutischen Wirkung lässt sich dieses Prinzip auch von den Patienten bewusst einsetzen, um Genesung zu erlangen. Entsprechende Möglichkeiten erhellte die Analyse des Faktors „Wasser“.[33] Demzufolge wird Galletypen geraten, Wasser des Typs I zu trinken, Schleimtypen sollen hingegen hartes Wasser zu sich nehmen. Beiden Konstitutionen dient diese Maßnahme dazu, den Nachteilen ihrer Natur entgegenzuwirken.

Die zwei Beispiele demonstrieren, dass in der meteorologischen Medizin nur wenige Einflüsse per se gut sind. Die hippokratische Lehre unterscheidet bewusst verschiedene Typen und Zustände, die auf Einwirkungen sehr unterschiedlich reagieren, so dass ein Stoff bei einem Menschen eine Krankheit auslöst oder verstärkt, bei einem anderen hingegen zur Heilung beiträgt.[34] Auch dieses Grundprinzip musste der Wanderarzt, an den sich die Lehrschrift „Über die Umwelt“ richtet, bei seiner Behandlung berücksichtigen.

6.4 Nomos, Physis und Diaeta

Zusätzlich zu den natürlichen Lebensbedingungen, die die Menschen prägen, wurde bereits in der Disposition der Umweltschrift und in einigen der ethnographischen Beispiele auf einen weiteren Faktor hingewiesen, auf den die Menschen selbst Einfluss nehmen können: die Lebensweise (ἡ δίαιτα). Diese steht dem abstrakten Begriff des „Nomos“ nahe, der kulturelle Aspekte umfasst und mit den natürlichen Umständen, die sich entsprechend der „Physis“ zuordnen

33 Vgl. den Abschnitt 4.2.5 auf den Seiten 102–105.
34 Vgl. Schumacher (1965) 121–130.

lassen, kontrastiert.[35] Es sind im Folgenden die Semantik und das Verhältnis dieser Begriffe näher zu bestimmen.

6.4.1 Die Diaeta in *De aere aquis locis*

In der Disposition werden zwei Menschentypen anhand ihrer Lebensweise unterschieden, die sich durch mehrere Merkmale auszeichnen (1,5):

- Typ I trinkt viel (φιλοπότης), nimmt zusätzlich zu der Hauptmahlzeit auch Frühstück zu sich (ἀριστητής) und scheut Anstrengungen (ἀταλαίπωρος).
- Typ II betreibt hingegen Sport (φιλογυμναστής), nimmt Mühen auf sich (φιλόπονος), isst genügend (ἐδωδός), trinkt aber wenig (ἄποτος).

Es werden also nach dieser programmatischen Beschreibung insbesondere das Ess- und Trinkverhalten eines Menschen sowie seine Bereitschaft, Anstrengungen zu ertragen, unter dem Begriff δίαιτα gefasst. Da das Trinken von Wasser ausführlich im Abschnitt zu den Gewässern abgehandelt wird, wird ersichtlich, dass hinsichtlich der Lebensführung unter dem Aspekt des Trinkverhaltens nicht das Maß der Flüssigkeitsaufnahme, sondern der Konsum von Wein zu fassen ist.[36] Zu diesen diätetischen Aspekten findet sich jedoch im gesamten Traktat keine umfassende Abhandlung, obgleich vereinzelte Bemerkungen Aufschluss über ihre Auswirkungen geben:

Dementsprechend fordert der Verfasser unter seinen Zielsetzungen im zweiten Kapitel, dass ein Arzt die Konsequenzen einer Veränderung (μεταβολή) der Lebensweise des Patienten kennen muss (2,2). Es lässt sich daraus schließen, dass der behandelnde Arzt gegebenenfalls auch auf eine Umstellung der Ge-

35 Es ist direkt zu Beginn dieser Untersuchung festzuhalten, was Heinimann (1945) 42 so treffend formuliert: "Die Verbindung Nomos-Physis, die uns in der Schrift περὶ ἀέρων ὑδάτων τόπων zuerst entgegentritt, ist in ihrer Bedeutung von jeder spätern [sic] antithetischen Verwendung dieses Begriffspaares so grundverschieden, daß die äußere Form fast nur zufällig übereinzustimmen scheint."

36 Vgl. LSJ s.v. φιλοπότης: „lover of drinking, fond of wine". Bezüglich des Trinkens von Wein lassen sich weiterhin im Abschnitt über das Trinkwasser zwei Hinweise finden: Das bekömmliche Flusswasser braucht nur mit einer geringen Menge Wein vermischt zu werden (7,10) und für Kinder solle man dem Wasser ohnehin nur wenig Wein beimischen, da eine große Menge ihre Adern verbrenne und vertrockne (9,5). Weitere Anweisungen für die Verwendung des Getränks werden in *De aere aquis locis* nicht gegeben, sie ist in den diätetischen Werken wie *De diaeta in morbis acutis* ausführlich behandelt (z.B. Acut. 50–52). Den Hinweisen der Umweltschrift lässt sich jedoch bereits entnehmen, dass die Beigabe von Alkohol zu Wasser zwar als notwendig angesehen wurde, große Mengen allerdings als schädlich galten.

wohnheiten, die als Ursache von Krankheiten angesehen werden, hinzuwirken hat.

Den Abhandlungen über die Nord- und Südstadt lassen sich überdies Folgen der humoralen Konstitution der Bewohner für ihr Ernährungsverhalten entnehmen: Demnach können die Schleimtypen, deren Köpfe geschwächt und deren Bäuche gefüllt von herabfließendem Schleim sind, nur wenig Nahrung und Alkohol vertragen (3,2). Galletypen essen hingegen sehr viel, trinken jedoch nur wenig, da reichliches Essen und reichliches Trinken zugleich nicht möglich sei (4,3).[37] Es ist nun evident, dass eine Zuordnung des Galletypen zu dem zweiten der erwähnten Lebensführungstypen vorzunehmen ist, da die Hinweise zur Ernährung übereinstimmen und zudem die Neigung zu körperlicher Betätigung dem harten Galletypen ohnehin entspricht. Eine analoge Verbindung des ersten Lebensführungstyps zum Schleimreichen ist aufgrund der divergierenden Ernährung hingegen inkorrekt, obgleich die Trägheit beiden Naturen zukommt.

Der Faktor der Lebensführung steht somit in diesen Schilderungen in Abhängigkeit von den natürlichen Bedingungen, ergo sind die Menschen, die aufgrund der Wirkung des Nord- oder Südwinds über eine bestimmte körperliche Konstitution verfügen, in der Wahl ihrer Lebensweise nicht frei. Dasselbe Verhältnis zeigt sich auch grundsätzlich bei dem Aspekt der Regsamkeit bzw. Trägheit, der schon anhand der Jahreszeiten und des Bodens den humoralen Typen zugewiesen werden konnte. Entsprechende Belege finden sich z.B. in 12,6; 15,2; 19,4 und mehrfach im 24. Kapitel.

Vermeintliche Gegenthesen bestehen hingegen in 16,3–5 und 23,4, wo der Kriegswille und das Streben nach Herausforderungen auf den νόμος zurückgeführt werden. Ursächlich ist demnach die politische Verfassung, die jedoch lediglich einen späteren, regulierenden Faktor darstellt, nachdem die Voraussetzungen bereits durch die natürliche Anlage (φύσει) geschaffen wurden. Es zeigt aber der Abschnitt über die skythischen Sklavinnen eine Möglichkeit auf, wie Menschen einer natürlich veranlagten Trägheit entgegenwirken können (21,2f.): Durch die zwingende körperliche Betätigung sind nämlich die Sklavinnen schlank und auch fruchtbar, obgleich sie unter denselben klimatischen Verhältnissen leben wie die freien skythischen Frauen, die beleibt und nahezu unfruchtbar sind.

Über die diätetischen Aspekte der Disposition hinaus zeigen die Beschreibungen einzelner Völker weitere Spezifika auf, die ebenfalls ihre Lebensweise

---

37 Eine Ausnahme zu diesem Grundsatz besteht bei Krankheiten wie derjenigen, die nach Kap. 7,3 durch stehende Gewässer ausgelöst wird.

kennzeichnen. Hierzu zählen beispielsweise die Kultivierung des ionischen Landes, die Fortbewegung mit dem Einbaum am Phasis oder die nomadische Wohnweise der Skythen. Auch diese Lebensformen stehen jedoch in enger Verbindung zu dem, was das durch das Klima geprägte Land den Menschen zu bieten hat.

All die genannten Ausprägungen lassen den Faktor der Lebensweise insgesamt nicht als eigenständig erscheinen, sondern als eine Konsequenz der natürlichen Bedingungen. Es ist jedoch beachtlich, dass die klassischen Bereiche der Diätetik in diesem Traktat kaum behandelt werden, obgleich ihre Bedeutung in der Disposition herausgestellt wurde.[38] Denn schließlich könnte neben der naturbedingten Ernährung, die durch die Fauna eines Landes und ihre landwirtschaftliche Kultivierung bestimmt wird, auch die Weise unterschieden werden, wie der betreffende Mensch durch Auswahl seiner Nahrung, insbesondere in Hinblick auf die Quantität, diesen Faktor selbst beeinflusst.

Eben solch eine Beeinflussung, nicht allein der Ernährung, sondern auch anderer Aspekte des Lebens, fallen in den Bereich des Nomos und leiten somit zu dem nächsten zentralen Begriff über.

6.4.2 Der Nomos in *De aere aquis locis*

Der Begriff des νόμος fällt zum ersten Mal im Abschnitt über die Makrokephalen, wobei eine Erwähnung bereits im nicht überlieferten Abschnitt über Ägypten und Libyen nicht ausgeschlossen werden kann. Es zeigt sich somit deutlich, dass in dem ersten Teil der Schrift, insbesondere in den Kapiteln 1–11 allein der Einfluss der äußeren Umwelt im Vordergrund steht. In dem 14. Kapitel, in dem der Begriff eingeführt wird, kommt dem Nomos sehr große Bedeutung zu. Er besteht in der Verformung der Köpfe, die wiederholt durchgeführt wird, und kann demnach mit „Brauch“ oder „Sitte“ übersetzt werden. Es wird weiterhin in der Erzeugung einer idealen Kopfform explizit ein Zweck des Nomos formuliert, der zugleich die Ursache für die Einführung des Brauches ist. Zudem wohnt dieser Sitte eine große verändernde Kraft inne, die durch die Verben κατεργάζεσθαι (14,3) und ἀναγκάζειν (14,4) verdeutlicht wird. Das Ziel der Veränderung ist die μορφή der Menschen.

38 Gründe für diese Auslassung liegen mit Sicherheit im Sujet des Traktats, das stets die natürlichen Bedingungen in Augenschein nimmt, sowie im großen Umfang des Themas der Diätetik, wie er sich anhand der vier Bücher umfassenden Schrift *De diaeta* abschätzen lässt.

Die nächste Erwähnung von Nomoi findet sich im 16. Kapitel, wo sie wie im parallelen Abschnitt in 23,4 neben der Ausgeglichenheit des Klimas als weitere Ursache für die Schlaffheit der Asiaten gelten. In dem Vergleich der Kontinente zeigt sich, dass der Begriff in diesem Kontext die politische Verfassung bezeichnet (Sg.: Gesetz), die beeinflusst, wie sehr die Bürger von kriegerischen Erfolgen oder Misserfolgen persönlich betroffen sind, und dadurch in ihnen eine bewusste Entscheidung bezüglich ihres kriegerischen Verhaltens hervorruft. Die Nomoi stehen in diesem Fall allerdings nicht in einem intendierten Zusammenhang mit der beschriebenen Auswirkung, sie wurden also nicht eingeführt, um diesen Effekt zu erzeugen. Ihre Kraft ist auch in diesem Beispiel erheblich, so dass sogar eine natürliche Anlage ihre Auswirkung nicht zu verändern vermag (vgl. auch 24,3). Hier liegt allerdings das Ziel der Veränderung im ἦθος der Menschen.[39]

Ebenfalls werden in Hinblick auf die Sauromaten ungewöhnliche Bräuche beschrieben, dennoch findet der Begriff des Nomos im 17. Kapitel nur eine beiläufige Erwähnung. Insbesondere die Beschreibung der Kauterisierung der Brust erinnert jedoch durch ihren gewaltsamen Eingriff in die menschliche Gestalt an die Abhandlung über die Makrokephalen, so dass auch diese als Nomos aufgefasst werden kann. Die Klassifikation gleicht in der Semantik des Begriffs und dem Ziel der Veränderung dem ersten Beispiel. Der Zweck des Versengens ist physiologischer Natur.

Ein ähnliches Beispiel findet sich auch in 20,1, wo ebenfalls die Gestalt der Menschen verändert wird: Durch die Brandmarkung der Skythen werden die Nachteile der naturbedingten Konstitution entkräftet. Auch diese Veränderung wird von den Skythen mit Absicht herbeigeführt.[40]

---

39 Müller (1972) 142f. konstruiert hier einen Kreislauf, da die politischen Systeme seiner Ansicht nach durch die Natur bedingt sind. Er schlussfolgert, dass „die Umwelt mit der Natur des Menschen auch seine *Kulturgeschichte*, also sowohl das Schicksal des einzelnen wie das ganzer Völker mit geradezu *gesetzmäßiger Unabdinglichkeit* bestimmt". Da politische Regierungsformen sich jedoch oftmals aufgrund äußerer Umstände ändern, ist zu bezweifeln, dass der Verfasser der Umweltschrift diese Prognose tatsächlich intendiert.

40 Die Analyse dieses Beispiels weicht von der Darstellung bei Heinimann (1945) 13–41 ab, der präzise das Begriffspaar Nomos-Physis in *De aere aquis locis* beleuchtet, jedoch bisweilen von zu starkem Schematismus geleitet wird. Bezüglich der skythischen Brandzeichen schließt er: „Die Skythen brennen sich, um dem Körper die allzu große Feuchtigkeit zu entziehen. So gehört das ganze Kapitel letzten Endes doch zum Abschnitt über die natürlichen Ursachen (φύσει) auffälliger Körpermerkmale. Zu diesem bildet es einen Nachtrag, der diejenigen Fälle umfaßt, die sich nicht eindeutig unter eines der Stichwörter φύσις und νόμος einreihen lassen, sondern eine Wechselwirkung der beiden Faktoren aufweisen, immerhin mit primärer Bedeutung der naturgegebenen Umwelteinflüsse." Bei einer solchen Definition könnten ebenso gut

Auch der Abschlusssatz des 18. Kapitels enthält den Begriff des Nomos und stellt ihn gleichrangig neben die Diaeta: Τὰ μὲν ἐς τὴν δίαιταν αὐτῶν οὕτως ἔχει καὶ τοὺς νόμους. In dem betreffenden Abschnitt (18,2–4) werden jedoch lediglich die Einzelheiten der nomadischen Lebensweise beschrieben, die Auswirkungen aus diesen „Nomoi" folgen erst in 20,2: So trägt auch die sitzende Lebensweise (ἕδρη) zu der Schlaffheit und Körperfülle der Menschen bei, die in dieser Intensität mit Sicherheit nicht beabsichtigt ist. Ein breiteres Gesäß ist jedoch erwünscht und wird durch einen bewussten Verzicht auf die ägyptische Wickeltechnik erwirkt, da es einen besseren Sitz zu Pferde ermöglicht. Die Nähe des im Nomadentum bestehenden Nomos zur Diaeta zeigt sich jedoch in dem Umstand, dass er gänzlich durch die Natur des Landes bedingt ist, wie oben bereits ausgeführt wurde.

Schließlich wäre es auch denkbar, den im 22. Kapitel beschriebenen Aderlass als Nomos aufzufassen, jedoch wird dieser als eine medizinische Maßnahme beschrieben, durch die ein vorangegangenes Leiden geheilt werden soll und hebt sich somit von den bisher genannten Bräuchen ab.

Die Analyse der einzelnen Beispiele, in denen dem Nomos eine Bedeutung zugesprochen wird, erschließt demzufolge eine klare Klassifikation des Begriffes:

Beide Abschnitte über die Kontinente stellen abschließend den natürlichen Ursachen des ἦθος der Bewohner eine Ergänzung bezüglich des Nomos an die Seite. Hierbei handelt es sich jeweils um Aussagen, die zwar teilweise an konkrete Volksbeschreibungen angeschlossen, aber in allgemeiner Form dargeboten werden. Die Veränderungen, die durch den Nomos hervorgerufen werden, bilden nicht die Ursache zu seiner Ausbildung. Als ein Beispiel zu dieser Art des Nomos wird die Königsherrschaft angeführt, so dass sich die Bedeutung „politisches System" erschließt.

Die drei weiteren Beispiele eines reinen[41] Nomos erwiesen seine Einwirkung auf die μορφή. Die Veränderungen sind anatomischer bzw. physiologischer Art und werden bewusst und mit Absicht herbeigeführt. Eben diese Vorgänge, die das jeweilige Volk wiederholt praktiziert, werden als Nomos bezeichnet, der demnach hier mit dem deutschen Begriff „Brauch" zu übersetzen ist. Sämtliche

---

die Nomoi der Makrokephalen und der Sauromaten in dasselbe Prinzip eingeordnet werden, da auch diese die naturgegebenen Anlagen gewaltsam verändern. Es ist im Folgenden noch herauszustellen, dass in eben diesem Verhältnis der Inbegriff des Nomos-Physis-Begriffspaares besteht. Auch Jouanna (1996a) 65 interpretiert die Brandmarkungen als Nomos.

41 Hier werden die Beispiele der nomadischen Lebensweise und des Aderlasses nicht einbezogen, da sie, wie oben dargelegt wurde, im Übergang zu anderen kulturellen Bereichen und Wortfeldern stehen.

Schilderungen dieser Art sind jedoch, obgleich der Begriff an sich keine negative Konnotation trägt,[42] befremdlich, da der Nomos die körperliche Integrität beeinträchtigt. Die Asienabhandlung wies ein Beispiel dieses Schemas auf, die Europaabhandlung zwei, jedoch liegt die Vermutung nahe, dass innerhalb der Beschreibung der Ägypter und Libyer zumindest eine weitere Sitte mit Einfluss auf die körperliche Gestalt geschildert wurde.[43] Es besteht aufgrund der Erwähnung in 20,2 eine überaus große Wahrscheinlichkeit, dass bereits in dem verlorenen Abschnitt die Wirkung der Wickelkunst auf die Gestalt der Kinder aufgezeigt wurde. Weiteres ist aufgrund des Verlustes der Partie leider nicht festzustellen. Mehrere dieser Bräuche werden bei Kindern angewandt, da in dem frühen Entwicklungsstadium die Körper noch formbar sind.[44]

Es zeigten also diejenigen Nomoi, die als „Bräuche“ zu fassen sind, Einfluss auf die menschliche Gestalt, diejenigen, die das „politische System“ beschreiben, Wirkung auf das Gemüt.

6.4.3 Das Verhältnis Diaeta – Nomos

Obgleich der Begriff „Nomos“ in der Bedeutung „Brauch“ ebenso wie „Diaeta“ ein wiederkehrendes, menschliches Verhalten bezeichnet, das eine Besonderheit einer spezifischen Volksgruppe ausmacht, und beide Termini in dieser Funktion in den ethnographischen Beschreibungen der Umweltschrift vorkommen, lässt sich nach der jeweiligen Analyse nun eine scharfe Differenzierung vornehmen, da ihre Anwendung große Bedeutungsunterschiede aufweist:

---

42 Dies stellt Heinimann (1945) 28 korrekt heraus.

43 Heinimann (1945) 21 bezweifelt dies und gibt zwei Begründungen an: Das Begriffspaar Nomos und Physis werde im 14. Kapitel derartig eingeführt, dass eine erstmalige Erwähnung angenommen werden muss, außerdem sei im parallelen Skythenabschnitt die Physis von weit größerer Bedeutung als der Nomos. Das zweite Argument beruht auf der Tatsache, dass Heinimann lediglich die Bräuche der Sauromaten als Nomoi anerkennt, hingegen nicht die Brandzeichen der Skythen. Da unsere Analyse ein abweichendes Resultat erzielte, ist dieser Einwand entkräftet. Es wird also von zwei ungewöhnlichen Bräuchen skythischer Stämme berichtet, so dass durchaus mindestens eine derartige Schilderung der südasiatischen Völker gegeben worden sein kann. Hingegen vermittelt die gemeinsame Verwendung der Begriffe in Kap. 14 tatsächlich den Eindruck, dass sie zuvor nicht in unmittelbarer Gegenüberstellung verwendet wurden. Da aber nicht in allen Fällen ein Nomos als solcher tituliert wird und auch der Begriff Physis schon vor 14,1 erscheint, schließt diese Tatsache keine Beschreibung eines durch den Nomos beeinflussten Volksstammes in der Ägypten/Libyen-Darstellung aus.

44 Vgl. zu den Bräuchen hinsichtlich der körperlichen Gestalt der Kinder auch Jouanna (1996a) 65.

Zunächst einmal beschreibt der Nomos einzelne Handlungen von Völkern, die bewusst ausgeführt werden, um ein Ziel zu erreichen. Demgegenüber steht in Form der Diaeta eine Weise der Lebensführung, die nicht die einzelnen Taten herausstellt, sondern als Komplex ein Spezifikum eines Volkes ausmacht, das seine Ursache in den natürlichen Lebensbedingungen hat. Der Nomos hat demzufolge eine finale Ausrichtung, die Diaeta eine kausale.

Damit steht im Zusammenhang, dass der Nomos gezielt eingesetzt wird, um eine Veränderung eines auf natürliche Weise hervorgerufenen Zustandes zu bewirken; die Diaeta hingegen, die ebenfalls die Kraft zur Veränderung in sich birgt, zeigt eine so starke Angepasstheit an die Gegebenheiten, dass sie sich ihnen nur unter äußerem Zwang widersetzt. Beide Begriffe sind an sich wertneutral, werden jedoch in der Schrift über die Umwelt ausschließlich für ungewöhnliche Verhaltensweisen von Völkern, die dem Wanderarzt begegnen, eingesetzt, so dass mit ihnen eher befremdliche Darstellungen verbunden sind. Diese Auffälligkeit zeigt sich bezüglich des Nomos in besonderem Maße, da der Verfasser mit großem medizinischem Interesse Schilderungen bewusst herbeigeführter körperlicher Versehrungen wiedergibt.

Eine Ausnahme dieser Nomos-Definition bildet das semantische Feld des politischen Systems, das als Abstraktum jedoch so weit von dem Diaeta-Begriff entfernt ist, dass sich eine Abgrenzung erübrigt.

6.4.4 Die Physis in *De aere aquis locis*

Notwendigerweise wird der Begriff der φύσις in der biometeorologischen Schrift *De aere aquis locis* häufig verwendet. Es lassen sich allerdings drei verschiedene Grundbedeutungen unterscheiden:

1. Zunächst lässt sich eine Bedeutung ausmachen, in der die Physis als Ordnungsbegriff erscheint. Es finden sich zahlreiche Belegstellen dieser Art. Die Verwendung lässt sich in den folgenden zwei Beispielen erkennen:
   - Wasser verwandelt sich, nachdem es gefroren war, bei dem Vorgang des Tauens nicht in seine ἀρχαίη φύσις zurück (8,9).
   - Menschen werden nach ihrer äußeren Gestalt in verschiedene φύσιες eingeteilt (13,4).

   Es lässt sich ohne weiteres auch im Deutschen der Begriff „Natur“ verwenden, der, ähnlich der Physis, ein weites Bedeutungsspektrum aufweist. Er wird jedoch in diesem Fall synonym zu „Art“, „Form“ oder „Typ“ gebraucht. Diese Verwendungsweise steht nicht in Antithese zum Nomos.
2. Weiterhin weist eine große Gruppe von Textstellen die Physis als medizinischen Begriff aus. In diesen Fällen ist sie als „Konstitution“ zu verstehen.

Da auch hier eine „Art“ von Menschen beschrieben wird, steht diese Verwendung der ersten nahe und lässt sich ihr sogar unterordnen. Es lassen sich jedoch in dem durch die Humorallehre geprägten Traktat zahlreiche Belegstellen finden, in denen Physis die spezifische Bedeutung „Konstitution“ trägt, so dass diese als eigenständig aufzuweisen ist. Folgende Stellen können dafür beispielsweise angeführt werden: 4,3; 7,11; 10,12; 21,1 und 24,10.

3. Schließlich verbleibt ein Begriff der Physis, der ausschließlich im Singular auftritt. Er bezeichnet die äußere Natur bzw. die Umwelt. Diese Verwendungsweise ist diejenige, die dem Nomos antithetisch gegenübersteht und daher im Folgenden zu analysieren ist.

Die Auffassung von der Physis als äußerer Umwelt lässt sich 12,6; 13,2 und 19,5 entnehmen, da sie in diesen Stellen als Sammelbegriff der Umweltfaktoren verwendet wird. Den Stellen 3,3 und 22,3. 11 ist zu entnehmen, dass die Natur als Ursache von Krankheiten fungiert, außerdem prägt sie die Menschen in μορφή und ἦθος (14,1–4; 16,4 und 24,3).

Neben diesen Erwähnungen lassen sich die Einflüsse der Natur in den Auswirkungen der einzelnen Umweltfaktoren erkennen, die sie gemeinsam umfasst. Sie wird jedoch lediglich an den aufgeführten Stellen als Kollektiv benannt. Im Vergleich zu der Analyse des Nomos zeigt sich bereits, dass die Physis in *De aere aquis locis* weitaus abstrakter ist. Während der Verfasser jenen stets in seiner Technik und den Konsequenzen eindrücklich beschreibt, erscheint die Physis als eine nicht fassbare Kraft oder Ordnung.[45]

Trotz ihres abstrakten Wesens ist sie aber fest im Kosmos verwurzelt. Die Ambiguität wird beispielsweise in 24,3 erkennbar. Dort sind Charaktereigenschaften beschrieben, die in einem bestimmten Volksstamm nicht von Natur angelegt sind. Insoweit verkörpert die Natur eine schöpferische Kraft, von der lediglich das Erzeugnis, der Mensch als Geschöpf, betrachtet werden kann. Diese Darstellung befindet sich jedoch in einem Kontext, in dem die regionsspezifischen Umweltfaktoren „Boden“, „Winde“ und „Gewässer“ dargelegt werden, so dass die Gewalt der Physis als der sichtbaren Natur dennoch in Erscheinung tritt.

---

45 Vgl. Schumacher (1963) 186f.

6.4.5 Das Verhältnis Nomos – Physis

Die Analyse der einzelnen Begriffe Nomos und Physis indiziert, dass sie in drei Abschnitten des Traktats einander direkt gegenübergestellt werden. Dies ist mehrfach der Fall im 14. Kapitel, außerdem in 16,4 und 24,3.

Das 14. Kapitel gliedert sich in die Asienabhandlung ein, in der zuvor zwei bestimmte Völker betrachtet (Kap. 12) und die übrigen Stämme als sehr unterschiedlich charakterisiert wurden (Kap. 13). Da es aufgrund dieser Verschiedenheiten dem Verfasser nicht möglich ist, alle asiatischen Gruppen zusammengefasst darzustellen, und eine Schilderung jedes einzelnen Volks zu umfangreich wäre, gibt er in 14,1 zunächst den Hinweis, dass er die gewöhnlichen Völkerschaften außer Acht lassen, jedoch diejenigen betrachten wird, die sich sehr ἢ φύσει ἢ νόμῳ von den anderen Völkern unterscheiden. Die Begriffe erscheinen hier demnach gleichrangig, aber in einer Antithese, die mittels der Disjunktionen ihren Ausdruck findet. Von inhaltlicher Bedeutung ist die Konstatierung des Autors, dass beide Prinzipien imstande sind, Unterschiede zwischen Völkern hervorzurufen. In der nächsten Erwähnung des Begriffspaares in 14,2 wird dem Nomos eine größere Bedeutung als der Physis beigemessen. Der Brauch bildet die Ursache für das morphologische Merkmal der Makrokephalen, die Physis unterstützt (ξυμβάλλεται) ihn lediglich. In diesem Fall besteht demzufolge keine Antithese zwischen den Kräften, sondern sie bilden eine gemeinsame Wirkung heraus. Innerhalb dieses Kapitels findet sich die letzte Gegenüberstellung der Ausdrücke in 14,4. Dort wird der Vorgang beschrieben, dass die besondere Eigenschaft der Menschen in die Natur überging (ἐν φύσει ἐγένετο), so dass der Nomos sie nicht länger allein herausbildete.

Es zeichnet sich demzufolge im direkten Vergleich eine besondere Wertschätzung des Nomos ab, dessen Kraft die der Physis übertrifft. Eben dieses ungleiche Verhältnis konnte außerdem bereits bezüglich der Textstellen 16,4 und 24,3 in der Analyse des Nomos festgestellt werden.[46]

So lässt sich daher zusammenfassen, dass dem Nomos innerhalb der medizinischen Schrift *De aere aquis locis* eine besondere Bedeutung zukommt. Zwar ist der Traktat von unzähligen Hinweisen auf die Wirksamkeit der Physis durchzogen, die in all ihren verschiedenen Facetten ausgestaltet wird, dennoch zeigt der Verfasser, dass den Menschen trotz ihrer natürlichen Anlagen eine große Variabilität bezüglich der μορφή und des ἦθος gegeben ist, so dass der Nomos diese verändern kann. In diesen Fällen werden die naturbestimmten Eigenschaften nicht länger ausgeprägt. Vor diesem Hintergrund ist Pohlenz' Auffas-

46 Vgl. auch Pigeaud (1983).

sung nicht zuzustimmen, der Nomos und Physis in Bezug auf die Umweltschrift „zwei einträchtig zusammenwirkende Faktoren nennt“.[47] Es soll mit diesem Ausdruck ein klarer Gegensatz zur sophistischen Verwendung des Begriffspaares formuliert werden, die sich im fünften Jahrhundert entwickelte.[48] Ein solcher Gegensatz ist tatsächlich festzustellen, wie an der überaus großen Wirksamkeit und der oftmals positiven Besetzung des Nomos-Begriffs innerhalb des Traktates erkennbar ist. Dennoch trifft die genannte Beurteilung nicht zu, da den zwei Begriffen konträre Bedeutungen zukommen, die sich auch in ihrem oftmals entgegengesetzten Wirken manifestieren.

Die Physis bildet demzufolge die Grundlage der Prägung des Menschen. So konnte bereits in der Analyse der einzelnen Umweltfaktoren und Wirkungsprinzipien gezeigt werden, dass die Einflussnahme auf vielerlei Arten vollzogen wird und unterschiedliche Aspekte des menschlichen Körpers und Charakters durch diese Auswirkungen betroffen sind. Lenfant sieht deshalb hinsichtlich der Beschreibung des Traktates die Menschen eines Landes sogar als Produkte ihrer Natur an, wonach sie den Tieren oder Pflanzen gleichgestellt seien.[49] In einem zweiten Schritt bekommt jedoch der Mensch nach dieser Prägung selbst durch den Nomos die Möglichkeit, sein Geschick zu verändern.[50] Diese Möglichkeit zur Selbstbestimmung betrifft zudem auch ganze Volksgruppen, wie anhand der Hinweise zur Bedeutung des politischen Systems sichtbar ist.

Heinimann vermutet in dem Asien-Europa-Vergleich einen Hinweis auf den Sieg des Hellenenbundes gegen die Perser, worin ihm sehr viele Interpreten gefolgt sind.[51] In der polarisierenden Darstellung der Asiaten und Europäer sieht er eine Gegenüberstellung des persischen Königtums einerseits, welches durch seinen diktatorischen Herrschaftsstil in den Untertanen letztlich Feigheit hervorrufe, und der griechischen Freiheit andererseits, in der für den Kampfesmut Siegespreise ausgesetzt werden. Somit gäben die Nomoi als politische Verhältnisse eine Erklärung für die Ursachen des Sieges gegen die gewaltige Übermacht, da dieses Erlebnis kaum mit dem Einfluss der Physis zu begründen ist.[52]

---

47 Vgl. Pohlenz (1953) 348. Eben diesen Ausdruck übernimmt auch Nam (1985) 28.

48 Zur Entwicklung der Verwendung siehe besonders Heinimann (1945) 42–162.

49 Vgl. Lenfant (1996) 113.

50 Diller (1934) 57f., der sich ebenfalls kurz der Fragestellung nach dem Verhältnis von Nomos und Physis widmet, scheint diese besondere Stellung des Nomos nicht erfasst zu haben. Jouanna (1996a) 66f. hingegen betont die herausragende Bedeutung.

51 Vgl. Heinimann (1945) 35f. Vgl. dazu auch Müller (2003) 188–194 und Romm (2010) 220–223.

52 Demgegenüber stellt Diller (1962b) 102 besonders die Bedeutung der Physis für die Herausbildung des Gegensatzes zwischen Asien und Europa heraus: „Eine Antithese, die im Bewußt-

Backhaus überspitzt diesen Vergleich zusätzlich und deutet aufgrund einer randläufigen Erwähnung der Griechen und Barbaren in 16,5 den gesamten Kontrast zwischen Europa und Asien als Gegenüberstellung von Griechen und Barbaren, die auf einem Prinzip von Superiorität und Inferiorität fuße,[53] und andere Untersuchungen widmeten sich sogar der Frage, ob in diesem Werk rassistische Tendenzen zu sehen seien.[54]

Es ist tatsächlich überaus plausibel, dass in einem Vergleich der Kontinente Asien und Europa aus griechischer Sicht die Siegeserfahrung der Perserkriege Einfluss nahm, zumal die Umweltschrift vermutlich zu den ältesten Schriften des C.H. zählt und insofern mit nicht allzu großem Abstand zu diesem bedeutenden Ereignis der griechischen Geschichte abgefasst wurde. Darüber hinaus drängt sich, auch wenn sich das Konzept der ethnographischen Beschreibungen als vollkommen kompatibel zu der theoretischen Grundlage der meteorologischen Medizin erwies, die Frage auf, was den Verfasser dazu bewog, die Asiaten als feige und die Europäer als tapfer zu charakterisieren. Aus diesem Grund erachten wir Heinimanns spekulative Sichtweise für sehr wahrscheinlich.

Es ist darüber hinaus jedoch Zurückhaltung geboten, allzu große geopolitische oder anthropologische Folgerungen anzuschließen, wie dies häufig seitens der vergleichenden Herodot- oder Montesquieu-Forschung vollzogen wurde. Wenngleich auch die zwei Bemerkungen zur Stellung des Menschen innerhalb eines politischen Systems eine bewertende Sichtweise des Autors bezüglich verschiedener Verfassungen und ihres Einflusses auf die Moral des Volkes erhellen, so vernachlässigt dennoch die Zuweisung des Traktats zur ethnographischen Literatur den medizinischen Duktus,[55] der unverkennbar in der ersten Hälfte der Schrift in Erscheinung tritt und sich darüber hinaus auch durch den gesamten zweiten Teil zieht, wie unsere Untersuchung der Fallbeispiele darge-

sein der Griechen seit den Perserkriegen lebendig war und das Geschichtswerk des HERODOT durchzieht, hat damit ihre klimatologische Begründung gefunden."

53 Vgl. Backhaus (1976) 170–185 und ihm folgend auch Raaflaub (1988) 304f. und Kochanek (2004) 90–98. Zuvor betonte aber schon Diller (1962a) 60 vollkommen richtig, dass der populäre Hellenen-Barbaren-Gegensatz in der Umweltschrift hinter dem Kontrast zwischen Asien und Europa verblasst. Auch Jouanna (1996a) 69 und Thomas (2000) 94f. wenden sich gegen Backhaus' These.

54 Vgl. dazu z.B. Isaac (2004) 60–69 und die entschiedenen Ablehnungen einer solchen Auffassung durch Harig (1959) 10; Calame (1986) 75–99; Vegetti (1995) 614–619 und Borca (2003) 77–79.

55 Vgl. dazu auch bei Schubert (2010) 127 die Differenzierung der klimatischen Theorie des Historiographen Herodot und des medizinischen Schriftstellers.

legt hat.[56] Auf diese Weise behandeln die Interpreten jedoch die „ethnographische“ Hälfte des Werkes nahezu als eine eigenständige Schrift,[57] was den literarischen und wissenschaftlichen Kontext vollkommen missachtet.[58]

Abschließend ist zu der Bedeutung der Nomos-Physis-Antithese erneut herauszustellen, dass der Verfasser von *De aere aquis locis* auch in der Analyse und Gegenüberstellung der verschiedenen Völker in den Kapiteln 12–24 stets ein aitiologisches Ziel verfolgt. Er begnügt sich nicht damit, lediglich ungewöhnliche Gestalten oder Charaktere sowie endemische Krankheiten herauszustellen, sondern sucht nach deren Ursachen, die zumeist, wie in der gesamten Untersuchung gezeigt werden konnte, in der natürlichen Umwelt liegen. Der Mensch hat gemäß der Theorie der meteorologischen Medizin in Gestalt des Nomos jedoch auch Handhabe, seine Prägung zu verändern.

56 Es ist frappierend, dass der Traktat in Untersuchungen dieser ethnographischen Ausrichtung überaus häufig als pseudohippokratisch bezeichnet wird, obgleich eine Zuweisung zu dem großen Arzt Hippokrates von Kos nicht ausgeschlossen werden kann (vgl. den Abschnitt 2.4.2 zur „Echtheit der Schrift“, S. 40) und die Schrift sogar mit großer Gewissheit zu den ältesten Schriften des C.H. zu zählen ist, deren „Echtheit“ am ehesten in Betracht kommt. Die Vermutung liegt nahe, dass die entsprechenden Analysen durch diese Mittel das Werk bewusst aus dem Kontext der medizinischen Literatur zu lösen versuchen, um einen ethnographischen Charakter rechtfertigen zu können. Es finden sich jedoch auch in den übrigen Schriften des Corpus eine Vielzahl geographischer Beschreibungen, vgl. Byl (1995).

57 Vgl. z.B. Müri (1947) 71–74 und Hutter (2002) 115–117.

58 Vgl. z.B. auch Sonnabend (1999) 329. 341. Auch van Paassen (1957) 325. 327 stellt das Problem der missdeuteten Schrift heraus.

7 Schlussbetrachtung

Die vorangegangene Untersuchung der meteorologischen Medizin des Corpus Hippocraticum erbrachte den Nachweis einer umfassend entwickelten wissenschaftlichen Theorie, die eine bedeutsame Position innerhalb der gesamthippokratischen Lehre einnimmt.

Zur Rekonstruktion der unterschiedlichen Aspekte dieses Komplexes, die in den einzelnen wirksamen Faktoren der natürlichen Umwelt, in der physiologischen Grundlagenlehre der *humores* sowie in mehreren Wirkungsprinzipien der Einflussnahme zu fassen sind, wurde zunächst die „Umweltschrift" περὶ ἀέρων, ὑδάτων, τόπων in Augenschein genommen. Diese philologische Analyse vermochte die diffizile Form und Gliederung des Traktats zu erhellen und widmete sich darüber hinaus zahlreichen Schwierigkeiten der Interpretation und Textkritik, die in vielen Fällen bereits in den eingehenden Untersuchungen der Schrift in der ersten Hälfte des 20. Jahrhunderts aufgezeigt wurden, jedoch lange Zeit unbearbeitet blieben. Es konnte auf diese Weise der Stand der Forschung anhand der vielen, versprengten Betrachtungen einzelner Textstellen oder Aspekte des Werks, die in den letzten Jahrzehnten vermehrt aufkamen, ermittelt werden. Als überaus wertvoll erwies sich bei der Klärung zweifelhafter Deutungen der Kommentar Galens, der fortan eine unerlässliche Quelle zur Interpretation der Umweltschrift sein wird. Von besonderem Interesse war außerdem aufgrund der Disparität der zwei großen Werkteile eine Prüfung der Einheit der Schrift und des Verfassers, die positiv bestätigt werden konnten. Somit manifestiert sich nun als Grundprinzip des Traktats ein durchgängig medizinischer Charakter, da zunächst in einer systematischen, theoretischen Abhandlung die Beeinflussung der menschlichen Natur und Gesundheit durch die Umwelt dargelegt und anschließend mittels mehrerer Fallbeispiele veranschaulicht wird, bevor der Verfasser die Untersuchung mit der Ausgestaltung eines weiteren Umweltfaktors abschließt. Die ethnographischen Schilderungen, die in der Forschung oftmals als Indiz dafür angesehen wurden, dass dem Werk neben der medizinischen Ausrichtung eine ethnographische gleichrangig zugrunde liege, stellen sich hingegen als nachgeordnet dar.

Auf dieser Grundlage war es möglich, die verschiedenen Theorien des Verfassers über die Umweltfaktoren zu erfassen und die Wertigkeiten der vielfältigen Ausprägungsformen zu enthüllen. Einen bedeutenden Beitrag leisteten dazu die weiteren Texte des C.H., die an vielen Stellen, besonders signifikant bezüglich der klimatischen Faktoren, Details der Gesamttheorie ergänzen, die *De aere aquis locis* nicht wiedergibt oder nur impliziert. Zwar erreichen die übrigen Quellen keineswegs die herausragende Stellung zur Erfassung der meteorologischen Medizin, die die Umweltschrift innehat, da jede Lehrschrift in konzentrierter Form ein anderes Themengebiet behandelt, dennoch zeigt die weite Verbreitung der betreffenden Lehre über die gesamte Schriftensammlung hinweg ihre unermessliche Relevanz für die gesamte hippokratische Medizin. So ist es zu erklären, dass einige Schriften neben ihrem eigentlichen Thema diesem Feld sogar in großem Umfang Aufmerksamkeit schenken. Dass diese Quellen teilweise von der sehr früh zu datierenden Schrift über die Umwelt beeinflusst sein mögen, ist dabei unerheblich, da auch eine unmittelbare Rezeption einen Nachweis über die allgemeine Anerkennung der Theorie innerhalb der hippokratischen Schule gibt.

Die Theorie der meteorologischen Medizin erweist sich demnach als ein grundlegendes aitiologisches Konzept, das zudem mit der Humorallehre, einem vorherrschenden und wirkungsmächtigen Thema vieler Lehrschriften, einhergeht. Die Texte sind somit bedeutende Zeugnisse ihrer Zeit, in der sich die junge Disziplin der wissenschaftlichen Medizin von religiösen Heilkulten abwendet und nach natürlichen Ursachen für die Krankheitsentstehung sucht.[1] Sie wird dabei mit einer weiteren Wissenschaft, der Astronomie, verknüpft und erfasst den Menschen im Gesamtgefüge des Kosmos.

Die verschiedenen Umweltfaktoren, die die medizinischen Schriftsteller erkennen, setzen sie in einem großen Komplex zueinander in Beziehung, so dass ein Konstrukt von gegenseitiger Beeinflussung und Prägung entsteht, in dem der Mensch eine zentrale Stellung einnimmt. Präzise werden mehrere Grundprinzipien der Wirkung dieses großen Bereichs, der Physis, entwickelt, die Auskunft über die Weltsicht der Autoren geben und eine Einbettung in die naturphilosophischen Diskurse der klassischen Zeit zeigen.

Ergänzt wird dieses gesamte Konzept durch ein Wirkungsprinzip *non naturalis*, durch das der Mensch seine natürliche Prägung selbst beeinflussen kann. Die zahlreichen, anschaulichen Beispiele zum Nomos vermitteln dem Leser der Lehrschrift ein umfassendes Bild der realen Erscheinungsformen der meteorologischen Medizin und verhelfen ihm zur Anwendung der Grundsätze bei seiner täglichen Tätigkeit.

In dieser anthropozentrischen[2] Theorie erfahren die Krankheiten, die durch den Einfluss der natürlichen Faktoren aufkommen können, notwendigerweise große Beachtung, darüber hinaus zeigt die Umweltschrift jedoch auch Interesse an äußeren, körperlichen Merkmalen und Charakteren der Menschen. Ebenso

---

1 Vgl. dazu auch Lloyd (1987a) 15–29, Longrigg (1993) 38–40 und Barrett (2000) 4.
2 Zum Anthropozentrismus der Schrift vgl. Vögler (2000) 250.

bildet die Lebensweise der Menschen ein weiteres wichtiges Element dieser ganzheitlichen Medizin.

Anhand dieser zahlreichen Aspekte verbindet das gesamte Konzept sein vorrangiges medizinisches Thema der Einflussnahme der Umwelt auf die Gesundheit zusätzlich mit dem Geist seiner Zeit. Die meteorologische Medizin des Corpus Hippocraticum nimmt auf diese Weise einen besonderen Platz in der europäischen Wissenschaftsgeschichte ein,[3] zudem ist ihr Thema der Mensch-Umwelt-Beziehung bis zum heutigen Tag höchst aktuell.[4]

3 Vgl. dazu Sarton (1966) 343f. 368f.

4 Vgl. den Vergleich zur modernen umweltmedizinischen Forschung mit dem Traktat bei Franco/Williams (2000) *passim*.

8 Anhang: Abkürzungsverzeichnis der hippokratischen Schriften

In der folgenden Übersicht sind sämtliche Schriften des Corpus Hippocraticum aufgeführt, die eine Verbindung zur meteorologischen Medizin aufweisen und daher in der vorliegenden Untersuchung erwähnt werden:

Abkürzung	Lateinischer Titel	Griechischer Titel	Deutscher Titel	Editionen
Acut.	De diaeta in morbis acutis	Περὶ διαίτης ὀξέων	Über die Diät bei akuten Krankheiten	Jones (1923b), Joly (1972)
Acut.spur.	De diaeta acutorum (spurium)	Περὶ διαίτης ὀξέων. Νόθα	Über die Diät bei akuten Krankheiten (unecht)	Potter (1988b)
Aer.	De aere aquis locis	Περὶ ἀέρων, ὑδάτων, τόπων	Über die Umwelt	Jones (1923a), Heiberg (1927), Diller (1970), Jouanna (1996a)
Aff.	De affectionibus	Περὶ παθῶν	Über die Leiden	Potter (1988a)
Aph.	Aphorismi	Ἀφορισμοί	Aphorismen	Jones (1931)
Carn.	De carnibus	Περὶ σαρκῶν	Über das Fleisch	Joly (1978), Potter (1995)
Coac.	Coa praesagia	Κῳακαὶ προγνώσεις	Koische Prognosen	Potter (2010)
Decent.	De habitu decenti	Περὶ εὐσχημοσύνης	Über den Anstand	Jones (1923b), Heiberg (1927)
Dent.	De dentitione	Περὶ ὀδοντοφυΐης	Über das Zahnen	Jones (1923b), Joly (1978)
Dieb.Judic.	De diebus iudicatoriis	Περὶ κρισίμων	Über die kritischen Tage	Potter (2010)
Epid. I	De morbis popularibus I	Ἐπιδημιῶν τὸ πρῶτον	Epidemien I	Jones (1923a)
Epid. II	De morbis popularibus II	Ἐπιδημιῶν τὸ δεύτερον	Epidemien II	Smith (1994)
Epid. III	De morbis popularibus III	Ἐπιδημιῶν τὸ τρίτον	Epidemien III	Jones (1923a)
Epid. IV	De morbis popularibus IV	Ἐπιδημιῶν τὸ τέταρτον	Epidemien IV	Smith (1994)
Epid. V	De morbis popularibus V	Ἐπιδημιῶν τὸ πέμπτον	Epidemien V	Smith (1994), Jouanna/Grmek ([2]2003)
Epid. VI	De morbis popularibus VI	Ἐπιδημιῶν τὸ ἕκτον	Epidemien VI	Smith (1994)
Epid. VII	De morbis popularibus VII	Ἐπιδημιῶν τὸ ἕβδομον	Epidemien VII	Smith (1994), Jouanna/Grmek ([2]2003)

Abkürzung	Lateinischer Titel	Griechischer Titel	Deutscher Titel	Editionen
Epist.	Epistulae	Ἐπιστολαί	Briefe	Smith (1990)
Flat.	De flatibus	Περὶ φυσῶν	Über die Lüfte	Jones (1923b), Heiberg (1927), Jouanna (1988)
Genit.	De semine	Περὶ γονῆς	Über den Samen	Joly (1970), Potter (2012)
Hebd.	De hebdomadibus	Περὶ ἑβδομάδων	Über die Siebenzahl	Roscher (1913), Agge (2004)
Hum.	De humoribus	Περὶ χυμῶν	Über die Säfte	Jones (1931), Overwien (2014)
Int.	De affectionibus interioribus	Περὶ τῶν ἐντὸς παθῶν	Über die inneren Leiden	Potter (1988b)
Lex	Lex	Νόμος	Das Gesetz	Jones (1923b), Heiberg (1927)
Liqu.	De humidorum usu	Περὶ ὑγρῶν χρήσιος	Über den Gebrauch von Flüssigkeiten	Heiberg (1927), Joly (1972), Potter (1995)
Morb. I	De morbis I	Περὶ νούσων τὸ πρῶτον	Über die Krankheiten I	Wittern (1972), Potter (1988a)
Morb. II	De morbis II	Περὶ νούσων τὸ δεύτερον	Über die Krankheiten II	Potter (1988a), Jouanna (2003b)
Morb. III	De morbis III	Περὶ νούσων τὸ τρίτον	Über die Krankheiten I	Potter (1980), Potter (1988b)
Morb. IV	De morbis IV	Περὶ νούσων τὸ τέταρτον	Über die Krankheiten IV	Joly (1970), Potter (2012)
Morb.Sacr.	De morbo sacro	Περὶ ἱερῆς νούσου	Über die heilige Krankheit	Jones (1923b), Jouanna (2003a)
Mul. II	De mulierum affectibus II	Γυναικείων τὸ δεύτερον	Über die Frauenkrankheiten II	Littré VIII (1853)
Mul. III	De mulierum affectibus III	Γυναικείων τὸ τρίτον	Über die Frauenkrankheiten III	Potter (2012)
Nat.Hom.	De natura hominis	Περὶ φύσιος ἀνθρώπου	Über die Natur des Menschen	Jones (1931), Jouanna (1975), Jouanna ([2]2002)
Nat.Mul.	De natura muliebri	Περὶ γυναικείης φύσιος	Über die Natur der Frau	Bourbon (2008), Potter (2012)
Nat.Puer.	De natura pueri	Περὶ φύσιος παιδίου	Über die Natur des Kindes	Joly (1970), Potter (2012)
Oct.	De octimestri partu	Περὶ ὀκταμήνου	Über das Achtmonatskind	Grensemann (1968c), Joly (1970), Potter (2010)
Praec.	Praeceptiones	Παραγγελίαι	Vorschriften	Jones (1923a), Heiberg (1927)
Progn.	Prognosticon	Προγνωστικόν	Prognosen	Jones (1923b), Jouanna (2013)

Abkürzung	Lateinischer Titel	Griechischer Titel	Deutscher Titel	Editionen
Prorrh. I–II	Prorrheticon	Προρρητικός	Vorhersagungen I–II	Potter (1995)
Purg.	De purgantibus	Περὶ φαρμάκων	Über die Abführmittel	Schöne (1920–1924)
Salubr.	De diaeta salubri	Περὶ διαίτης ὑγιεινῆς	Über die gesunde Lebensführung	Jones (1931), Joly (1972)
Superf.	De superfetatione	Περὶ ἐπικυήσιος	Von der Überschwängerung	Lienau (1973), Potter (2010)
Ulc.	De ulceribus	Περὶ ἑλκῶν	Über die Wunden	Potter (1995), Duminil (2003)
Vict. I–IV	De diaeta I–IV	Περὶ διαίτης	Über die Lebensführung I–IV	Jones (1931), Joly (1967), Joly (1984)

Die Angaben der Titel sind in den meisten Fällen der Bibliographie von Fichtner entnommen.[1] Diese weist darüber hinaus auch abweichende mittellateinische Titelformen aus, die in dieser Übersicht nicht zusätzlich vermerkt sind.

Die angegebenen Editionen sind chronologisch sortiert, im Falle unterschiedlicher Ausgaben folgt die Paragraphenzählung jeweils der unterstrichenen Edition.

Diejenigen hippokratischen Schriften, die in dieser Übersicht nicht aufgeführt sind, sind ohne nennenswerten Bezug zur meteorologischen Medizin des C.H.

1 Vgl. Fichtner (2013).

Literaturverzeichnis

Primärliteratur

Asheri, David: Book III, in: Murray, Oswyn; Moreno, Alfonso (Hgg.): A Commentary on Herodotos. Books I–IV, Oxford 2007, 379–542.

Bourbon, Florence (Hg.): Hippocrate. Tome XII. 1re partie: Nature de la femme, Paris 2008 (Collection des Universités de France).

Daremberg, Charles Victor (Hg.): Hippocrate. le serment; la loi; de l'art; du médecin; prorrhétiques; le prognostic; prénotions de Cos; des airs, des eaux et des lieux; épidémies, livre I et III; du régime dans les maladies aiguës; aphorismes; fragments de plusieurs autres traités, Paris 1843.

Diller, Hans (Hg.): Hippocratis de aere aquis locis, Berlin 1970 (CMG I 1,2).

Duminil, Marie-Paule (Hg.): Hippocrate. Tome VIII: Plaies. Nature des os. Cœur. Anatomie, Paris ²2003 (Collection des Universités de France).

Flashar, Hellmut (Hg.): Aristoteles. Problemata physica, Darmstadt 1962 (Aristoteles Werke in deutscher Übersetzung 19).

Fuchs, Robert (Hg.): Hippokrates. Sämmtliche Werke, München 1895–1900.

Grensemann, Hermann (Hg.): Hippocratis de octimestri partu. De septimestri partu (spurium), Berlin 1968 (CMG I 2,1) (= Grensemann (1968c)).

Grensemann, Hermann (Hg.): Hippokrates. De aeribus aquis locis. Interlineare Ausgabe der spätlateinischen Übersetzung und des Fragments einer hochmittelalterlichen Übersetzung, Bonn 1996.

Gundermann, Gotthold (Hg.): Hippocratis de aere aquis locis mit der alten lateinischen Übersetzung, Berlin 1929 (Kleine Texte für Vorlesungen und Übungen 77).

Heiberg, Johan Ludvig (Hg.): Hippocratis opera, Leipzig/Berlin 1927 (CMG I 1).

How, Walter W.; Wells, Joseph (1928): A Commentary on Herodotus. Volume I (Books I–IV). Korrigierte Auflage (1. Auflage 1912). Oxford.

Joly, Robert (Hg.): Hippocrate. Tome VI. 1re partie: Du régime, Paris 1967 (Collection des Universités de France).

Joly, Robert (Hg.): Hippocrate. Tome VI. 2e partie: Du régime de maladies aiguës. Appendice. De l'aliment. De l'usage des liquides, Paris 1972 (Collection des Universités de France).

Joly, Robert (Hg.): Hippocrate. Tome XI: De la génération. De la nature de l'enfant. Des maladies IV. Du fœtus de huit mois, Paris 1970 (Collection des Universités de France).

Joly, Robert (Hg.): Hippocrate. Tome XIII: Des lieux dans l'homme. Du système des glandes. Des fistules. Des hémorroïdes. De la vision. Des chairs. De la dentition, Paris 1978 (Collection des Universités de France).

Joly, Robert (Hg.): Hippocratis de diaeta. adiuvante Simon Byl, Berlin 1984 (CMG I 2,4).

Jones, William Henry Samuel (Hg.): Hippocrates. Vol I, Cambridge/London 1923 (LCL 147) (= Jones (1923a)).

Jones, William Henry Samuel (Hg.): Hippocrates. Vol II, Cambridge/London 1923 (LCL 148) (= Jones (1923b)).

Jones, William Henry Samuel (Hg.): Hippocrates. Vol IV. Heracleitus. On the Universe, Cambridge/London 1931 (LCL [150]).

Joos, Paul: Zufall, Kunst, Natur bei den Hippokratikern, Janus 46 (1957), 238–252.

Jouanna, Jacques; Grmek, Mirko (Hgg.): Hippocrate. Tome IV. 3e Partie: Épidémies V et VII, Paris ²2003 (Collection des Universités de France).
Jouanna, Jacques (Hg.): Hippocrate. Tome II. 2e partie: Airs, Eaux, Lieux, Paris 1996 (Collection des Universités de France) (= Jouanna (1996a)).
Jouanna, Jacques (Hg.): Hippocrate. Tome II. 3e partie: La maladie sacrée, Paris 2003 (Collection des Universités de France) (= Jouanna (2003a)).
Jouanna, Jacques (Hg.): Hippocrate. Tome III. 1re partie: Pronostic, Paris 2013 (Collection des Universités de France).
Jouanna, Jacques (Hg.): Hippocrate. Tome V. 1re partie: Des vents. De l'art, Paris 1988 (Collection des Universités de France).
Jouanna, Jacques (Hg.): Hippocrate. Tome X. 2e partie: Maladies II, Paris 2003 (Collection des Universités de France) (= Jouanna (2003b)).
Jouanna, Jacques (Hg.): Hippocratis de natura hominis, Berlin 1975 (CMG I 1,3).
Jouanna, Jacques (Hg.): Hippocratis de natura hominis, Berlin ²2002 (CMG I 1,3).
Kapferer, Richard (Hg.): Die Werke des Hippokrates. Die hippokratische Schriftensammlung in neuer deutscher Übersetzung, Stuttgart 1933–1940.
Laks, André (Hg.): Diogène d'Apollonie. Édition, traduction et commentaire des fragments et témoignages. Deuxième édition revue et augmentée, Sankt Augustin 2008 (International Pre-Platonic Studies 6).
Lienau, Cay (Hg.): Hippocratis de superfetatione, Berlin 1973 (CMG I 2,2).
Littré, Émile (Hg.): Œuvres completes d'Hippocrate. Traduction nouvelle avec le texte grec en regard. T. I–X, Paris 1839–1861.
Lonie, Iain M.: The Hippocratic Treatises "On Generation" "On the Nature of the Child" "Diseases IV". A Commentary, Berlin/New York 1981 (Ars Medica II 7).
Nesselrath, Heinz-Günther: Platon. Kritias. Übersetzung und Kommentar, Göttingen 2006 (Platon Werke. Übersetzung und Kommentar VIII 4).
Overwien, Oliver (Hg.): Hippocratis de humoribus, Berlin 2014 (CMG I 3,1).
Potter, Paul (Hg.): Hippocrates. Vol V, Cambridge/London 1988 (LCL 472) (= Potter (1988a)).
Potter, Paul (Hg.): Hippocrates. Vol VI, Cambridge/London 1988 (LCL 473) (= Potter (1988b)).
Potter, Paul (Hg.): Hippocrates. Vol VIII, Cambridge/London 1995 (LCL 482).
Potter, Paul (Hg.): Hippocrates. Vol IX, Cambridge/London 2010 (LCL 509).
Potter, Paul (Hg.): Hippocrates. Vol X, Cambridge/London 2012 (LCL 520).
Potter, Paul (Hg.): Hippocratis de morbis III, Berlin 1980 (CMG I 2,3).
Schöne, Hermann (Hg.): Hippokrates περὶ φαρμάκων, RhM, N.F. 73 (1920–1924), 434–448.
Schubert, Charlotte; Leschhorn, Wolfgang (Hgg.): Hippokrates. Ausgewählte Schriften, Düsseldorf / Zürich 2006 (Sammlung Tusculum).
Smith, Wesley D. (Hg.): Hippocrates. Vol VII, Cambridge/London 1994 (LCL 477).
Stein, Heinrich: Herodotos, 2. Band. Buch III, Berlin ⁵1963 (= 4. Auflage 1893).
Strohmaier, Gotthard (Hg.): Galeni in Hippocratis De aere aquis locis commentariorum versionem arabicam primum edidit, in linguam germanicam vertit, commentatus est, *in Vorbereitung* (Corpus Medicorum Graecorum. Supplementum Orientale).
Wittern, Renate (Hg.): Die hippokratische Schrift De morbis I. Ausgabe, Übersetzung und Erläuterungen, Hildesheim/New York 1974 (Altertumswissenschaftliche Texte und Studien 3).
Zwinger, Theodor (Hg.): Hippocratis Coi Viginti duo commentarii tabulis illustrati. Graecus contextus emendatus et Lat. versione Jani Cornarii correcta, Basel 1579.

Sekundärliteratur

Agge, Kerstin: Die pseudo-hippokratische Schrift von der Siebenzahl. Edition, Übersetzung und Kommentar, Marburg 2004 (Edition Wissenschaft. Reihe Sprachwissenschaft 21).

Althoff, Jochen: Herodot und die griechische Medizin, Antike Natur-Wiss. und ihre Rezeption 3 (1993), 1–16.

Aly, Wolf: Formprobleme der frühen griechischen Prosa, Leipzig 1929 (Philologus, Suppl. 21).

Ángel y Espinós, Jesús: Apuntes antropológicos sobre el pueblo escita en el tratado hipocrático Sobre aires, aguas y lugares, in: Nieto Ibáñez, Jesús Maria (Hg.): Lógos hellenikós. Homenaje al profesor Gaspar Morocho Gayo, vol. 1, Léon 2003, 471–478.

Ayache, Laurent: Hippocrate, Paris 1992 (Que sais-je?).

Backhaus, Wilhelm: Der Hellenen-Barbaren-Gegensatz und die hippokratische Schrift περὶ ἀέρων, ὑδάτων, τόπων, Historia 25 (1976), 170–185.

Ballabriga Alain: Les eunuques Scythes et leurs femmes, Métis 1 (1986), 121–138.

Barrett, Frank A.: Disease & Geography. The History of an Idea, Toronto 2000 (Geographical Monographs 23).

Beckers, W.J.: Das rätselhafte Hochgebirge des Altertums, die sogenannten Rhipäen, GZ 20 (1914), 534–557.

Beckmann, Dorothee: Hippokratisches Ethos und ärztliche Verantwortung. Zur Genese eines anthropologischen Selbstverständnisses griechischer Heilkunst im Spannungsfeld zwischen ärztlichem Können und moralischer Verantwortung, Frankfurt am Main (et al.) 1995 (Forum Interdisziplinäre Ethik 10).

Berger, Hugo: Geschichte der wissenschaftlichen Erdkunde der Griechen, zweite verbesserte und ergänzte Auflage (1. Auflage 1887–1893), Leipzig 1903.

Bergsträsser, Gotthelf: Ḥunain ibn Isḥāq über die syrischen und arabischen Galen-Übersetzungen, Leipzig 1925 (Abhandlungen für die Kunde des Morgenlandes 17,2).

Bichler, Reinhold: Herodots *Historien* unter dem Aspekt der Raumerfassung, in: Rathmann, Michael (Hg.): Wahrnehmung und Erfassung geographischer Räume in der Antike, Mainz 2007, 67–80.

Bichler, Reinhold: Herodots Welt. Der Aufbau der Historie am Bild der fremden Länder und Völker, ihrer Zivilisation und ihrer Geschichte, Berlin 2000 (Antike in der Moderne).

Boll, Franz: Sphaera. Neue griechische Texte und Untersuchungen zur Geschichte der Sternbilder, Leipzig 1903.

Borca, Federico: Luoghi, corpi, costumi: determinismo ambientale ed etnografia antica, Rom 2003 (Terre acque montagne 5).

Börker, Christoph: Der Rhodische Kalender, ZPE 31 (1978), 193–218.

Bourgey, Louis: Observation et expérience chez les médecins de la Collection Hippocratique, Paris 1953.

Bozzi, Andrea: Note di lessicografia ippocratica. Il trattato sulle arie, le acque, i luoghi, Rom 1982 (Lessico intellettuale europeo 28).

Brain, Peter: The Hippocratic Physician and His Drugs: A Reinterpretation of ἀπορεῖσθαι and διαμαρτάνειν in Chapter 2 of περὶ ἀέρων, ὑδάτων, τόπων, CPh 77 (1982), 48–51.

Bruun, Henriette: De morbo sacro and De aere aquis locis, CeM 48 (1997), 115–148.

Byl, Simon: L'aire géographique des médecins hippocratiques, in: van der Eijk, Philip (Hg.): Ancient Medicine in its Socio-Cultural Context, papers read at the congress held at Leiden University, 13 – 15 April 1992, Amsterdam (et al.) 1995, 225–235.

Byl, Simon: L'étiologie de la stérilité féminine dans le Corpus hippocratique, in: Potter, Paul; Maloney, Gilles; Desautels, Jacques (Hgg.): La maladie et les maladies dans la Collection hippocratique. Actes du VIe Colloque International Hippocratique (Québec, du 28 septembre au 3 octobre 1987), Québec 1990, 301–322.

Byl, Simon: Liste de fréquence de φύσις et classement des œuvres hippocratique, in: Thivel, Antoine (Hg.): Le normal et le pathologique dans la collection hippocratique. Actes du Xème Colloque International Hippocratique (Nice, 6 – 8 octobre 1999), Nice 2002, 45–54.

Calame, Claude: Nature humaine et environnement: le racisme bien tempéré d'Hippocrate, in: Bérard, Claude (Hg.) (et al.): Sciences et racisme, Lausanne 1986, 75–99.

Cancik, Hubert; Schneider, Helmuth (Hgg.): Der Neue Pauly. Enzyklopädie der Antike, Stuttgart/Weimar 1996–2003 (= DNP).

Capelle, Wilhelm: Berges- und Wolkenhöhen bei griechischen Physikern, Leipzig/Berlin 1916 (Στοιχεῖα 5).

Capriglione, Jolanda C.: L'acqua è fredda e umida, CFC(G) 15 (2005), 107–123.

Chiasson, Charles: Scythian Androgyny and Environmental Determinism in Herodotus and the Hippocratic περὶ ἀέρων ὑδάτων τόπων, SyllClass 12 (2001), 33–73.

Cole, Susan Guettel: Landscapes, Gender and Ritual Space. The Ancient Greek Experience, Berkeley/Los Angeles/London 2004.

Debru, Armelle (Hg.): Hippocrate. La consultation, Paris 1986.

Deichgräber, Karl: Die Epidemien und das Corpus Hippocraticum. Voruntersuchungen zu einer Geschichte der koischen Ärzteschule, Berlin 1933 (Abhandlungen der Preussischen Akademie der Wissenschaften, Philosophisch-historische Klasse, Jahrgang 1933, 3).

Deichgräber, Karl: Hippokrates' De humoribus in der Geschichte der griechischen Medizin, Mainz 1972 (Akademie der Wissenschaften und der Literatur, Abhandlungen der Geistes- und Sozialwissenschaftlichen Klasse Jg. 1972,14).

Deichgräber, Karl: Aus der Geschichte der wissenschaftlichen Kritik im Corpus Hippocraticum, MHJ 6 (1971), 97–112.

Desautels, Jacques: Les monts Riphées et les hyperboréens dans le traité hippocratique Des airs, des eaux et des lieux, REG 84 (1971), 289–296.

Desautels, Jacques: L'image du monde selon Hippocrate, Quebec 1982 (Laboratoire de recherches hippocratiques. Études 2).

Di Benedetto, Vincenzo: Il medico e la malattia. La scienza di Ippocrate, Turin 1986 (Einaudi Paperbacks 172).

Dicks, D. R.: Solstices, Equinoxes, & the Presocratics, JHS 86 (1966), 26–40.

Diels, Hermann: Hippokratische Forschungen. V. Eine neue Fassung des XIX. Hippokratesbriefes, Hermes 53 (1918) 57–87.

Diller, Hans: Der innere Zusammenhang der hippokratischen Schrift De victu, Hermes 87 (1959), 39–56.

Diller, Hans: Die Hellenen-Barbaren-Antithese im Zeitalter der Perserkriege, in: Schwabl, Hans (et al.) (Hgg.): Grecs et Barbares. Six exposés et discussions, Vandœuvres-Genèves, 4–9 septembre 1961, Genève 1962 (Entretiens sur l'antiquité classique 8), 37–82 (= Diller (1962a)).

Diller, Hans: Die sogenannte zweite Fassung des 19. Hippokrates-Briefes, in: Deichgräber, Karl (et al.) (Hgg.): Max Wellmann zum siebzigsten Geburtstag. 15. März 1933, Leipzig 1933 (Quellen und Studien zur Geschichte der Naturwissenschaften und der Medizin 3,4), 35–44.

Diller, Hans: Die Überlieferung der hippokratischen Schrift περὶ ἀέρων ὑδάτων τόπων, Philologus Suppl. 23,3 (1932), 1–190.
Diller, Hans (Hg.): Hippokrates. Schriften. Die Anfänge der abendländischen Medizin, Reinbek 1962 (Rowohlts Klassiker der Literatur und der Wissenschaft. Griechische Literatur 4) (= Diller (1962b)).
Diller, Hans: Nochmals: Überlieferung und Text der Schrift von der Umwelt, in: Diller, Hans; Erbse, Hartmut (Hgg.): Festschrift Ernst Kapp zum 70. Geburtstag am 21. Januar 1958 von Freunden und Schülern überreicht, Hamburg 1958, 31–49.
Diller, Hans: Rez. zu: Pohlenz, Max: Hippokrates und die Begründung der wissenschaftlichen Medizin, Berlin 1938, und ders.: Hippokratesstudien, NGG 1937, 67–101, Gnomon 18 (1942), 65–88.
Diller, Hans: Wanderarzt und Aitiologe. Studien zur hippokratischen Schrift περὶ ἀέρων, ὑδάτων, τόπων, Philologus Suppl. 26,3 (1934), 1–120.
Dittmer, Hans-Louis: Konstitutionstypen im Corpus Hippocraticum, Würzburg 1940.
Dönt, Hilde: Die Terminologie von Geschwür, Geschwulst und Anschwellung im Corpus Hippocraticum, Wien 1968 (Dissertationen der Universität Wien 5).
Ducatillon, Jeanne: Polémiques dans la Collection Hippocratique, Lille/Paris 1977.
Edelstein, Ludwig: Περὶ ἀέρων und die Sammlung der hippokratischen Schriften, Berlin 1931 (Problemata 4).
Eleftheriadis, Anastassia: Die Struktur der hippokratischen Theorie der Medizin. Logischer Aufbau und dynamische Entwicklung der Humoralpathologie, Frankfurt am Main (et al.) 1991 (Europäische Hochschulschriften. Reihe XX, 330).
Enache, Cătălin: The typology of human constitutions in Hippocrates' De victu 1,32, Wiener Studien 124 (2011), 39–54.
Engelstätter, Michaela: Melancholie und Norden – Studien zur Entstehung einer Wahlverwandtschaft von der Antike bis zu Caspar David Friedrich, Hamburg 2008 (Schriften zur Kunstgeschichte 19).
Fausti, Daniela: L'importanza dell'ambiente nella farmacologia e nella botanica antiche, in: Palmieri, Nicoletta (Hg.): Conserver la santé ou la rétablir: Le role de l'environnement dans la médecine antique et médiévale. Actes du Colloque International, Saint-Étienne, 23–24 octobre 2008, Saint-Étienne 2012 (Centre Jean Palerne. Mémoires 35), 193–210.
Fichtner, Gerhard: Corpus Hippocraticum: Bibliographie der hippokratischen und pseudo-hippokratischen Werke, erweiterte und verbesserte Ausgabe 2013/02, Tübingen 2013 (Online-Ressource auf der Homepage der Berlin-Brandenburgischen Akademie der Wissenschaften: http://cmg.bbaw.de/).
Fink, Gonthier-Louis: Diskriminierung und Rehabilitierung des Nordens im Spiegel der Klimatheorie, in: Arndt, Astrid (et al.) (Hgg.): Imagologie des Nordens. Kulturelle Konstruktionen von Nördlichkeit in interdisziplinärer Perspektive, Frankfurt am Main 2004 (Imaginatio Borealis. Bilder des Nordens 7), 45–107.
Flashar, Hellmut: Melancholie und Melancholiker in den medizinischen Theorien der Antike, Berlin 1966.
Franco, Don A.; Williams, Charles E.: „Airs, Waters, Places" and Other Hippocratic Writings: Inferences for Control of Foodborne and Waterborne Disease, J. Environ. Health 62 (2000), 9–14.
Fredrich, Carl: Hippokratische Untersuchungen, Berlin 1899 (Philologische Untersuchungen 15).

Fuchs, Robert: Geschichte der Heilkunde bei den Griechen, in: Neuburger, Max; Pagel, Julius (Hgg.): Handbuch der Geschichte der Medizin I, Jena 1902, 153–402.

Gallego Pérez, María Teresa: Las estaciones del año en el Corpus Hippocraticum, in: Sociedad Española de Estudios Clásicos: Actas del VIII Congreso Español de Estudios Clásicos (Madrid, 23–28 de septiembre de 1991) I, Madrid, 1994, 101–108.

Gelzer, Karl Ital: Die Schrift vom Staate der Athener, Berlin 1937 (Hermes Einzelschriften 3).

Gemelli Marciano, M. Laura: Il ruolo della „meteorologia" e dei „discorsi sulla natura" negli scritti ippocratici. Alla ricerca di un „canone" per lo scritto medico?, in: Giombini, Stefania; Marcacci, Flavia (Hgg.): Il quinto secolo. studi di filosofia antica in onore di Livio Rossetti, Passignano sul Trasimeno 2010, 179–198.

Gilbert, Otto: Die meteorologischen Theorien des griechischen Altertums, Leipzig 1907.

Ginzel, Friedrich Karl: Handbuch der mathematischen und technischen Chronologie, Bd. 2: Zeitrechnung der Juden, der Naturvölker, der Römer und Griechen sowie Nachträge zum 1. Bande, Leipzig 1911.

Giorgianni, Franco: Hippokrates, Über die Natur des Kindes (*De genitura* und *De natura pueri*), Wiesbaden 2006 (Serta Graeca 23).

Glacken, Clarence J.: Traces on the Rhodian Shore. Nature and Culture in Western Thought from Ancient Times to the End of the Eighteenth Century, Berkeley/Los Angeles 1967.

Golder, Werner: Hippokrates und das Corpus Hippocraticum. Eine Einführung für Philologen und Mediziner, Würzburg 2007.

Gossen, Hans: Art. „Hippokrates (16)", RE VIII (1912), 1801–1852.

Gourevitch, Danielle: La medicina ippocratica e l'opera *Delle arie, acque, luoghi*: Breve storia della nascita e del potere di un inganno scientifico, in: MediSec 7 (1995), 425–433.

Graumann, Lutz Alexander: Die Krankengeschichten der Epidemienbücher des Corpus Hippocraticum. Medizinhistorische Bedeutung und Möglichkeiten einer retrospektiven Diagnose, Aachen 2000.

Grensemann, Hermann: Das 24. Kapitel von De aeribus, aquis, locis und die Einheit der Schrift, Hermes 107 (1979), 423–441.

Grensemann, Hermann: Der Arzt Polybos als Verfasser hippokratischer Schriften, Mainz 1968 (Akademie der Wissenschaften und der Literatur, Abhandlungen der Geistes- und Sozialwissenschaftlichen Klasse Jg. 1968,2) (= Grensemann (1968a)).

Grensemann, Hermann: Die hippokratische Schrift „Über die heilige Krankheit", Berlin 1968 (Ars Medica II 1) (= Grensemann (1968b)).

Grensemann, Hermann: Knidische Medizin. Teil I: Die Testimonien zur ältesten knidischen Lehre und Analysen knidischer Schriften im Corpus Hippocraticum, Berlin/New York 1975 (Ars Medica II 4,1).

Grmek, Mirko Drazen: Géographie médicale et histoire des civilisations, Annales. Economies Sociétés Civilisations 18 (1963) 1071–1097.

Haak, Hans L.: Blood, Clotting and the Four Humours, in: Horstmanshoff, Manfred; King, Helen; Zittel, Claus (Hgg.): Blood, Sweat and Tears – The Changing Concepts of Physiology from Antiquity into Early Modern Europe, Leiden/Boston 2012 (Intersections 25), 295–306.

Hankinson, Robert James: Magic, Religion and Science: Divine and Human in the Hippocratic Corpus, Apeiron 31 (1998), 1–34.

Hard, Gerhard: Selbstmord und Wetter – Selbstmord und Gesellschaft. Studien zur Problemwahrnehmung in der Wissenschaft und zur Geschichte der Geographie, Stuttgart 1988 (Erdkundliches Wissen 92).

Harig, Georg: Zur medizinischen Analyse der hippokratischen Schrift περὶ ἀέρων ὑδάτων τόπων, Berlin 1959.

Hartmann, Fritz: Der ärztliche Auftrag. Die Entwicklung der Idee des abendländischen Arzttums aus ihren weltanschaulich-anthropologischen Voraussetzungen bis zum Beginn der Neuzeit, Göttingen/Berlin/Frankfurt 1956.

Hartmann, Fritz: Der ganze Mensch – ein Thema antiker und gegenwärtiger Medizin, in: Hieber, Lutz; Müller, Rudolf Wolfgang (Hgg.): Gegenwart der Antike. Zur Kritik bürgerlicher Auffassungen von Natur und Gesellschaft, Frankfurt/New York 1982, 120–151.

Heiberg, Johan Ludvig: Die handschriftliche Grundlage der Schrift περὶ ἀέρων ὑδάτων τόπων, Hermes 39 (1904), 133–145.

Heiberg, Johan Ludvig: Théories antiques sur l'influence morale du climat, in: Scientia 27 (1920) 453–464.

Heinimann, Felix: Nomos und Physis. Herkunft und Bedeutung einer Antithese im griechischen Denken des 5. Jahrhunderts, Basel 1945 (Schweizerische Beiträge zur Altertumswissenschaft 1).

Herrmann, Albert: Art. „Makrokephaloi", RE XIV (1928), 815.

Herter, Hans: The Problematic Mention of Hippocrates in Plato's *Phaedrus*, ICS 1 (1976), 22–42.

Herzog, R.: Reisebericht aus Kos, in: MDAI(A) 23 (1898), 441–461.

Hirschberg, Julius: Vorlesungen über Hippokratische Heilkunde, Leipzig 1922, 46–63.

Hoffman, David C.: Concerning Eikos. Social Expectation and Verisimilitude in Early Attic Rhetoric, Rhetorica 26 (2008), 1–29.

Holmes, Brooke: The Symptom and the Subject. The Emergence of the Physical Body in Ancient Greece, Princeton/Oxford 2010.

Hulskamp, Maithe A.A.: Space and Body: Uses of Astronomy in Hippocratic Medicine, in: Baker, Patricia A.; Nijdam, Han; van't Land, Karine (Hgg.): Medicine and Space. Body Surroundings and Borders in Antiquity and the Middle Ages, Leiden/Boston 2012 (Visualising the Middle Ages 4), 149–167.

Hutter, Sonja: Vestis virum reddit. Zur Beurteilung des äußeren Erscheinungsbildes von Fremdvölkern in der Ethnographie der späten Republik und frühen Kaiserzeit, Frankfurt am Main 2002 (Grazer Altertumskundliche Studien 8).

Ilberg, Johannes: Die medizinische Schrift ‚Über die Siebenzahl' und die Schule von Knidos, in: Bischoff, Ernst (et al.) (Hgg.): Griechische Studien. Hermann Lipsius zum sechzigsten Geburtstag dargebracht, Leipzig 1894, 22–39.

Ilberg, Johannes: Zur Ueberlieferungsgeschichte des Hippokrates, Philologus 52 (1893), 422–430.

Isaac, Benjamin: The Invention of Racism in Classical Antiquity, Princeton/Oxford 2004.

Jacobj, Gerhard: Das goldene Buch des Hippokrates. Eine medizinische Geographie aus dem Altertum, Stuttgart / Den Haag / London, 1930 (Schriftenreihe der Natura 5).

Jacobj, Gerhard: Geographische Beobachtungen und Anschauungen im Corpus Hippocrateum, Jena 1928.

Jacoby, Felix: Art. „Hekataios", RE VII 2 (1912), 2667–2750.

Jacoby, Felix: Zu Hippokrates περὶ ἀέρων, ὑδάτων, τόπων, Hermes 46 (1911), 518–567.

Joly, Robert: La question hippocratique et le témoignage du Phèdre, REG 74 (1961), 69–92.

Joly, Robert: Le niveau de la science hippocratique. Contribution à la psychologie de l'histoire des sciences, Paris 1966.

Joly, Robert: Le système cnidien des humeurs, in: La Collection hippocratique et son rôle dans l'histoire de la médecine. Colloque du Strasbourg (23–27 octobre 1972) organisé par le

Centre de recherches sur la Grèce Antique, avec le concours des Facultés de Philosophie et des Langues Classiques, Leiden 1975 (Université des Sciences Humaines de Strasbourg. Travaux du Centre de recherche sur le Proche-Orient et la Grèce Antiques 2), 107–127.

Joly, Robert: Notes hippocratiques, Revue des études anciennes 58 (1956), 195–210.

Joly, Robert: Recherches sur le traité pseudo-hippocratique du régime, Paris 1960.

Jones, William Henry Samuel: Malaria and Greek History. Added: Withington, Edward Theodore: The History of Greek Therapeutics and the Malaria Theory, Manchester 1909.

Jori, Alberto: L'aqua di Ippocrate. *Phýsis* e ordine politico in *Arie acque luoghi*, in: Longo, Oddone; Scarpi, Paolo (Hgg.): Letture d'acqua, Padua 1994 (Homo edens 3), 171–210.

Jouanna, Jacques: Die Entstehung der Heilkunst im Westen, in: Grmek, Mirko Drazen (Hg.): Die Geschichte des medizinischen Denkens. Antike und Mittelalter, München 1996, 28–80 (= Jouanna (1996c)).

Jouanna, Jacques: Hippocrate, Paris 1992.

Jouanna, Jacques: Hippocrate et les *Problemata* d'Aristote: Essai de comparaison entre *Airs, eaux, lieux*, c. 10 ; *Aphorismes* III, 11–14 et *Problemata* I 8–12 et 19–20, in: Wittern, Renate; Pellegrin, Pierre (Hgg.): Hippokratische Medizin und antike Philosophie. Verhandlungen des VIII. Internationalen Hippokrates-Kolloquiums in Kloster Banz/Staffelstein vom 23. bis 28. September 1993, Hildesheim (et al.) 1996 (Medizin der Antike 1), 273–293 (= Jouanna (1996b)).

Jouanna, Jacques; Magdelaine, Caroline: Hippocrate. L'art de la médecine, Paris 1999.

Jouanna, Jacques: Hippocrate. Pour une archéologie de l'École de Cnide, Paris ^{2}2009 (Collection d'Études Anciennes, Série grecque 141).

Jouanna, Jacques: La Collection hippocratique et Platon (Phèdre 269c–272a), REG 90 (1977), 15–28.

Jouanna, Jacques: L'eau, la santé et la maladie dans le traité hippocratique des Airs, Eaux, Lieux, in: Ginouvès, René; Guimier-Sorbets, Anne-Marie; Jouanna, Jacques; Villard, Laurence (Hgg.): L'eau, la santé et la maladie dans le monde grec. Actes du colloque organisé à Paris (CNRS et Fondation Singer-Polignac) du 25 au 27 novembre 1992 par le Centre de recherche «Archéologie et systèmes d'information» et par l'URA 1255 «Médecine grecque» Athen 1994 (Bulletin de correspondance hellénique, Supplement 28), 25–40.

Jouanna, Jacques: Médecine et protection. Essai sur une archéologie philologique des formes de pensée, in: Lasserre, François; Mudry, Philippe (Hgg.): Formes de Pensée dans la Collection Hippocratique. Actes du IVe Colloque International Hippocratique (Lausanne, 21–26 Septembre 1981), Genf 1983, 21–39.

Jouanna, Jacques: Présence d'Empédocle dans la Collection Hippocratique, BAGB (1961), 452–463.

Kalchreuter, Hermann: Die μεσότης bei und vor Aristoteles, Tübingen 1911.

Keus, Alfons: Ueber philosophische Begriffe und Theorien in den hippokratischen Schriften, Bonn 1914.

Kiple, Kenneth F. (Hg.): The Cambridge World History of Human Disease, Cambridge 1993.

Klibansky, Raymond; Panofsky, Erwin; Saxl, Fritz: Saturn und Melancholie: Studien zur Geschichte der Naturphilosophie und Medizin, der Religion und der Kunst, Frankfurt am Main 1990.

Kochanek, Piotr: Die Vorstellung vom Norden und der Eurozentrismus. Eine Auswertung der patristischen und mittelalterlichen Literatur, Mainz 2004 (Veröffentlichungen des

Instituts für Europäische Geschichte Mainz, Abteilung für Abendländische Religionsgeschichte 205).
Kollesch, Jutta: Knidos als Zentrum der frühen wissenschaftlichen Medizin im antiken Griechenland, Gesnerus 46 (1989) 11–28.
Kollesch, Jutta: Vorstellungen vom Menschen in der hippokratischen Medizin, in: Müller, Reimar (Hg.): Der Mensch als Maß der Dinge. Studien zum griechischen Menschenbild in der Zeit der Blüte und Krise der Polis, Berlin 1976 (Veröffentlichungen des Zentralinstituts für Alte Geschichte und Archäologie der Akademie der Wissenschaften der DDR 8), 269–282.
Kranz, Walther: Kosmos und Mensch in der Vorstellung frühen Griechentums, Nachrichten aus der Altertumswissenschaft 2 (1938) (Nachrichten von der Gesellschaft der Wissenschaften zu Göttingen, Philologisch-historische Klasse, N.F. 1), 121–161.
Kruske, Matthias: Wo liegt die Oststadt? Zum Aufbau der hippokratischen Schrift De aëribus, aquis, locis, in: Gärtner, Ursula; Tischer, Ute (Hgg.): Aquilonia 2008. Beiträge, präsentiert zum 13. Jahrestreffen der Klassischen Philologie in Ostdeutschland, Potsdam 2008, 51–72.
Kudlien, Fridolf: Der Beginn des medizinischen Denkens bei den Griechen von Homer bis Hippokrates, Zürich 1967 (Die Bibliothek der Alten Welt).
Kühn, Josef-Hans: System- und Methodenprobleme im Corpus Hippocraticum, Wiesbaden 1956 (Hermes Einzelschriften 11).
Kühner, Raphael; Gerth, Bernhard: Grammatik der griechischen Sprache. Zweiter Teil: Satzlehre, 2 Bde., 3. Aufl., Hannover – Leipzig 1898–1904.
Langholf, Volker: L'air (pneuma) et les maladies, in: Potter, Paul; Maloney, Gilles; Desautels, Jacques (Hgg.): La maladie et les maladies dans la Collection hippocratique. Actes du VIe Colloque International Hippocratique (Québec, du 28 septembre au 3 octobre 1987), Québec 1990, 339–359 (= Langholf (1990a)).
Langholf, Volker: Medical theories in Hippocrates. Early texts and the ‚Epidemics', Berlin / New York 1990 (= Langholf (1990b)).
Langholf, Volker: Über die Kompatibilität einiger binärer und quaternärer Theorien im Corpus Hippocraticum, in: Grmek, M. D. (Hg.): Hippocratica. Actes du Colloque hippocratique de Paris (4–9 septembre 1978), Paris 1980 (Colloques internationaux du Centre National de la Recherche Scientifique), 333–346.
Laskaris, Julie: The art is long. On the sacred disease and the scientific tradition, Leiden, 2002 (Studies in ancient medicine 25).
Le Blay, Frédéric: Microcosm and Macrocosm: The Dual Direction of Analogy in Hippocratic Thought and the Meteorological Tradition, in: van der Eijk, Philip (Hg.): Hippocrates in Context. Papers Read at the XIth International Hippocrates Colloquium. University of Newcastle upon Tyne. 27–31 August 2002, Leiden/Boston 2005 (Studies in Ancient Medicine 31), 251–269.
Lenfant, Dominique: Milieu naturel et différences ethniques dans la pensée grecque classique, in: Siebert, Gérard (Hg.): Nature et paysage dans la pensée et l'environnment des civilisations antiques. Actes du colloque de Strasbourg 11–12 juin 1992, Paris 1996, 109–120.
Lesky, Erna: Zur Lithiasis-Beschreibung in Περὶ ἀέρων, ὑδάτων, τόπων, WS 63 (1948), 69–83.
Licciardi, Caterina: Les causes des maladies dans les sept livres des épidémies, in: Potter, Paul; Maloney, Gilles; Desautels, Jacques (Hgg.): La maladie et les maladies dans la

Collection hippocratique. Actes du VIe Colloque International Hippocratique (Québec, du 28 septembre au 3 octobre 1987), Québec 1990, 323–337.
Lichtenthaeler, Charles: Der Eid des Hippokrates. Ursprung und Bedeutung. XII. hippokratische Studie, Köln 1984.
Lichtenthaeler, Charles: Ein zusätzlicher Beweis für die Echtheit der hippokratischen Schrift ‚Über die Umwelt', RhM 136 (1993), 370–371.
Lichtenthaeler, Charles: Le traité des vents est typiquement pseudo-hippocratique, Genf 1991 (Études hippocratique 8).
Liddell, Henry George; Scott, Robert: A Greek-English Lexicon. Revised and augmented throughout by Sir Henry Stuart Jones. With the assistance of Roderick McKenzie, London ^{9}1940 (Revised supplement, Edited by P. G. W. Glare, With the assistance of A. A. Thompson, Oxford 1996) (= LSJ).
Lieber, Elinor: The Hippocratic 'Airs, Waters, Places' on Cross-Dressing Eunuchs: "Natural" yet also "Divine", in: Wittern, Renate; Pellegrin, Pierre (Hgg.): Hippokratische Medizin und antike Philosophie. Verhandlungen des VIII. Internationalen Hippokrates-Kolloquiums in Kloster Banz/Staffelstein vom 23. bis 28. September 1993, Hildesheim (et al.) 1996 (Medizin der Antike 1), 451–476.
Lloyd, Geoffrey Ernest Richard: Magic, Reason and Experience. Studies in the Origin and Development of Greek Science, Cambridge (et al.) 1987 (= Lloyd (1987a)).
Lloyd, Geoffrey Ernest Richard: Methods and Problems in Greek Science, Cambridge (et al.) 1991.
Lloyd, Geoffrey Ernest Richard: Polarity and Analogy. Two Types of Argumentation in Early Greek Thought, Cambridge 1966.
Lloyd, Geoffrey Ernest Richard: The Hippocratic Question, CQ, N.S. 25 (1975), 171–192.
Lloyd, Geoffrey Ernest Richard: The Revolutions of Wisdom. Studies in the Claims and Practice of Ancient Greek Science, Berkeley/Los Angeles/London 1987 (Sather Classical Lectures 52) (= Lloyd (1987b)).
Longrigg, James: Greek Rational Medicine. Philosophy and Medicine from Alcmaeon to the Alexandrians, London/New York 1993.
Lonie, Iain Malcolm: Cos versus Cnidus and the Historians I.II, HS 16 (1978) 42–75.77–92.
Lonie, Iain Malcolm: On the Botanical Excursus in De natura pueri 22–27, Hermes 97 (1969), 391–411.
López Férez, Juan Antonio: La Médecine Météorologique dans la Collection Hippocratique, in: Thivel, Antoine (Hg.): Le Miracle Grec. Actes du IIe colloque sur la pensée antique, organisé par le Centre de recherche sur l'histoire des idées les 18,19 et 20 Mai 1989 à la Faculté des Lettres de Nice, Paris 1992 (Publication de la Faculté des Lettres, Arts et Sciences humaines de Nice, Nouvelle Série 8), 207–222.
López Férez, Juan Antonio: La Médecine météorologique et les Epidémies, in: Baader, Gerhard; Winau, Rolf (Hgg.): Die hippokratischen Epidemien. Theorie – Praxis – Tradition. Verhandlungen des Ve Colloque International Hippocratique, veranstaltet von der Berliner Gesellschaft für Geschichte der Medizin in Verbindung mit dem Institut für Geschichte der Medizin der Freien Universität Berlin, 10.–15.9.1984, Stuttgart 1989 (Sudhoffs Archiv, Beihefte 27), 52–59.
López Férez, Juan Antonio: Los escritos hipocráticos y el nacimiento de la identidad europea. Response by V. Nutton, in: Khan, H.A. (Hg.): The birth of the European Identity; the Europe-Asia Contrast in Greek Thought 490–322 B.C., Nottingham 1994 (Nottingham Classical Literature Studies 2), 90–130.

López Férez, Juan Antonio: Sobre los aires, aguas y lugares, capítulo 16: Estaciones del año, instituciones políticas y modo de ser de los asiáticos, in: ders. (Hg.): Estudios actuales sobre textos griegos (II Jornadas internacionales, Uned, 25–28 Octubre 1989), Madrid 1991, 175–203.
Lo Presti, Roberto: Shaping the Difference: The Medical Inquiry into the Nature of Places and the Early Birth of Anthropology in the Hippocratic Treatise *Airs Waters Places*, in: Baker, Patricia A.; Nijdam, Han; van't Land, Karine (Hgg.): Medicine and Space. Body Surroundings and Borders in Antiquity and the Middle Ages, Leiden/Boston 2012 (Visualising the Middle Ages 4), 169–195.
Lordkipanidze, Otar: Phasis. The river and city in Colchis, Stuttgart 2000 (Geographica Historica 15).
Lorenz, Günther: Antike Krankenbehandlung in historisch-vergleichender Sicht. Studien zum konkret-anschaulichen Denken, Heidelberg 1990 (Bibliothek der Klassischen Altertumswissenschaften, N.F. 2,81).
Mansfeld, Jaap: Plato and the Method of Hippocrates, GRBS 21 (1980), 341–362.
Mansfeld, Jaap: The Pseudo-Hippocratic Tract Περὶ Ἑβδομάδων Ch. 1 – 11 and Greek Philosophy, Assen 1971 (Philosophical Texts and Studies – Wijsgerige teksten en studies).
Margreth, Donat: Skythische Schamanen? Die Nachrichten über Enarees-Anarieis bei Herodot und Hippokrates, Schaffhausen 1993.
Merz, Konrad: Forschungen über die Ethnographie bei den Griechen. Teildruck: Die Schrift περὶ ἀέρων, ὑδάτων, τόπων des Hippokrates, Zürich 1923.
Mewaldt, Johannes: Rez. zu: Edelstein, Ludwig: Περὶ ἀέρων und die Sammlung der hippokratischen Schriften, Berlin 1931 (Problemata 4), DLZ 53 (1932), 254–263.
Meyer, Adolf: Wesen und Geschichte der Theorie vom Mikro- und Makrokosmos, Bern 1900.
Miller, Genevieve: "Airs, Waters, and Places" in History, JHS 17 (1962), 129–140.
Müller, Carl Werner: Gleiches zu Gleichem. Ein Prinzip frühgriechischen Denkens, Wiesbaden 1965 (Klassisch-philologische Studien).
Müller, Carl Werner: Zur Einführung, in: ders.; Brockmann, Christian; Brunschön, Carl Wolfram (Hgg.): Ärzte und ihre Interpreten. Medizinische Fachtexte der Antike als Forschungsgegenstand der Klassischen Philologie. Fachkonferenz zu Ehren von Diethard Nickel, München/Leipzig 2006 (Beiträge zur Altertumskunde 238), 1–6.
Müller, Klaus E.: Geschichte der antiken Ethnographie und ethnologischen Theoriebildung. Von den Anfängen bis auf die byzantinischen Historiographen. Teil I, Wiesbaden 1972 (Studien zur Kulturkunde 29).
Müller, Reimar: Die Entdeckung der Kultur. Antike Theorien über Ursprung und Entwicklung der Kultur von Homer bis Seneca, Düsseldorf/Zürich 2003.
Müri, Walter: Bemerkungen zur hippokratischen Psychologie, in: Bloesch, Hansjorg (et al.) (Hgg.): Festschrift für Edouard Tièche. Ehemaligen Professor an der Universität Bern zum 70. Geburtstage am 21. März 1947, Bern 1947 (Schriften der Literarischen Gesellschaft Bern 6), 71–85.
Müri, Walter: Melancholie und schwarze Galle, MH 10 (1953) 21–38.
Naim-Gesbert, Eric: Les dimensions scientifiques du droit de l'environnement: contribution à l'étude des rapports de la science et du droit, Brüssel 1999.
Nam, Sang-Rak: Das Problem 'Physis'-'Nomos' im griechischen Denken im Verhältnis zur chinesischen Philosophie, Heidelberg 1985.
Nestle, Wilhelm: Hippocratica, Hermes 73 (1938), 1–38.

Nestle, Wilhelm: Vom Mythos zum Logos. Die Selbstentfaltung des griechischen Denkens von Homer bis auf die Sophistik und Sokrates, Stuttgart 1940.

Nickel, Diethard: Künstliche Schädeldeformation und Vererbung – eine antike Hypothese, Altertum 24 (1978), 236–240.

Nielsen, Karl: Remarques sur les noms grecs et latins des vents et des régions du ciel, CeM 7 (1945), 1–113.

Ninck, Martin: Die Entdeckung von Europa durch die Griechen, Basel 1945.

Nörenberg, Heinz-Werner: Das Göttliche und die Natur in der Schrift über die heilige Krankheit, Bonn 1968.

Nutton, Vivian: Ancient Medicine, London (et al.) 2004 (Series of Antiquity).

Oesterle, Hans J.: Die hippokratische Schrift „Über die Umwelt" und eine unbekannte arabische Tradition zur Hippokrates-Vita, ZWG 63 (1979), 326–337.

Overwien, Oliver: Die parallelen Texte in den hippokratischen Schriften De humoribus und Aphorismen, in: Brockmann, Christian; Brunschön, Wolfram; Overwien, Oliver (Hgg.): Antike Medizin im Schnittpunkt von Geistes- und Naturwissenschaften. Internationale Fachtagung aus Anlass des 100-jährigen Bestehens des Akademievorhabens *Corpus Medicorum Graecorum / Latinorum*, Berlin/New York 2009 (Beiträge zur Altertumskunde 255).

Palm, Adolf: Rez. zu: Diller, Hans: Wanderarzt und Aitiologe. Studien zur hippokratischen Schrift περὶ ἀέρων, ὑδάτων, τόπων, Philologus Suppl. 26,3 (1934), 1–120, Gnomon 13 (1937), 297–307.

Palm, Adolf: Studien zur hippokratischen Schrift Περὶ διαίτης, Tübingen 1933.

Papavassiliou, J.: Wasser und Medizin im alten Griechenland, in: Leichtweiss-Institut für Wasserbau: Vorträge der Tagung „Wasser im antiken Hellas" in Athen, 4./5. Juni 1981, Braunschweig 1981 (Mitteilungen 71), 99–134.

Paton, William Roger; Hicks, Edward Lee: The Inscriptions of Cos, Oxford 1891.

Pédech, Paul: La géographie des Grecs, [Paris] 1976 (Littératures anciennes. Section dirigée par Robert Flacelière 5).

Pfeiffer, Erwin: Gestirne und Wetter im griechischen Volksglauben und bei den Vorsokratikern, Leipzig 1914.

Phillips, Joanne H.: The Hippocratic Physician and Ἀστρονομίη, in: Lasserre, François; Mudry, Philippe (Hgg.): Formes de Pensée dans la Collection Hippocratique. Actes du IVe Colloque International Hippocratique (Lausanne, 21–26 Septembre 1981), Genf 1983, 427–434.

Philippson, Robert: Verfasser und Abfassungszeit der sogenannten Hippokratesbriefe, RhM, N.F. 77 (1928), 293–328.

Pigeaud, Jackie: Remarques sur l'inné et l'acquis dans le Corpus hippocratique, in: Lasserre, François; Mudry, Philippe (Hgg.): Formes de Pensée dans la Collection Hippocratique. Actes du IVe Colloque International Hippocratique (Lausanne, 21–26 Septembre 1981), Genf 1983, 41–55.

Pinna, Mario: Ippocrate fondatore della teoria dei climi, Rivista geografica italiana 95 (1988) 3–19.

Pohlenz, Max: Hippokratesstudien, NGG 1937, 67–101.

Pohlenz, Max: Hippokrates und die Begründung der wissenschaftlichen Medizin, Berlin 1938.

Pohlenz, Max: Nomos und Physis, Hermes 81 (1953), 418–438.

Primavesi, Oliver: Medicine between Natural Philosophy and Physician's Practice: A Debate around 400 BC, in: Elm, Susanna; Willich, Stefan N. (Hgg.): Quo Vadis Medical Healing.

Past Concepts and New Approaches, [Dordrecht] 2009 (International Library of Ethics, Law, and the New Medicine 44), 29–40.
Raaflaub, Kurt: Die Anfänge des politischen Denkens bei den Griechen, in: Fetscher, Iring; Münkler, Herfried (Hgg): Pipers Handbuch der politischen Ideen. Band 1. Frühe Hochkulturen und europäische Antike, München 1988, 273–365.
Raaflaub, Kurt: Die Entdeckung der Freiheit. Zur historischen Semantik und Gesellschaftsgeschichte eines politischen Grundbegriffes der Griechen, München 1985 (Vestiga 37).
Radeke, Carsten: Die Therapie in der knidischen Schrift Περὶ τῶν ἐντὸς παθῶν – De morbis internis, Frankfurt am Main 1990.
Rathmayr, Reinhard: Der antike Mensch in der Jahreszeit des Winters, Hamburg 2001 (Studien zur Geschichtsforschung des Altertums 9).
Rausch, Sven: Bilder des Nordens. Vorstellungen vom Norden in der griechischen Literatur von Homer bis zum Ende des Hellenismus, Darmstadt 2013 (Archäologie in Eurasien 28).
Redondo, Jordi: Sprachlich-stilistische Bemerkungen zu den rhetorisierenden Schriften des Hippokratischen Corpus, in: Wittern, Renate; Pellegrin, Pierre (Hgg.): Hippokratische Medizin und antike Philosophie. Verhandlungen des VIII. Internationalen Hippokrates-Kolloquiums in Kloster Banz/Staffelstein vom 23. bis 28. September 1993, Hildesheim (et al.) 1996 (Medizin der Antike 1), 343–370.
Regenbogen, Otto: Symbola Hippocratea, Göttingen 1914.
Rehm, Albert: Griechische Windrosen. Vorgetragen am 6. Mai 1916, München 1916 (Sitzungsberichte der Königlich Bayerischen Akademie der Wissenschaften, Philosophisch-philologische und historische Klasse 1916,3).
Rehm, Albert: Parapegmastudien. Mit einem Anhang. Euktemon und das Buch De signis. Vorgetragen am 4. Mai 1940, München 1941 (Abhandlungen der Bayerischen Akademie der Wissenschaften, Philosophisch-historische Abteilung, N.F. 19).
Robert, Fernand: La pensée hippocratique dans les Epidémies, in: Lasserre, François; Mudry, Philippe (Hgg.): Formes de Pensée dans la Collection Hippocratique. Actes du IVe Colloque International Hippocratique (Lausanne, 21–26 Septembre 1981), Genf 1983, 97–108.
Rochester, De Lancey: Climatology as Practised by Hippocrates, Trans Am Clin Climatol Assoc 28 (1912), 33–49.
Rolle, Renate: Die Welt der Skythen. Stutenmelker und Pferdebogner: Ein antikes Reitervolk in neuer Sicht, Luzern/Frankfurt am Main 1980.
Romm, James: Continents, Climates, and Cultures: Greek Theories of Global Structures, in: Raaflaub, Kurt A.; Talbert, Richard J. A. (Hgg.): Geography and Ethnography. Perceptions of the World in Pre-Modern Societies, Malden/Oxford/Chichester 2010 (The Ancient World: Comparative Histories), 215–235.
Roscher, Wilhelm Heinrich: Die hippokratische Schrift von der Siebenzahl in ihrer vierfachen Überlieferung, Paderborn 1913 (Studien zur Geschichte und Kultur des Altertums 6,3–4).
Roscher, Wilhelm Heinrich: Die hippokratische Schrift von der Siebenzahl und ihr Verhältnis zum Altpythagoreismus. Ein Beitrag zur Geschichte der ältesten Philosophie und Geographie, Leipzig 1919 (Berichte über die Verhandlungen der Sächsischen Akademie der Wissenschaften zu Leipzig, Philologisch-historische Klasse 71,5).
Roscher, Wilhelm Heinrich: Über Alter, Ursprung und Bedeutung der hippokratischen Schrift von der Siebenzahl. Ein Beitrag zur Geschichte der ältesten griechischen Philosophie und Prosaliteratur, Leipzig 1911 (Abhandlungen der Philologisch-Historischen Klasse der Königl. Sächsischen Gesellschaft der Wissenschaften 28,5).

Rosen, George: A History of Public Health, Baltimore/London 1993.
Rüst, Albert: Monographie der Sprache des hippokratischen Traktates περὶ ἀέρων ὑδάτων τόπων, Freiburg i. d. Schw. 1952.
Rütten, Thomas: Art. "Melancholy", in: Grafton, Anthony; Most, Glenn W.; Settis, Salvatore (Hgg.): The Classical Tradition, Cambridge/London 2010, 579–581.
Samuel, Alan E.: Greek and Roman Chronology. Calenders and Years in Classical Antiquity, München 1972 (Handbuch der Altertumswissenschaft I,7).
Sargent II, Frederick: Hippocratic Heritage. A History of Ideas about Weather and Human Health, New York (et al.) 1982.
Sarton, George: A History of Science. Ancient Science through the Golden Age of Greece. Vol. 1, Cambridge [2]1966.
Sassi, Maria Michela: The Science of Man in Ancient Greece, Chicago/London 2001.
Schmidt, Katharina: Kosmologische Aspekte im Geschichtswerk des Poseidonios, Göttingen 1980 (Hypomnemata 63).
Schneider, Dona; Lilienfeld, David E.: Public Health. The Development of a Discipline. Vol. I. From the Age of Hippocrates to the Progressive Era, New Brunswick/New Jersey, London 2008.
Schöner, Erich: Das Viererschema in der antiken Humoralpathologie, Wiesbaden 1964 (Sudhoffs Archiv, Beihefte 4).
Schubert, Charlotte: Anacharsis der Weise. Nomade, Skythe, Grieche, Tübingen 2010 (Leipziger Studien zur Klassischen Philologie 7).
Schubert, Charlotte: Die Macht des Volkes und die Ohnmacht des Denkens. Studien zum Verhältnis von Mentalität und Wissenschaft im 5. Jahrhundert v.Chr., Stuttgart 1993 (Historia Einzelschriften 77).
Schubert, Charlotte: Konstruktionsprinzipien des Weltbildes. Die Hippokratische Schrift De aeribus und die Suche nach der Mitte der Welt, MHJ 35 (2000), 201–218.
Schubert, Charlotte: Nomaden in der Peripherie – Nomaden im Zentrum: Die Lokalisierung der Nomaden in griechischen Raumvorstellungen, in: Kath, Roxana; Rieger, Anna-Katharina (Hgg.): Raum – Landschaft – Territorium. Zur Konstruktion physischer Räume als nomadischer und sesshafter Lebensraum, Wiesbaden 2009 (Nomaden und Sesshafte 11), 251–276.
Schubert, Charlotte: Zum problematischen Verhältnis von *res fictae* und *res factae* im antiken Nomadendiskurs, in: Weiß, Alexander (Hg.): Der imaginierte Nomade. Formel und Realitätsbezug bei antiken, mittelalterlichen und arabischen Autoren, Wiesbaden 2007, 17–41.
Schumacher, Joseph: Antike Medizin. Die naturphilosophischen Grundlagen der Medizin in der griechischen Antike, Berlin [2]1963.
Schumacher, Joseph: Die Anfänge abendländischer Medizin in der griechischen Antike, Stuttgart 1965 (Urban Bücher 84).
Sezgin, Fuat: Geschichte des arabischen Schrifttums, Band III. Medizin – Pharmazie – Zoologie – Tierheilkunde bis ca. 430 H., Leiden 1970.
Sieberer, Wido: Das Bild Europas in den Historien. Studien zu Herodots Geographie und Ethnographie Europas und seiner Schilderung der persischen Feldzüge, Innsbruck 1995 (Innsbrucker Beiträge zur Kulturwissenschaft, Sonderheft 96).
Sigurdarson, Eiríkur Smári: Against Fundamentalism in Hippocratic Hermeneutics: A Study of Περὶ νούσων β, CeM 48 (1997), 149–166.

Siraisi, Nancy G.: Hippocrates in the Eyes of Some Sixteenth-Century Medical Commentators, in: Rütten; Thomas (Hg.): Geschichte der Medizingeschichtsschreibung. Historiographie unter dem Diktat literarischer Gattungen von der Antike bis zur Aufklärung, Remscheid 2009 (Studien zur Geschichte der Medizingeschichte und Medizingeschichtsschreibung 3), 233–263.
Smith, Wesley D.: Analytical and Catalogue Structure in the Corpus Hippocraticum, in: Lasserre, François; Mudry, Philippe (Hgg.): Formes de Pensée dans la Collection Hippocratique. Actes du IVe Colloque International Hippocratique (Lausanne, 21–26 Septembre 1981), Genf 1983, 277–284.
Smith, Wesley D.: Galen on Coans versus Cnidians, BHM 47 (1973), 569–585.
Smith, Wesley D.: Hippocrates. Pseudepigraphic Writings. Letters – Embassy – Speech from the Altar – Decree, Leiden (et al.) 1990.
Sonnabend, Holger (Hg.): Mensch und Landschaft in der Antike. Lexikon der Historischen Geographie, Stuttgart/Weimar 1999.
Staszak, Jean-François: La géographie d'avant la géographie. Le climat chez Aristote et Hippocrate, Paris 1995 (Géographies en liberté).
Strohmaier, Gotthard: Der arabische Galenkommentar als indirekter Textzeuge zu Hippokrates, De aere aquis locis, in: Müller, Carl Werner; Brockmann, Christian; Brunschön, Carl Wolfram (Hgg.): Ärzte und ihre Interpreten. Medizinische Fachtexte der Antike als Forschungsgegenstand der Klassischen Philologie. Fachkonferenz zu Ehren von Diethard Nickel, München/Leipzig 2006 (Beiträge zur Altertumskunde 238), 233–244.
Strohmaier, Gotthard: La question de l'influence du climat dans la pensée arabe et le nouveau commentaire de Galien sur le traité hippocratique des Airs, eaux et lieux, in: Hasnawi, Ahmad; Elamrani-Jamal, Abdelali; Aouad, Maroun (Hgg.): Perspectives arabes et médiévales sur la tradition scientifique et philosophique grecque. Actes du colloque de la Société internationale d'histoire des sciences et de la philosophie arabes et islamiques. Paris, 31 mars – 3 avril 1993, Leuven/Paris 1997, (Orientalia Lovaniensia Analecta 79), 209–216.
Strohmaier, Gotthard: La tradition hippocratique en latin et en arabe, in: Sabbah, Guy (Hg.): Le latin médical: La constitution d'un langage scientifique. Réalités et langage de la médecine dans le monde romain: Actes du IIIe Colloque international "Textes médicaux latins antiques", Saint-Etienne, 11–13 septembre 1989, Saint-Etienne 1991, 27–39.
Szabó, Arpad: Das geozentrische Weltbild. Astronomie, Geographie und Mathematik der Griechen, München 1992.
Theiler, Willy: Zur Geschichte der teleologischen Naturbetrachtung bis auf Aristoteles, Berlin ^{2}1965.
Thivel, Antoine: Cnide et Cos? Essai sur les doctrines médicales dans la collection hippocratique, Paris 1981.
Thivel, Antoine: L'explication des maladies dans le traité hippocratique «Des airs, des eaux et des lieux», AFLNice 50 (1985), 129–138.
Thomas, Rosalind: Herodotus in Context. Ethnography, Science and the Art of Persuasion, Cambridge 2000.
Thommen, Lukas: Nachhaltigkeit in der Antike? Begriffsgeschichtliche Überlegungen zum Umweltverhalten der Griechen und Römer, in: Herrmann, Bernd (Hg.): Beiträge zum Göttinger Umwelthistorischen Kolloquium 2010 – 2011. Graduiertenkolleg Interdisziplinäre Umweltgeschichte, Göttingen 2011, 9–24.
Thomson, James Oliver: History of Ancient Geography, Cambridge 1948.

Triebel-Schubert, Charlotte: Anthropologie und Norm: Der Skythenabschnitt in der hippokratischen Schrift „Über die Umwelt", MHJ 25 (1990), 90–103.
Triebel-Schubert, Charlotte: Medizin und Symmetrie. Zur Verwendung eines mathematischen Begriffs in den frühen Schriften des Corpus Hippocraticum, Sudhoffs Archiv 73 (1989), 190–199.
Trüdinger, Karl: Studien zur Geschichte der griechisch-römischen Ethnographie, Basel 1918.
Ullmann, Manfred: Galens Kommentar zu der Schrift De aere aquis locis, in: Joly, Robert (Hg.): Corpus Hippocraticum IV. Actes du Colloque Hippocratique de Mons (22–26 Septembre 1975), Mons 1977 (Éditions Universitaires de Mons. Série sciences Humaines), 353–365.
van der Eijk, Philip: 'Airs, waters, places' and 'On the sacred disease': two Different Religiosities?, Hermes 119 (1991), 168–176.
van der Eijk, Philip: The Role of Medicine in the Formation of Early Greek Thought, in: Curd, Patricia; Graham Daniel W. (Hgg.): The Oxford Handbook of Presocratic Philosophy, Oxford (et al.) 2008, 385–412.
van Paassen, Christiaan: The classical tradition of geography, Groningen 1957.
Vegetti, Mario: Legge e natura nel de aëre ippocratico, in: MediSec 7 (1995), 611–619.
Vincentelli, Céline: Pour une unité de la médicine hippocratique: *Airs, eaux, lieux,* et *Maladies* I, History and Philosophy of the Life Sciences 12 (1990), 249–259.
Vögler, Gudrun: Dachte man in der Antike ökologisch? Mensch und Umwelt im Spiegel antiker Literatur, FC 43 (2000), 241–253.
Vogel, Claus: Zur Entstehung der hippokratischen Viersäftelehre, Marburg 1956.
von Brunn, Walter Leopold: Hippokrates und die meteorologische Medizin, Gesnerus (1946) 151–173. (1947) 1–18.65–85.
von Wilamowitz-Moellendorff, Ulrich: Die hippokratische Schrift περὶ ἱρῆς νούσου, in: Sitzungsberichte der Königlich Preussischen Akademie der Wissenschaften zu Berlin 1901, 1, 2–23.
von Wilamowitz-Moellendorff, Ulrich: Griechisches Lesebuch, I Text, II Erläuterungen, Berlin 1902.
Wasserstein, Abraham (Hg.): Galen's Commentary on the Hippocratic Treatise *Airs, Waters, Places* in the Hebrew Translation of Solomon ha-Me'ati, Jerusalem 1982 (Proceedings of the Israel Academy of Sciences and Humanities, VI 3).
Wellmann, Max: Die Schrift περὶ ἱερῆς νούσου des Corpus Hippocraticum, AGMed 22 (1929), 290–312 (= Wellmann (1929a)).
Wellmann, Max: Zu Galen, Hermes 62 (1927), 493.
Wellmann, Max: Spuren Demokrits von Abdera im Corpus Hippocraticum, Archeion 9 (1929), 297–330 (= Wellmann (1929b)).
Wenskus, Otta: Astronomisches in den Epidemienbüchern, in: Baader, Gerhard; Winau, Rolf (Hgg.): Die hippokratischen Epidemien. Theorie – Praxis – Tradition. Verhandlungen des Ve Colloque International Hippocratique, veranstaltet von der Berliner Gesellschaft für Geschichte der Medizin in Verbindung mit dem Institut für Geschichte der Medizin der Freien Universität Berlin, 10.–15.9.1984, Stuttgart 1989 (Sudhoffs Archiv Beihefte 27), 237–243.
Wenskus, Otta: Astronomische Zeitangaben von Homer bis Theophrast, Stuttgart 1990 (Hermes Einzelschriften 55).
Wenskus, Otta: Geschlechterrollen und Verwandtes in der pseudo-hippokratischen Schrift „Über die Umwelt", in: Rollinger, Robert; Ulf, Christoph (Hgg.): Geschlechterrollen und Frauenbild in der Perspektive antiker Autoren, Innsbruck (et al.) 1999, 173–186.

West, Martin L.: The Cosmology of 'Hippocrates', De hebdomadibus, CQ 21 (1971). 365–388.
West, Stephanie: Hippocrates' Skythian Sketches, Eirene 35 (1999), 14–32.
Westendorf, Wolfhart: Erwachen der Heilkunst. Die Medizin im Alten Ägypten, Zürich 1992.
Willerding, Ferdinandus: Studia hippocratica, Göttingen 1914.
Wittenzellner, Jürgen: Untersuchungen zu der pseudohippokratischen Schrift περὶ παθῶν, Erlangen-Nürnberg 1969.
Wöhrle, Georg: Studien zur Theorie der antiken Gesundheitslehre, Stuttgart 1990 (Hermes Einzelschriften 56).
Wurz, Michael: Die hippokratische Schrift "Über die heilige Krankheit" textkritisch und sprachlich untersucht, Wien 1953.
Zeugswetter, Karl: Die Einheit der hippokratischen Schrift περὶ ἀέρων ὑδάτων τόπων, Wien 1939.
Zimmermann, Volker: Gesundheit und Krankheit: Zur Rolle der Umwelt in der Geschichte der Medizin, in: Groß, Dominik; Reininger, Monika (Hgg.): Medizin in Geschichte, Philologie und Ethnologie. Festschrift für Gundolf Keil, Würzburg 2003, 187–198.

Stellenregister

Neben *De aere aquis locis* wurden in die vorliegende Untersuchung zahlreiche andere Schriften des Corpus Hippocraticum einbezogen. Das folgende Verzeichnis gibt einen Überblick über ihre Erwähnungen:

FSC
www.fsc.org
MIX
Papier | Fördert
gute Waldnutzung
FSC® C083411

Kolibri 360 GmbH
Ferdinand-Jühlke-Straße 7
99095 Erfurt, Deutschland
produktsicherheit@kolibri360.de